绿城丛书

浙江绿城房地产投资有限公司　吴恒 / 主编

# 中华宅园营构文化

**曹林娣** / 著

中国建筑工业出版社

**图书在版编目（CIP）数据**

中华宅园营构文化 / 曹林娣著. —北京：中国建筑工业出版社，2020.5
（绿城丛书 / 吴恒主编）
ISBN 978-7-112-24983-1

Ⅰ. ① 中… Ⅱ. ① 曹… Ⅲ. ① 古建筑–研究–中国 Ⅳ. ① TU-092.2

中国版本图书馆CIP数据核字（2020）第047292号

本书旨在汲取传统宅园文化创作经验的精髓，立足于中华宅园的营构（即构思、创作），并对中华园林创作思想进行钩沉和文化探源，在中华优秀民族居住文化基础上吸纳世界先进文化，在互相较量、互相克服、互相碰撞、互相融合的过程中进行文化重构，把古人和今人的智慧合在一起，激发出一种新的智慧。

本书可供广大建筑师、城乡规划师、风景园林师、高等建筑院校师生以及房地产开发商、中国传统文化爱好者等学习参考。

责任编辑：吴宇江
书籍设计：锋尚设计
责任校对：王　烨

绿城丛书
浙江绿城房地产投资有限公司　吴恒/主编
**中华宅园营构文化**
曹林娣 / 著
*
中国建筑工业出版社出版、发行（北京海淀三里河路9号）
各地新华书店、建筑书店经销
北京锋尚制版有限公司制版
北京中科印刷有限公司印刷
*
开本：880×1230毫米　1/16　印张：22½　字数：463千字
2020年5月第一版　2020年5月第一次印刷
定价：88.00元
ISBN 978-7-112-24983-1
（35734）

绿城·义乌桃花源

实景图鉴

绿城·义乌桃花源
实景图鉴

绿城·义乌桃花源

实景图鉴

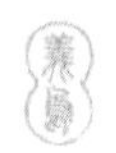

## 本书编委会

# 序

PREFACE

2000 多年前，中国伟大的思想家老子从对宇宙自身和谐的认识出发，提出了“人法地，地法天，天法道，道法自然”的理论，归根结底是人应效法道的自然而然，这个“道”是自然的客观规律。

儒家强调要以人合天，做人、做事、养生、治国，都必须遵循天道、天理，即遵循万事万物本来的本性去做事情。殷周鼎革之际，周公旦“制礼作乐”，建立起一整套“礼乐治国”的固定制度。儒家取法于天，即“则天”而“制礼”，为的是规范人们回归“天道”，以适应自然法则。《礼记·礼器》强调“礼也者，犹体也。体不备，君子谓之不成人”。礼，就是身体。身体不齐全的人就是君子说的没有达到正常成长发育的人。

“乐”是配合礼仪活动的乐舞，即艺术熏陶，对自然的人进行文化育人，把自然人纳入到政治性、伦理性轨道上来，使社会成员都成为“克己复礼”“文质彬彬”的君子，自觉遵守社会伦理规范，从而达到维持社会秩序和谐的目的。

儒家这套自律性的人生价值准则，为的是使人“脱俗”或“免俗”，振其暮气、荡其浊气。

中华“宅园”，是“艺术的宇宙图案”。龙庆忠先生指出：“中国建筑平面布局中的礼式布局，常为南面有中轴，取左右均齐之方式……其礼式之布局，不仅为用最广，且自古至今仍然不变，实为世界建筑中之奇迹也……礼为社会秩序之实现，乃中国人所共由之道也。而伦常又为中国社会所重视，如男女有别、长幼有序。礼式建筑乃为实现此等理想之工具也，亦即实现中国民族生活之容器也。”①

这种布局形制，实际上就是中国“天圆地方”的观念具体化：中轴对称表示“天圆”；四周围墙表示“地方”。合院为宅，院落、天井，体现大象无形、天人合一，这正是中华宫殿和住宅的布局形制。传统住宅建筑的

① 龙庆忠:《中国建筑与中华民族》，华南理工大学出版社 1989 年版，第 2~3 页。

大小、色彩、鸱吻的样式，门当户对，甚至门槛的高度等都严格按照帝制时代品级的规格。中规中矩、均衡和谐、庄严肃穆，所以，家宅乃“阴阳之枢纽，人伦之轨模”，是“礼的容器”，并非“居住的机器”。

《礼记·乐记》说：“乐者，天地之和也；礼者，天地之序也。和故百物皆化，序故群物皆别”。“乐”文化的精髓是“龢”，甲骨文写法“龢”，原义指吹奏乐器，是后来小笙的前身。《吕氏春秋》称“正六律，龢五声，杂八音，养耳之道也”，就是指音乐和谐、协调，使人适意舒心。正是花间隐榭、水际安亭花园“杂式建筑”的特点，向自然敞开，天性张扬，不拘一格，自由活泼。但同时也要“顺天而行”，即顺五行相生之理，遵循自然规律。

宋人已经从消极避世的“隐于园”的观念，转向珍重人生的“娱于园”“悟于园”。花园部分的物质空间，以生动直观的美丽形象飨人，使人在对丘壑溪水、亭台楼阁和山花野鸟的欣赏中获得快乐，潜移默化地陶冶着灵性、培养了情操，得以涤胸洗襟，甚至达到“从心所欲不逾矩”的自由境界，使宇宙和心灵融合一体，精神境界得以升华，与“礼”协同一致地达到维系社会的和谐秩序。

绿城集团，是一个“以商业模式运营的社会公益企业”，勇于担当建设美丽中华的历史任务。在快节奏的当代，新住宅承载新生活，人们的需求也呈现出多元化，叠墅、洋房、园林别墅……但共同的特点是人们需要谛听大自然生命的律动，需要接受高雅艺术精神的陶冶，需要获得审美抚慰。

经过多年探索，我们觉得传统是我们民族的“根”和“魂”，如果抛弃传统、丢掉根本，就等于割断了自己的精神命脉。住宅和花园结合的“宅园”是中国人的精神“家园”，而“桃花源”则是涌动在中国人心中数千年的“人间天堂”！向传统回归，以重建中华传统居住文化为己任，成为数十年来绿城自觉的践行方向。我们找到了宅园结合的“桃花源”——一种“诗意栖居”的模式。

《红楼梦》大观园式布局：社区预留的公共空间修建有中心花园和若干组团花园，以及老人共享空间，同时又有琴棋书画诗酒茶花专享小园。居家满足柴米油盐酱醋茶，并在小园香径徜徉；出门可到小镇享受生活，或陶醉在诗意田园。与地域文脉无缝对接，留住乡愁，留住城市的历史年轮。融合古今中外智慧，寓创新于传统之中，让传统文化“活”在当下，使生活更加五彩斑斓、旖旎多姿。

中华宅园文化博大精深，中华先人创造的生活艺术科学而精雅。“脚踏中西文化”的林语堂，将描写中国人的《生活的艺术》介绍给美国，此书在美国出版后，接连再版40余次，并被翻译成10余种文字，甚至有人读完此书，想跑到唐人街向中国人行鞠躬礼，因为中国人向西方人提供了人类“生活最高典型”的模式，集中了中华先人几千年积累的摄生智慧。

汤一介先生在《崇尚自然——21世纪的环保模式》一书中引用了国际现象学会主席田缅尼卡（Tymin necka）在1983年的世界哲学大会上的发言："西方常常在不知不觉中受惠于东方，像莱布尼兹之重视普遍和谐观念即是个例证。”汤一介先生指出，西方可以向中国哲学学习崇尚自然、体证生命和德行实践3点。

当前，回归本土已经成为时代的呼声。为了更好地挖掘中华传统宅园文化，我们主编了这部《中华宅园营构文化》，旨在对传统宅园营构文化的全方位探索，并作为建设新时代宅园文化的借鉴。

诚然，中华宅园文化博大精深，可挖掘的文化和可汲取的经验很多，因此，我们也希望借此引起业界同仁和传统宅园爱好者的广泛关注，欢迎大家批评指正。

吴恒

己亥年 初夏

# 前言 FOREWORD

“中华”是“中国”与“华夏”的复合词之简称。《唐律名例疏议释义》说：“中华者，中国也。亲被王教，自属中国，衣冠威仪，习俗孝悌，居身礼义，故谓之中华。”中国“有服章之美，故谓之华”。华为花之原字，意谓文化，以花为名，形容文化之灿烂美丽。至近代，“中华”则逐渐成为指认全中国的一种文化符号。中华民族呈多元一体格局，它所包括的 56 个民族单位为多元，中华民族是一体。

中华文化的深邃悠远与蔚为壮观，是构成我们中华民族“根”和“魂”的重要组成部分。中国古代有六大民居流派，徽派民居、苏派民居、闽派民居、京派民居、晋派民居、川派民居，这反映了一体多元的中华居住文明。

徽派民居：青瓦白墙、马头墙，集徽州山川风景之灵气，有民居、祠堂和牌坊古建三绝，还有木雕、石雕、砖雕“三雕”，以及深井内向的“四水归堂”合院，融徽派民俗文化之精华。

苏派民居：山环水绕、曲折蜿蜒，藏而不露，粉墙黛瓦、飞檐戗角，砖雕门楼、过街楼枕河人家，轻巧简洁、古朴典雅，体现出清、淡、雅、素的艺术特色。

闽派民居：聚族而居的土楼，其圆楼、方楼、五凤楼、宫殿式楼等形态各异，依山傍水，错落有致，防火防震御敌，功能兼备。

对称分布、如意吉祥的四合院为京派民居的典范形制。

稳重、大气、严谨、深沉，则为晋派民居风格。

依山靠河就势而建的吊脚楼、丝檐走栏，自成川派民居。

傣族竹楼、侗族鼓楼、川西吊脚楼，各呈奇观。

……

美国城市规划学家西蒙兹（J. O. Simonds）在《21 世纪的园林城市》一书中说：“历史证明，世界最为和谐适合居住的社区不在今天，而在古代文明时期。例如在古代中国，社区不仅与自然山水环境相协调，而且与地下能源的流动方向、日照范围，以及无垠复杂的宇宙星系相协调。”

台湾著名古建专家李乾朗认为，儒释道文化是中国古建筑的基因。一座古建筑如同一部历史书，荟萃了中华建筑学、文学、哲学、美学和风土人情等历史信息，是历史最真实的见证者，是历史的物化，也是物化的历史。

## 一

住宅和园林一体的宅园是中华居住文化的精华。那何谓“园林”？

《佛罗伦萨宪章》对园林的定义是：园林就是天堂，同时还是一个时代的象征，是一种艺术风格，是一个人们休憩和创作的场所，甚至还是某个艺术家创作的一个作品。但是，世界各民族心中构想的“天堂”是不一样的：1954年在维也纳召开的世界造园联合会上，英国造园学家杰利科（G. A. Jellicoe）致辞，表示古希腊、西亚和中国是世界造园史的三大动力。古希腊和西亚属于游牧和商业文化，是西方文明之源，实际上都溯源于古埃及。而中国文化属于农耕文化一类，所以黑格尔称：中国是最东方的。东西方园林艺术各具不同的文化品格。

起源于“热带大陆”的古埃及，90% 以上的沙漠，唯有尼罗河像一条细细的绿色缎带，所以，古埃及人具有与生俱来的“绿洲情结”。尼罗河泛滥退水之后丈量耕地、兴修水利以及计算仓廪容积等需要，促进了几何学的发展。古希腊继承了古埃及的几何学，哲学家柏拉图曾悬书门外：“不通几何学弗入吾门”[①]。因此，“几何美”成为西亚和西方园林的基本美学特色。基于植物资源的“内不足”，胡夫金字塔和雅典卫城的石构建筑，成为石质文明的最高代表。“政教合一”的西亚和欧洲，神权高于或制约着皇权，教堂成为最美丽的建筑，而“神体美”成为建筑柱式美的标准。

位于全球最大陆地的中国，养育出礼制法规齐备、温文尔雅的农耕文化：黄河流域的粟作农业成为春秋战国时期齐鲁文化即儒家文化的物质基础，质朴、现实；长江流域的稻作农业成为楚文化即道家文化的物质基础，飘逸、浪漫。[②]

在我国，“园林”一词，是个渐次扩展的概念，初以“囿”“园囿”“囿游”“苑囿”称之，汉后多称“苑”，或称“苑囿”。“园林”一词，是魏晋

① 钱穆：《中国文学论丛》，北京三联书店 2002 年版，第 135 页。

② 曹林娣：《苏州园林文化》，载于《江苏地方文化名片丛书》，南京大学出版社 2015 年版，第 1~2 页。

南北朝随着士人园的出现而出现的。唐宋以后，遂为传统园林的常用名称，亦有“园亭”“庭园”“园池”“山池”“池馆”“别业”“山庄”等称呼。不同于当今宽泛的“园林”概念，诸如公园、游园、花园、游憩绿化带及各种城市绿地、郊区游憩区、森林公园、风景名胜区、天然保护区及国家公园等所有风景游览区及休养胜地，当然也不同于英美各国的花园、公园、景观等。

科学家钱学森在《园林艺术是我国创立的独特艺术部门》一文中写道：园林毕竟首先是一门艺术……园林是中国的传统，一种独有的艺术。园林不是建筑的附属物，园林艺术也不是建筑艺术的内容。现在有一种说法，把园林作为建筑的附属品，这是来自于国外的。国外没有中国的园林艺术，仅仅是建筑物上附加一些花、草、喷泉就称为“园林”了。外国的Landscape（景观设计）、Gardening（园艺［栽培］）、Horticulture（园艺学）三个词，都不是“园林”的相对字眼，我们不能把外国的东西与中国的“园林”混在一起……中国的园林是他们三方面综合，而且是经过扬弃，达到更高一级的艺术产物。①

高居翰（Jame Cahill）在《不朽的林泉：中国古代园林绘画》（Garden Paintings in Old China）一书中也说：“一座园林就像一方壶中天地，园中的一切似乎都可以与外界无关，园林内外仿佛使用着两套时间，园中一日，世上千年。就此意义而言，园林便是建造在人间的仙境。”

古代中华园林融文学、哲学、戏剧、绘画、书法、建筑、雕刻等艺术于一炉，将建筑、山水、植物等元素，按照自然之理精心组合，体现一种人工与自然景象融合的境界，通过借景的方式，把天地自然的景物引入人工建造的园林，营构出园林有机的审美系统，构成园林美的空间意象，从而达到“虽由人作，宛自天开”的审美极致。园林是中华艺术美的集中呈示，是中华传统文化的综合载体。

美学家李泽厚先生称其为“人化的自然和自然的人化”，寄寓着文人士大夫对美好生活的祈求、对生命存在的关注以及对人生真谛的领悟等，是“替精神创造一种环境”，是“一种第二自然”。②

中华园林经历了一系列历史变迁，滥觞于殷周祀天祭地和游猎的囿台。汉代出现模拟神山圣水的宫苑、官宦富商私园。魏晋时期，宫苑、寺观和文人私园鼎立。隋唐宫苑、王侯士人山水园、寺观园林遍及全国，城市“公园”也有了雏形。明清则大兴文人私园和帝王宫苑。

① 钱学森：《园林艺术是我国创立的独特艺术部门》，《城市规划》1984年第1期。

② （德）黑格尔著，朱光潜译：《美学》第3卷上册，商务印书馆1984年版，第103页。

规模由大到小：秦汉象天法地，气势磅礴。魏晋时期，大多青睐山林别墅式园林，体现大自然的粗犷。宋后，园林选址逐渐自山林地向郊外及城市转移，园林规模虽逐渐缩小，但精心规划设计，内涵越来越丰富。

创作方法上，先秦两汉利用大自然略加点缀建筑。六朝至唐“外师造化、中得心源”，对自然提炼，融入诗情。宋代园林诗画融合，写实加写意。明代至清代前期重意境营造，植物品类越来越多、形态内涵越来越深厚，建筑装饰图案样式越来越多、密度越来越高，中华园林艺术已臻化境。清中叶后建筑密度增加，山水体量渐小，写意色彩更浓。

中华园林审美追求“外适内和”，既要有山水风月之美，又要获得美的心灵滋育，生存空间环境和精神空间环境并重。以诗文构园，在世界上独树一帜。园林诗性品题犹如“诗眼”，唤起游园者心中无限之景，催发出游人不同的意境联想，从而感受到中华园林虚实相生、象外之象、景外之景的意境之美，营造出“诗意栖居”的文明实体。

园林空间布局体现了中国礼乐文化之美：皇家宫区、寺庙、衙署、住宅是“顺天理，合天意”的礼式建筑，采用的是均衡对称的布局，庄重肃穆。私家山水园和皇家园林的苑景区则为活泼多姿的杂式建筑，花间隐榭、水际安亭。

从文化层面来讲，中华园林既是诉诸耳目的器物文化，也是制度文化载体，还涉及深层的精神文化。中华园林以鲜明的民族特色自立于世界艺术之林：其造型之美、韵律之美、意境之美、文化之美，让世界叹为观止！

苏格兰建筑师威廉·钱伯斯勋爵（Sir William Chambers，1723—1796）在 1772 年出版的《东方庭园论》中赞美中国园林是源于自然、高于自然，成为高雅的、供人娱乐休憩的地方，体现了渊博的文化素养和艺术情操。1773 年，德国温泽尔（L. Unzer）著《中国造园艺术》一书，称中国是“一切造园艺术的模范”。德国玛丽安娜·鲍榭蒂（Marianne Beuchert）著的《中国园林》宣称，世界上所有风景园林的精神之源在中国。无怪乎诺贝尔奖得主在巴黎宣言：“人类如果要在 21 世纪生存下去，必须回头 2540 年前，去吸取孔子的智慧”。

徜徉在小园香径、曲廊凉亭，正如王振复先生所说：好似春风吹送的一曲江南丝竹，令人心驰神往。

# 二

中华传统园林，为何有如此魅力?

明代写出中国第一部构园著作《园冶》的计成，人称“儒匠”，他能诗善画，并能将平面的画作变成立体的园林。他在《园冶·兴造论》中说：“独不闻三分匠，七分主人之谚乎！非主人也，能主之人也……第园筑之主，犹须什九，而匠用什一……”。计成认为，一般的建筑兴造，设计师（能主之人）的作用要占7/10，而建造园林，则造园家的作用要占到9/10。

古代并没有所谓“园林科班”之说。在世界上，“唯我国园林，大都出于文人、画家与匠工之合作，其布局以不对称为根本原则，故厅堂亭榭能与山池树石融为一体，成为世界上自然风景式园林之巨擘”[①]！

18世纪曾到过中国的英国宫廷建筑师威廉·钱伯斯勋爵说：“建造中国花园要求天才、鉴赏力和经验，要求很高的想象力和对人类心灵的全面知识。这些方法不遵循任何一种固定的法则，而是随着创造性作品中每一种不同的布局而有不同的变化。因此，中国的造园家不是花匠，而是画家和哲学家。”

遗憾的是，清后科学发达，分工越来越细，传统文人渐渐淡出了园林界，“以建筑师而娴六法，好吟咏”的刘敦桢、童寯等前辈也陆续故去。今天，园林所涉的四大物质元素——建筑、山、水、植物分别列入工科、农林科。

当今最时髦的是“景观”两字。追根溯源，景观一词最早出现在希伯来文的《圣经》旧约全书中，含义等同于汉语的“风景”“景致”“景色”，又等同于英语的“scenery”，是指一定区域呈现的景象，即视觉效果。

大学园林院系有的直接以景观代替园林，如建筑与景观设计学院，有的则混搭，如景观园林等，硬要与西方理论“接轨”。

留洋海归们一度便捷地占领了当今园林建造的市场。景观设计既不学习中国园林史也不开设文化课程，导致有些风景园林或景观系出来的学生，虽有博士硕士等桂冠，但缺乏中国哲学美学，特别是中华构园文化的知识，其人文修养匮乏、知识结构偏枯，对博大精深中国园林艺术内涵十分隔膜，文人的审美标准缺失，只懂“景观”，不谙“景境”。“构思”“立意”“意境”

① 童寯:《江南园林志》，中国建筑工业出版社1987年版，第1页。

等品文术语更不为当今许多设计者所熟悉。不少新造的园林，其委婉含蓄的情感表达、深厚的文化底蕴已经荡然无存。

曾几何时，中国地产市场几乎丧失自我的创造力与竞争力，淹没在世界文化趋同的大潮中，从欧陆风到北美风，西式建筑风格主导着国人的居住审美。山寨版的欧美小镇一度风靡中华大地，“最丑”建筑[①]泛滥，宅园植物泛化为“绿化”，还一度风行“色块”……当年童寯先生有“造园之艺，已随其他国粹渐归淘汰”之虑正在成为残酷的现实，民族居住文化面临“失语症”的危险。

## 三

近年来，随着中国经济崛起、物质生活不断丰富、文化自信提高，人们对精神文化生活的需求逐渐增强。国人逐渐发现园林空间和住宅联系一起的“宅园”才是自己理想中的精神家园。

宋代词人朱敦儒《感皇恩·一个小园儿》：

一个小园儿，两三亩地。花竹随宜旋装缀。槿篱茅舍，便有山家风味。等闲池上饮，林间醉。都为自家，胸中无事。风景争来趁游戏。称心如意，剩活人间几岁。洞天谁道在、尘寰外。

这至真、至善、至美的人间“洞天”，怡然自得、自娱自乐，曾经拨动多少人的心弦！

脚踏中西文化的林语堂曾说过：“宅中有园，园中有屋，屋中有院，院中有树，树上见天，天中有月，不亦快哉！”

拥有一个园子何尝不是令人的梦想？“春有百花秋有月，夏有凉风冬有雪。若无闲事挂心头，便是人间好时节！”墙外世间风起云涌，院内四季花开成韵。仿佛回到桃源深处，装得进四季风月，盛得了人间清欢，可以安放所有的心情，释放最真实的自我。院子深处，是心中的天堂。

诚如刘敦桢先生为童寯先生《江南园林志》作序中所写：“将何以继往开来、阐扬2000年来我国园林艺术之优良传统？”中华宅园又如何创作？

当前，中式宅园有复苏的趋势，这是令人欣慰的。但现状又令人担忧：

① 自2010年开始，中国畅言网联合文化界、建筑界的学者、专家、艺术家、建筑师每年举办“中国十大丑陋建筑评选”活动，旨在抨击那些求高、求大、求洋、求怪的丑陋建筑，以利推动当代中国建筑文化的健康发展。评选标准是：1. 建筑使用功能极不合理；2. 与自然条件和周边环境极不协调；3. 抄袭、模仿的下意识建筑；4. 崇洋、仿古的怪胎；5. 东西拼凑的大杂烩；6. 生搬硬套的仿生丑态；7. 拙劣的象征、隐喻；8. 低俗的数字化变异体态；9. 明知不可为而刻意张扬。

徒有躯壳而失去灵魂的"新园林"日渐泛滥，新园林设计热衷于抄袭、克隆经典、搬迁符号，有的设计图成了经典园林景点的剪贴板。还有不中不西大杂烩式的所谓"中而新"……都在弱化甚至泯灭园林的精神文化内涵。园林只有景而无意，那只能是花草、树木、山石、溪流等物质原料的堆砌，充其量不过是无生命的形式美的构图，不能算是真正的艺术。难怪有人惊呼：100年以后，还有中国园林可看吗？

中国风景园林学会副理事长、北京市园林绿化局原副局长强健发表题为《新时代园林文化创作要正本清源》的主题演讲指出："园林当中的文化表现是风景园林学的一个主要特征，园林的实体和概念的产生就是人类文化的结晶，所以我们现在说做园林，不能没有文化。打造'文化'，也是没有规划的园林'文化'，肤浅、浮躁的园林'文化'、谬误百出的园林'文化'、粗制滥造的园林'文化'……甚至新的千篇一律的文化：景观柱、图腾柱、景观墙、雕塑……"。

陈从周先生曾不无遗憾地说："近来有许多人错误地理解园林的诗情画意，认为这并不是设计者的构思，而是建造完毕后加上一些古人的题词、书画，就有诗情画意了，那真是贻笑大方了。设计者对中国传统国画、诗文一无知晓，如何能有一点雅味呢？有一点传统味呢？各尽所能，忽视理论，往往形成了不古不今、不中不西的大杂烩园林。"[①]

遗憾的是，这类贻笑大方的事现在却是中式宅园设计常态，因为设计者压根不懂何谓"诗情画意"，不明白"题词"正是景点的灵魂，不可或缺，以为充其量是一种"文化包装"！

事实上，中华宅园天人合一的营构理念和诗意栖居的生存智慧，是一种可持续发展的文化资源。中国在城市化进程中，"巧于因借""随曲合方"等园林艺术完全可以涵于其中，协调发展。

新型园林必须植根于民族文化的土壤之上。已故《中国园林》杂志前主编王绍增指出："人口和资源的严重矛盾是中国不能仅仅追随所谓国际'先进'潮流的基本原因，也是中国在人与自然关系上必将走向世界前列的基本原因。所以，低碳、节约、多文化，少追求刺激，应该是中国风景园林的现实前途，也是未来能够引领世界的前途。"[②]

孟兆祯院士在《中国园林》撰文称，在倡导"生态文明"的今天，环境保护和建设已经被提升到了新的高度，作为一个以生态环境建设、保护、利用和开发为主的行业——风景园林，也必将迎来蓬勃发展的春天。

① 陈从周：《贫女巧梳头》，载《品园》，江苏凤凰文艺出版社2016年版，第47页。

② 王绍增：《消费社会与景观设计》，苏州园林学会三十周年纪念会报告，2009年。

著名科学家钱学森先生基于中国传统的山水自然观、天人合一的哲学观，曾提出了“山水城市”的构想，这是科学的、艺术的，是中国城市建设要努力实现的终极愿景，可以统筹规划我国的城市建设。

中国要有自己的思维，不能动辄与国际接轨，当前更应该自力更生，着力从传统文化中提炼中华智慧。

近年来，有责任有担当的房地产企业，以传承复兴中华居住文化为己任，为中华民族的伟大复兴接续原创推力，这是建立在文化自信基础上的文化自觉、文化责任和文化担当！

21 世纪以来，中华大地的绿水青山间，中式宅园别墅群撩起了美丽的面纱，而且发展趋势越来越迅猛：人们在绿色的、艺术的环境中休憩，去谛听大自然生命的律动，去享受生活的恬静，去接受高雅艺术精神的吸引和陶冶，获得审美抚慰，是中华文明在当前的发展情景中的一种“人的再度发现”，是人与自然关系的不自觉的自我调整，是人们精神世界的一种新的攀升。无疑打破了西方文明中心论，象征着中华民族居住文化的重现、精神家园的回归！

中华居住文化，也是国家经济文化的符号与载体，传递着本民族的意识形态、审美取向。钱穆先生说：“农耕可以自给，无事外求，并必继续一地，反复不舍，因此而为静定的、保守的。”

重视家庭观念，“修身齐家治国平天下”，家庭是社会细胞，家庭内追求长幼有序、亲疏有分、互敬互爱。因此，中国的住宅不仅仅是居住的容器，而亦为“礼的容器”。

继承中华古民居的精髓，即合院为宅。传统古民居，虽都是木构架、瓦屋顶，但住宅的基本单元是合院式的，然宅园款式异彩纷呈，绝不会千房一面，其中园林既为放松心灵、释放个性而作，手法洒脱不拘，人异园别，具有鲜明的地方色彩。

老北京的四合院、苏州的院落式、上海近代的石库门住宅、云南的一颗印房、福建山区的土楼、安徽的“四水归堂”……但万变不离其宗，都是合院式的。天井是合院的核心，有了天井就可上受金乌甘霖之惠，下承大地母体之惠。在江南地区，天井里还挖有水井，这是水之源，水即财，水井象征着财源。老屋、老井就是祖先留下的财脉。

合院式建筑布局，数千年来，中国人拥有稳定的以家庭为核心的社会组织形态，民族团结，人心向善，有礼教、讲文明，安定、和谐，这使得“家”这个概念有了一种群体的温暖。从合院到街坊，到城区，中国古代形成了一种完整的、充满亲情、十分和谐的人际关系，这是因为中国以合院式为基础形成的建筑空间体系孕育了传统的文明、理智的居住环境，是中国人千百年来延续的良风美俗。

诚然，中华文明既能保持和发展自己的主体思想，又能从其他民族的文化中选取优秀的部分加以借鉴、吸纳、扬弃，从而成为举世公认甚至独一无二的传世文明。居住文化也必须既有传承又有创新，一种伟大的文明想要不至于枯萎，必须既尊重传统，继承中华宅园文化艺术的精髓，又能摆脱传统观念的束缚，保持自己内在的科学和人文精神之间的张力，大胆地吸收、加工和利用异质文化，汲取他国优秀文化因子，既不迷失自我，又不故步自封，从传统文化深层基础上去发掘和创新，形成新的文化价值形式，是中国园林文化在今天获得的新的价值存在，也是当今宅园建设的践行方向。

我们相信，不久的将来中华大地将出现更多的中华民族居住文化的奇峰！

## 四

历史上，讲建筑营造规范和技艺的著作，最早的是《周礼·考工记》。《考工记》“匠人营国”涵盖以下3点：一是“建国”，都城选择位置，测量方位；二是“营国”，规划都城，设计王宫、明堂、宗庙、道路；三是“为沟洫”即规划井田，设计水利工程、仓库及有关附属建筑。书中关于王城的规划思想和各种等级制度，以及井田规划制度，反映了中国春秋战国时期城市规划和营构技术水平。

北宋李诫《营造法式》是中国第一部详细论述建筑工程做法的官方著作，对于古建筑研究、唐宋建筑的发展，以及考察宋及以后的建筑形制、工程装修做法、当时的施工组织管理等都具有无可估量的作用。书中规范了各种建筑做法，详细规定了各种建筑施工设计、用料、结构、比例等方面的要求。它是宋代最为系统、完整的建筑规范典籍，集中代表了中国古代最醇美的建筑营构智慧。

雍正十二年（1734年）清工部所颁布关于建筑之术的《工程做法则例》，叙述了27种不同建筑物之结构、斗拱之做法、门窗隔扇、石作、瓦作、土作等做法及各作工料之估计，但对最富于时代特征的如拱头昂嘴等细节之卷杀或斫割法，以及彩画制度等并无涉及。

成书于20世纪初叶，由苏州鲁班会会长姚承祖著的《营造法原》，对苏派的传统建筑进行了专门而又深入的探讨，并对园林艺术的各构件也进行了提纲挈领的论述，被著名建筑学家刘敦桢誉为“南方中国建筑之唯一宝典”，具有科学和艺术的双重价值，是南方历代人民营造智慧和经验的总结。

以上著作皆为中华无价瑰宝，但诸书立足于各类建筑的技术规范和施工实践，没有涉及园林山水和植物等物质元素。

本书旨在汲取传统宅园文化创作的精髓，立足于中华宅园的营构（营构，即构思、创作），在中华优秀民族居住文化基础上吸纳世界先进文化，在互相较量、互相克服、互相碰撞、互相融合的过程中进行文化重构，把古人和今人的智慧合在一起，从而激发出一种新的智慧。而园林构筑的技法，只是为钩沉思想的需要而引用一二。

本书将努力钩沉营构中华园林时获得最广泛共识的、被公认的基本规则和范例，集中体现在下述著作中：

1. 计成的《园冶》，乃作者及明构园鼎盛时期积累的经验集成，并规范了造园的诸多技术问题。

2. 文震亨的《长物志》，被誉为晚明士大夫生活的“百科全书”，更多反映了士大夫的审美观和艺术设计中的“文心匠意”，既强调实用，又体现文人雅意。

3. 李渔的《闲情偶寄·居室部》，补充了《园冶》未涉领域，反对因袭，力倡创新，比较全面地体现了文人的造园观念。

4. 姚承祖的《营造法原》乃苏派建筑的艺术准绳。留存至今的苏派园林实例，是本书研究和总结的艺术标本。

“江南园林甲中国，苏州园林甲江南”，本书力图提炼总结以苏州园林为代表的私家宅园“蕴藏着的自然美景象构成的原则和技巧”[①]，尤其是探索中华园林营构中的有法无式、与时俱进等科学发展理念，作为新园林和环境创作的有益借鉴，深层次地传承中华园林的文脉。

① 杨鸿勋:《江南园林论》，上海人民出版社1994年版，第2页。

中华宅园的营构，涉及的是一个庞大的艺术体系，纸短言长，未免挂一漏万，权当抛砖引玉，错误不当之处，望有识者指正。

曹林娣

己亥初夏于苏州南林苑

# 目录 CONTENTS

# 第一章

# 宅园典范　跋涉探索

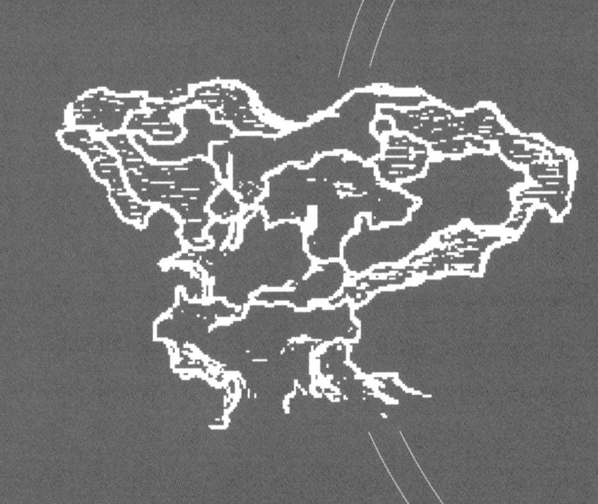

新儒学家牟宗三先生在《中西哲学之会通十四讲》中写道：“中国文化之开端，哲学观念之呈现，着眼点在生命……儒家讲性理，是道德的；道家讲玄理，是使人自在的；佛教讲空理，是使人解脱的。性理、玄理、空理这一方面的学问，是属于道德、宗教方面的，是属于生命的学问，故中国文化一开始就重视生命。”[①]

基于中华人本精神，即强烈的生命情怀，使中华民族特别重视居住的生态环境和心理愉悦，追求“心斋”“坐忘”的超功利人生境界，所以中华宅园除了具有居住的实用功能外，还具有悦耳悦目、悦心悦意、悦志悦神的审美功能，更有“养移体”的养生和“居移气”的养心功能。

我国的领土 60% 以上是山地，水贯穿其中，先人们很早就与自然山水亲和、统一、感应、交融，文人们筑巢、构建精神家园，山水是其最基本的抒情性物质建构。中华宅园积淀了中国古代哲人几千年积累的摄生智慧，成为人类“诗意地栖居”的最优雅文明实体，一种最富有生态意义的生存哲学。

“庭院雅趣，也是人类最高尚的娱乐之一，是陶冶性情的最好方式。如果没有园林，即便有高墙深院、雕梁画栋，也只见人工的雕琢，而不见天然的情趣。”[②] 庭园结合的居住方式，是中华先人普遍选择的最佳居住方式，也是最理想的家园。秦汉时期的帝王，已经惬意地生活在“宫苑”之中了。秦始皇“离宫别馆，弥山跨谷”，建“宫”设“馆”，帝王可以在其中寝居；汉武帝上林苑中的禁御宿苑，是他的离宫别馆：“游观止宿其中，故曰御宿。”此后的帝王无不如此。现存的清颐和园有“宫”和“苑”的双重功能，慈禧太后曾在这里居住和处理朝政；避暑山庄是居住和上朝理政的行宫区，布置在山庄南端的山冈上，构筑正宫、松鹤斋和东宫 3 部分，紧靠承德市。宫区正南向的正宫大殿为“淡泊敬诚殿”，是皇帝接见王公大臣和朝理政务的正殿，全用楠木构筑，又称楠木殿。正殿后是一长排“十九间房”的居住区。过夹道是正宫后院，正中是幢高二层的“烟波致爽”楼（康熙第一景），在楼的左右，都置有供后妃居住的四合小院。楼后另有高楼突起，叫“云山胜地”（康熙八景之一），人于楼上可远眺近览避暑山庄的胜景。

但士大夫文人普遍采用“宅园”这一居住形式，将老庄对生命本义的发现转化为享受生命的实践，营造野芳发而幽香、佳木秀而繁荫，风霜高洁、水落石出的四季美景，追求清旷、质朴的本色之美和欣赏“卧青山，望白云”的悠闲境界，将中国古老的生态智慧物化在住宅和园林中，并经历了漫长的探索和经验积累。

① 牟宗三:《中西哲学之会通十四讲》，上海古籍出版社 1997 年版。

② （英）弗·培根著，何新译:《人生论·论园艺》，华龄出版社 1996 年版，第 199 页。

# 第一节　抗志山栖　游心海左

山水能安息精神，在质朴、清逸、幽深的山水境界中，最能表现品性的清高和超脱。

## 一、高士身隐　岩居水饮

古代富有独立精神的人，乃避世于深山或蒿庐之下[①]，“岩居而水饮，不与民共利”[②]，是真正的“身隐”。《易・蛊》中记载：“不事王侯，高尚其事。”指的就是那些高人、逸士，他们不侍奉王侯，乐意做自己愿做的事，以保持自身品德的高尚。他们隐栖山林、渔钓江湖，逐渐衍化为士大夫高雅、风流的文化范式。

许由和巢父是有文献记载的最早隐士。皇甫谧《高士传・许由》载：“尧让天下于许由……由于是遁耕于中岳颍水之阳，箕山之下，终身无经天下色。尧又召为九州岛长，由不欲闻之，洗耳于颍水滨。”（图 1-1）正值巢父牵着一条小牛来给它饮水，由怅然不自得，曰：“向闻贪言，负吾友矣。”巢父闻言，怕洗过耳的水玷污了小牛的嘴，便牵起小牛，径自走向水流的上游去了。

《高士传・巢父》载：“巢父者，尧时隐人也，山居不营世利，年老以树为巢而寝其上，故时人号曰巢父。”

图 1–1　许由洗耳图（苏州陈御史花园）

① 《史记・滑稽列传》。

② 《庄子・达生》。

## 二、三代才俊　逃名丘溪

商代，伯夷为商末孤竹君之长子，姓墨胎氏。初，孤竹君欲以次子叔齐为继承人，及父卒，叔齐让位于伯夷。伯夷以为逆父命，遂逃之，而叔齐亦不肯立，亦逃之。后来武王克商后，天下宗周，而伯夷、叔齐反对以暴易暴，耻食周粟，逃隐于首阳山，采集薇草而食之，后来知道薇草也是周朝的，便连薇草也不吃了（图 1-2）。及饿且死，作歌，其辞曰："登彼西山兮，采其薇矣。以暴易暴兮，不知其非矣。神农、虞、夏忽焉没兮，我安适归矣？于嗟徂兮，命之衰矣。"饿死于首阳山。孔子称其为"古之贤人也"，赞其"不食周粟"是"不降其志，不辱其身""求仁而得仁，又何怨？"孟子则称伯夷叔齐为"圣之清者"，陶渊明赞其"贞风凌俗"。伯夷叔齐成为后世不事二主的忠臣楷模。

图 1-2　伯夷叔齐采薇（苏州忠王府）

春秋战国时期，道家隐士依然墨守着理想化原始社会的概念。[①] 战国时期纵横家之鼻祖鬼谷子，姓王名诩，卫国（今河南鹤壁市淇县）人，常入云梦山（今河南鹤壁市淇县境内）采药修道。因隐居清溪之鬼谷，故自称鬼谷子，培养了苏秦和张仪两位最杰出的门徒。

## 三、商山四皓　富春严光

汉初著名的"商山四皓"，指的是东园公唐秉、甪（lù）里先生周术、绮里季吴实和夏黄公崔广 4 位著名学者。他们长期隐藏在商山，出山时年龄都 80 有余了，眉皓发白，故被称为"商山四皓"。刘邦久闻其大名，曾请他们为官而被拒绝。他们宁愿过清贫安乐的生活，还写了一首《紫芝歌》以明志向："莫莫高山，深谷逶迤。晔晔紫芝，可以疗饥。唐虞世远，吾将何归？驷马高盖，其忧甚大。富贵之畏人兮，不如贫贱之肆志。"

① （英）斯蒂芬·F·梅森著，上海外国自然科学哲学著作编译组译:《自然科学史》，上海人民出版社 1977 年版，第 77 页。

东汉隐士严光（生卒年未详），一名遵，字子陵，余姚人。东汉建武元年（25年），刘秀即位为光武帝，严光乃隐名换姓，避至他乡。刘秀思贤念旧，令绘形貌寻访。遣使备车，三聘而始至京都洛阳。刘秀授谏议大夫，不从，归隐富春山（今桐庐县境内）耕读垂钓。80岁卒于家。诏郡县赐钱百万、谷千斛安葬，墓在陈山（客星山）。以“高风亮节”名闻后世。[①]他的“不事王侯，高尚其事”的行为，可以使“贪夫廉，懦夫立，是大有功于名教也”，因歌颂道：“云山苍苍，江水泱泱，先生之风，山高水长！”[②]

科学家兼文学家的张衡，见“天道之微昧，追渔父以同嬉”，也向往起回归江湖田园来，他憧憬着：仲春的田园，是风和日丽、百草丰茂、鸟语花香、禽鸟飞鸣、欣欣向荣，与龌龊的官场恰成鲜明对照！

郑子真耕隐于谷口，梁伯鸾隐栖于霸陵山，高文通退居于西唐山，台孝威归隐武安山，他们或因穴为室，或凿穴为居，咏诗书弹琴以自娱。

汉末仲长统的理想是，“使居有良田广宅，背山临流，沟池环匝，竹木周布，场圃筑前，果园树后”。以舟车代步，养亲有珍馐美食，妻子没有苦身之劳累。有朋聚会，有酒肴招待。节日盛会，杀猪宰羊以奉之。在畦苑散步，在平林游玩，在清水之滨濯足，乘凉风习习，钓钓鱼、射射鸟。在舞雩之下讽咏，在高堂之上吟哦。有曾点气象！“抗志山栖，游心海左。”[③]

## 第二节　岩栖山居　丘园城傍

六朝士人将园林作为承载人生理想、价值追求等思想载体，在园林中与焉逍遥。据南朝谢灵运《山居赋》称：“古巢居穴处曰岩栖；栋宇居山曰山居；在林野曰丘园；在郊郭曰城傍。”[④]

### 一、岩栖山居　东山之志

岩栖，遵循原始的“凿岩石而为室”[⑤]，隐遁山林，有时还要受到野兽的侵害。西晋时仍然有很多文人逃入深山，住土穴、进树洞，或依树搭起窝棚作居室。《晋书·隐逸传》卷九十四称：

① 《后汉书·逸民列传》。

② （北宋）范仲淹：《严先生祠堂记》，见《古文观止》卷九。

③ 《后汉书》卷四十九，中华书局1965年版。

④ （南朝）谢灵运：《山居赋序》。

⑤ 冯衍：《显志赋》，见《后汉书》卷十八《冯衍传》。

古先智士体其若兹，介焉超俗，浩然养素，藏声江海之上，卷迹嚣氛之表，漱流而激其清，寝巢而韬其耀，良画以符其志，绝机以虚其心。玉辉冰洁，川渟岳峙，修至乐之道，固无疆之休，长往邈而不追，安排窅而无闷，修身自保，悔吝弗生，诗人《考槃》之歌，抑在兹矣。

张忠隐泰山，“其居依崇岩幽谷，凿地为窟室，弟子亦窟居”。公孙凤隐居在九城山谷，“冬衣单布，寝处土床，夏则并食于器，停令臭败，然后食之，弹琴吟咏，陶然自得”，只求精神的独立自由。

此外，还出现了一些隐士集团，如号“浔阳三隐”的陶渊明、刘遗民、周续之。“竹林七贤”是指中国魏正始年间（公元240—249）7位名士，包括：嵇康、阮籍、山涛、向秀、刘伶、王戎及阮咸。7人常聚在当时的山阳县（今河南修武一带）竹林之下，肆意酣畅，故世谓“竹林七贤”。他们大都“弃经典而尚老庄，蔑礼法而崇放达”，将自然真率、洒脱逍遥的生活方式作为理想的人生境界去追求。深沉的自然山水意识渗透到生活领域。清谈、静坐、吟诗、绘画、读书、诵经、调素琴、弈棋、啜茗、饮酒、垂钓、采药、炼丹、游山泛舟等。在政治上，嵇康、阮籍、刘伶对司马氏集团均持不合作态度，嵇康因此被杀。山涛、王戎等则是从竹林走向朝堂，先后投靠司马氏，历任高官，成为司马氏政权的心腹。

谢安素有“东山之志”。此“东山”则指会稽（绍兴）东山，所谓“志”即《晋书·谢安传》所指的与王羲之、许询、支遁等“出则渔弋山水，入则言咏属文……常往临安山中，坐石宝、临谷……汛海，风起浪涌……”他所以优游林泉，因为“此多山县，闲静、差可养疾。事不异剡而医药不同”[①]，“拂羽伊何，高栖梧桐。颉颃应木，婉转蛇龙。我虽异迹，及尔齐趴。思乐神崖，悟言机峰”[②]，冶情、养身、悟理，追求美的哺育。

山居，在山林居住。谢灵运始宁别墅，傍山带江，尽幽居之美，纵山水之乐，屏尘世之忧，与隐士王弘之、孔淳之等放纵为娱，有终焉之志。

陶弘景（公元456—536），南朝梁时丹阳秣陵（今江苏南京）人。中国南朝齐、梁时期的道教思想家、医药家、炼丹家、文学家，晚号华阳隐居。隐居茅山，梁武帝屡聘不出，他有一首著名的诗《诏问山中何所有赋诗以答》：“山中何所有，岭上多白云。只可自怡悦，不堪持赠君。”你问我山中有什么？那我就告诉你，这个山中只有白云，我拥有白云。只有在山中，我才拥有它，只要看到它，我才会有好的心情。所以，我不会也不可能把它赠送给您。据（唐）李延寿《南史·陶弘景传》载：“国家每有吉凶征讨大事，无不前以咨询。月中常有数信，时人谓为山中宰相。”梁武帝常向他请教国家大事，人们称他为“山中宰相”，后人亦以“山中宰相”比喻隐居的高贤。

① （东晋）谢安:《与支遁信》。见梁慧皎:《高僧传·义解一·支道林》。

② （南朝）谢灵运:《与王胡之一首》。

## 二、城市山林　仿佛丘中

丘园，是“聚石蓄水，仿佛丘中”“有若自然”的城市山林。

自西汉开始，朝廷大臣宅邸内往往辟有园林，六朝亦然，但史书阙如。如孙吴时，周瑜、陆逊、陆绩、顾雍等开拓东吴基业的世家大族，在苏州都建有宅邸。城市宅园缺少山林别墅园的自然野趣，要在宅内构园，最高境界是妙造自然，获得自然真趣。

南朝齐时，会稽孔珪“风韵清疏，好文咏，饮酒七八斗”“居宅盛营山水”[①]，列植桐柳，多构山泉，殆穷真趣。

刘宋时名士戴颙，《晋书》将其列为“隐逸”，为著名画家、雕塑家戴逵之子。戴颙“巧思通神”，早年随父亲客居浙江剡县，兄死后，卜居苏州齐门内，“士共为筑室，聚石引水，植林开涧，少时繁密，有若自然。三吴将守及郡内衣冠，要其同游野泽，堪行便去，不为矫介，众论以此多之。”[②]

刘宋末年，刘缅在钟岭之南，“以为栖息，聚石蓄水，仿佛丘中，朝士爱素者，多往游之”[③]，刘缅所以穿池种树，是为了“少寄情赏，培塿之山，聚石移果，杂以花卉，以娱休沐，用托性灵”[④]者。

《抱朴子》记载，苏州顾陆朱张四大姓的庄园，都是“僮仆成军，闭门为市，牛羊掩原隰，田池布千里”“金玉满堂，伎妾溢房，商贩千艘，腐谷万庾”。

顾辟疆园，当时号称“吴中第一私园”，以美竹闻名，文徵明《顾荣夫园池》用“水竹人推顾辟疆”称美，也有“怪石纷相向”。[⑤]顾氏为四大家之一，辟疆官郡功曹、平北参军，性高洁。

《南史·孙瑒传》：陈时孙瑒“家庭穿筑，极林泉之致”。

纪瞻弃官归家在今南京乌衣巷筑园，置亭馆园林地，极为壮丽。

以上都为城市山林即贵族宅园的记载。

城傍即山野别墅园，山野别墅园一般都与庄园相结合，或者毗邻于庄园而独立建置，或者成为园林化的庄园，规模大小不一，自然经济色彩浓厚。

孙绰《遂初赋》：“余少慕老庄之道，仰其风流久矣。却感于陵贤妻之言，怅然悟之。乃经始东山，建五亩之宅。带长阜，倚茂林，孰与坐华幕、击钟鼓者同年而语其乐哉！”

文人、名士们所“经始”的别墅园追求的是“带长皋，倚茂林”的自然之美，将绿苔生阁、茅尘凝榭的山水精神凝固在园林，使之有若自然。其所鄙夷的是“坐华慕、击钟鼓”的富贵气。

东晋时期，南京钟山脚下东田为建康私家园林的汇集之所：

---

① 《南史》卷四十九孔珪。

② （宋）朱长文著：《吴郡图经续记》，江苏古籍出版社 1986 年版。

③ 《宋书》卷八十六。

④ 《南史》卷六十。

⑤ （宋）龚明之著：《中吴纪闻》卷一引唐陆羽诗，上海古籍出版社 1986 年版。

谢安（320—385）、谢玄（343—388）的江宁东山别墅园。《晋书》中称其“善行书……性好音乐……于土山营墅，楼馆林竹甚盛。每携中外子侄往来游集，肴馔亦屡费百金……”。又说，“安虽受朝寄，然东山之志始末不渝，每形于言色。及镇新城，尽室而行……”。谢安出仕以后，“东山之志”依然，号“东山丝竹”。

见于史载的还有司徒王导的冶城园，又名西园。西园建于晋元帝大兴初年。因方士戴洋称司徒王导久病不愈乃冶山铸炼相烁而致，遂将冶炼坊迁石头城东，以其地建为西园，又名冶城园。晋太元五年（380年），在此建冶城寺，一名冶亭。元兴三年（404年），桓玄入建康，改冶城寺为其宅第花园。

东晋纪瞻园位于南京城南乌衣巷。纪瞻弃官归家乡筑，置亭馆园池，最为崇丽。园中竹木花石为一时之胜。

刘宋王氏园位于城西南凤凰台，为王间所建，园因多植李树而招来群鸟栖息。元嘉十四年（437年），有大鸟二集秣陵民王颛园中李树上，大鸟状如孔雀，众鸟随之，扬州刺史彭城王义康，以闻诏改鸟所集永昌里为凤凰里，起台于山，名凤台山，即凤凰台址也。大江（长江）前绕，鹭洲中分，最为登眺胜处，唐诗人李白宴游于此，写了那首脍炙人口的《登金陵凤凰台》诗：“凤凰台上凤凰游，凤去台空江自流。吴宫花草埋幽径，晋代衣冠成古丘。三山半落青天外，二水中分白鹭洲。（二水一作：一水）总为浮云能蔽日，长安不见使人愁。”

齐东篱门园位于城西南冶山，为何点处士园，一名乌榜村园。园中有卞壶墓，墓侧植一片梅花，每与友人饮酒，必举杯酹之，表示对卞壶之怀念。

沈约郊园，位于钟山西麓，有《约憩郊园和约法师堂诗》云：“郭外三十亩，欲以贸朝饘。繁蔬既绮布，密果亦星悬。”谢朓有《和沈祭酒行园诗》《游东田》诗。原齐文惠太子东田小苑与博望苑遗址旁，一说为东田小苑与博望苑遗址。园以植物布景为主，充分表现金陵自然山水美，乃江南山水园创始之代表。

梁钱塘人朱异，始为扬州议曹从事，召直西省，累迁中领军。晚年为“娱衰暮”，筑园于钟山西麓至富贵山。“曰余今卜筑，兼以隔嚣纷。池入东陂水，窗引北严云。槿篱集田鹭，茅檐带野芬。原隰何逦迤，山泽共氛氲。苍苍松树合，耿耿樵路分。朝兴候崖晚，暮坐极林曛。恁高眺虹霓，临下瞰耕耘。”穷乎美丽，晚日来下，酣饮其中，极滋味声色之娱，子鹅焦鲒不辍于口。[1]

梁萧伟园位于武定门至通济门一带，原为齐芳林苑。梁武帝天监初（502年）赐予南平元襄王萧伟为第，萧得后又加穿筑，果木珍奇，穷极雕靡，有侔造化，立游客省，寒暑得宜，冬有笼炉，夏有饮扇，每与宾客游其中，命从事萧子范为记，梁蕃邸之盛无过焉。

陈江总园位于城东青溪，为江总所筑。南朝鼎族多夹青溪，江总宅尤占

① （南朝）朱异：《还东田宅赠朋离诗》，见《文苑英华》二百四十七。《诗纪》九十二。

胜地，园内景色宜人，闻名遐迩，宋为段约之宅。

士大夫文人私家园林异军突起，文人造园屏去皇家苑囿华丽奢靡之习，而追求朴素淡雅的境界。文人士大夫的山水情怀通过构园得以抒写，“朱门何足荣，未若托蓬莱”，追求的是“有若自然”“仿佛丘中”“门无乱辙，室有清弦”。[①]

庾信《小园赋》直抒胸臆：“若夫一枝之上，巢父得安巢之所；一壶之中，壶公有容身之地”[②]，仅足容身的安静小园林，雅致而小巧，少寄情赏，融合了幽远清悠的山水诗文和潇洒玄远的山水画的意境，园林从写实向写意过渡，代表高品位的园林文人化走向。

# 第三节　背风面谷　丘园养素

从六朝到盛唐时代，文人依然爱在名山大川遨游。盛唐文人都有漫游名山大川、求仙访道的风尚和读书山林寺观的风气，甚至结庐名山，秉受山川英灵之气，山水的自然美开阔了视野，清幽的环境陶冶了情操。中唐时期能日涉成趣的宅园受到人们青睐。至宋代，可行可望可游可居的宅园才成为人们最为可心的居住方式。

## 一、辋川别业　天然山地

盛唐大诗人、大画家王维，前期热衷政治，奋发有为，后期退居山林，吃斋奉佛，亦官亦隐，买下了位于陕西蓝田西南辋川山谷的宋之问的辋川山庄，营建了辋川别业。该地是颇具山林湖水之胜的天然山谷区，王维对植物和山川泉石所形成的景物进行了题名，使山貌水态林姿的美更加集中地突出表现出来，仅在可歇处、可观处、可借景处，筑宇屋亭馆，创作成既富自然之趣，又有诗情画意的自然园林辋川别业。从山口进，迎面是“孟城坳”（图1-3），山谷低地残存古城，坳背山冈叫“华子岗”，山势高峻，林木森森，多青松和秋色树，因而有“飞鸟去不穷，连山复秋色”和“落日松风起”句。背冈面谷，隐处可居，建有辋口庄，于是有“新家孟城口”和“结庐古城下”句。这里具备幽静恬适之美。

李白“五岳寻仙不辞远，一生好入名山游”[③]。唐开元二十五年（737年），李白移家东鲁，与山东名士孔巢文、韩准、裴政、张叔明、陶沔在徂徕山竹溪隐居，世人皆称他们为“竹溪六逸”。他们在此纵酒酣歌，啸傲泉石，举杯

① 参吴世昌，原载1934年《学文》月刊第二期。

② （北周）庾信《小园赋》。

③ （唐）李白:《庐山谣寄卢侍御虚舟》,《全唐诗》卷一百七十三。

邀月，诗思骀荡，“昨宵梦里还，云弄竹溪月。”[①]

他赞美“庐山东南五老峰，青天削出金芙蓉。九江秀色可揽结，吾将此地巢云松”，天宝十五年（756年）曾经筑室于庐山的五老峰下的屏风叠。

图 1-3　孟城坳（王维辋川图）

据历代《九华山志》记载，李白在友人韦仲堪的邀请之下，曾一度卜居于九华山东崖的龙女泉侧，在此读书赋诗。建有“太白书堂”。1988—1990 年，九华山管理处在书堂旧址重建书堂，1991 年 9 月新建“太白书堂”落成。国画大师刘海粟 1988 年来九华山游览作画，为书堂亲笔题名。

## 二、履道园池　日涉成趣

据《文献通考》卷四十七记载，唐代供职京师者已达 2000 多人，还有数倍于此的家眷、小吏、杂役、佣人等，国家为官员提供免费官舍的色彩逐渐消退，转而以有偿形式供官员租赁。虽然官署中设置官舍这一惯例并未完全断绝，但官舍未必在官署之内。

“贞元十九年（803 年）春，居易以拔萃选及第，授校书郎，始于长安求假居处，得常乐里故关相国私第之东亭而处之。”[②] 那时校书郎为九品官员，“茅屋四五间，一马二仆夫，俸钱万六千，月给亦有余”[③]。

元和十年（815 年），白居易任太子左赞善大夫，官阶正五品上，在长安昭国坊租宅而居。诗云：“归来昭国里，人卧马歇鞍……柿树绿阴合，王家庭院宽，瓶中鄠县酒，墙上终南山。”

元和十二年（817 年），白居易 46 岁，在任江州司马时造“庐山草堂”，写下《草堂记》这一园林史上不朽篇章。庐山草堂，虽然使他获得了精神享受，但不是真正的宅园，尚不够宜居。洛阳的履道里才真正找到了可供人日涉成趣的宅园这一园林样式。唐代推行均田制，官员按品阶分得永业田、职分田和宅地。宅地即官员在任时政府为其提供的宅基地，可自建住宅。

太和三年（829 年）白居易 58 岁，告病归洛阳。《旧唐书卷一百六十六・白

① （唐）李白:《送韩准裴政孔巢父还山》。

② （唐）白居易:《养竹记》。

③ （唐）白居易:《常乐里闲居偶题十六韵兼寄刘十五公舆、王十》。

居易传》载："初，居易罢杭州，归洛阳。于履道里得故散骑常侍杨凭宅，竹木池馆，有林泉之致。"白居易从苏州刺史任归，买得履道坊故散骑常侍杨凭宅园，钱不足，以两马偿之。自此"月俸百千官二品，朝廷雇我作闲人"①，以太子宾客分司东都洛阳。在这里，亲自营修履道坊园池，"数日自穿凿"，并终老于此。

他的履道园池是城市山林，位于洛阳城优胜之地："东都风土水木之胜在东南偏，东南之胜在履道里，里之胜在西北隅，西邗北垣第一第，即白氏叟乐天退老之地。"②白居易十分自得地说："非庄非宅非兰若，竹树池亭十亩余。非道非僧非俗吏，褐裘乌帽闭门居。"③不是一般的庄院、住宅和佛寺，而是有"竹树池亭十亩余"的宅园，自己也"非道非僧非俗吏"，穿着褐色裘衣戴着乌纱帽闭门闲居，而是逍遥自在的一方艺术空间。

"疏凿出人意，结构得地宜"④，山水建筑出乎人工，但布局安排要合"地宜"，即符合自然肌理。因地制宜地将建筑、山水、植物等园林元素进行合理布局。

## 三、"四可"宅园　诗意栖居

中唐白居易晚年平和、闲适的心态对宋人心态影响甚大，宋人所取名号，"醉翁、迂叟、东坡之名，皆出于白乐天诗云"⑤。从白居易的"中隐"陶铸出宋人全新的仕隐文化。苏轼称"江山风月，本无常主，闲者便是主人"⑥，他们不少人在任地筑亭修园，并非宅园。

实际上北宋时的园林许多并非居处，而往往为"读书处"。如苏舜钦的"沧浪亭"，地靠城南农田，故"旁无居民"，"前竹后水，水之阳又竹，无穷极"。园中有亭、曲池、高台、石桥、斋馆、观鱼处等，没有住宅，苏舜钦"郡中假回车院以居之"⑦。回车院是古代官员届满退职候任时暂居的寓所，古文释义为"县官率先后秩满移此以俟代者"，同时也有接纳贬谪官员的职责，具有政府公馆的性质。"回车"即卸职坐车返回，成为离职的别称。回车院其实也是一种政府宾馆性质的机构。根据《史记》记载，西汉就有"回车"这种说法，当时可能就已存在回车院。北宋时苏州的回车院在皋桥，所以，苏舜钦"时榜小舟，幅巾以往，至则洒然忘其归。觞而浩歌，踞而仰啸，野老不至，鱼鸟共乐"⑧。

司马光的"独乐园"，有读书堂、弄水轩、钓鱼庵、种竹斋、采药圃、浇花亭、见山台，也没有住宅。

宋代郭熙在《林泉高致·山水训》中说："世之笃论，谓山水有可行者，有可望者，有可游者，有可居者。画凡至此，皆入妙品。但可行、可望不如

---

① （唐）白居易：《从同州刺史改授太子少傅分司》。

② 《旧唐书卷一百六十六·白居易传》。

③ （唐）白居易：《池上闲吟》二首。

④ （唐）白居易：《裴侍中晋公以集贤林亭即事诗三十六韵见赠，猥梦征和，才拙词繁，辄广为五百言以伸酬献》。

⑤ （宋）龚颐正：《芥隐笔记》。

⑥ 《东坡全集》卷一百四"卜居"。

⑦ （北宋）苏舜钦：《答范资政》。

⑧ （北宋）苏舜钦：《沧浪亭记》。

可居、可游之为得。何者？观今山川，地占数百里，可游可居之处，十无三四，而必取可居、可游之品。君子之所以渴慕林泉者，正谓此佳处故也。”

郭熙所言丘园，是“可行、可望、可游、可居”者，就是“宅园”。丘园养素，是君子所常处的一种生活状态，当然，也是一种心理状态。

《林泉高致·山水训》明确表示了“林泉之志，烟霞之侣，梦寐在焉，耳目断绝，今得妙手郁然出之，不下堂筵，坐穷泉壑，猿声鸟啼，依约在耳；山光水色，滉漾夺目，此岂不快人意，实获我心哉”！

“可居”是“不下堂筵，坐穷泉壑”，标志着士人君子的山水之好、烟霞之癖，从汉魏晋南北朝的游仙观道，转移到适性的诗意栖居，所以丘园养素在北宋宜居变为“君子之所以爱夫山水”的第一大理由，终极目的是心灵不受尘俗污染。

诗画渗融的写意式山水园林，作为寄寓理性人格意识及优雅自在的生命情韵的载体，士大夫文人完全可以构筑起宇宙间最美好、最精雅的宅园境界。

理学家邵雍有两处宅园“安乐窝”。在河南洛阳县（今洛阳市）天津桥南的“安乐窝”，是富弼、司马光、吕公等退居洛中的故相高官大文学家等 20 多位好友集资为邵雍置办的城郊宅园。《宋史·道学一·邵雍传》：“富弼、司马光、吕公著诸贤退居洛中，雅敬雍，恒相从游，为市园宅。雍岁时耕稼，仅给衣食。名其居曰‘安乐窝’，因自号安乐先生。”邵雍在诗作中表达了自己的由衷感谢之情：“重谢诸公为买园，洛阳城里占林泉。七千来步平流水，二十余家争出钱……也知此片好田地，消得尧夫笔似椽。”

据今人丁应执统计宋代苏州园林共计 118 所[1]，大多为宅园，园林主题已经非常深刻，园林景点也都诗化，如蒋堂的隐圃、叶清臣的小隐堂、程致道的蜗庐、胡元质的招隐堂、史正志的渔隐小圃、胡稷言的五柳堂……

如五柳堂。据《中吴纪闻》卷二《五柳堂》：“五柳堂者，胡公通直所作也。其宅乃陆鲁望旧址，所谓临顿里者是也。……即所居疏圃凿池，种五柳以名其堂，慕渊明之为人，赋诗者甚众。”是以陶渊明诗文立意。

## 第四节　宅园典范　文化江南

中华宅园发展至明清，成为士大夫文人普遍的居住样式。江南气候温和，山川秀丽，林木苍郁，得天独厚的天时地利和人文条件，遂使江南园林甲于天下。

① 丁应执：《苏州城市演变研究》第 42 页。

## 一、江山之助　宅园独秀

“江南”的区域范围，园林是中华文化载体，“江南园林”的范围自然指文化意义上的“江南”，即“文化江南”[①]。

地域相当于江东地区，也就是人们习惯所指的苏、松、常、镇、宁、杭、嘉、湖以及苏州府划出去的太仓州，即“八府一州”为核心区域，同属太湖水系，亦称长江三角洲或太湖流域。清康熙巡视江南后写诗《示江南大小诸吏》赞叹曰：“东南财赋地，江左人文薮。”“东南”和“江左”，也是指长江三角洲或太湖流域地区的文化江南。“江南”亦包括经济文化形同江南的长江下游以北部分地区，如扬州、泰州地区等，并非长江流域却被认为是江南地域的太湖以南及钱塘江以东部分地区，如绍兴、宁波地区等。

童寯先生《江南园林志》云：“吾国凡有富宦大贾文人之地，殆皆私家园林之所荟萃，而其多半精华，实聚于江南一隅。”书中论及的园林依次为苏州、扬州、常熟、无锡、南翔、太仓、嘉定、南京、昆山、杭州、南浔、吴兴、嘉兴。均属于江南“腹心之地”。

园林兴盛，必须有山清水秀的自然资源、相对安定的政治环境、发达的经济和文化作为依托。而诚如张家骥先生说：“江南自古资源丰富，风景秀丽，人杰地灵，在中国的政治中心尚未北移之际，江南就成为中国的经济中心，而且长盛不衰。”

隋朝统一，以迄盛唐，江南“霸气尽而江山空，皇风清而朝市改”，江南地区再次远离了王权，但亦因此获得了社会的相对安定。

唐末五代，黄河中下游地区藩镇割据、军阀混战，江南地区500年不见兵燹。随着政治、经济、文化重心的南移，到南宋时期，最终确立了东南地区在全国的文化重心地位。迄元、明、清，江南社会依然稳定，经济得以持续发展。

明成化至嘉靖前期，有朴野的乡村别墅园，如杜琼之师陶宗仪南村别墅。杜琼依据陶宗仪自撰《南村别墅十景咏》，谱写了十幅插图称《南村别墅图卷》图册，分别为：竹主居（图1-4）、蕉园、来青轩、开扬楼、拂镜亭、罗姑洞、蓼花庵、鹤台、渔隐等。

追求人居与自然山水的和谐统一，“君子之所居，则山川为之明秀，草木为之津华，其善色之所钟，则在其屋室门户之间，犹珠生而岸不枯，地有宝藏则神明之光舒也。”[②]上楼“褰帘而望，远近之山争献奇秀，晴容含青，雨色拥翠”，可以“延揽精华而领纳爽气”。

更多的是“结庐在人境，而无车马喧”的城市山林。

嘉靖后期特别是万历以后，在提倡真性情、颂扬浪漫和人文双重思潮的影响下，好货、好色、好珪璋彝尊、好花竹泉石都成为无可非议的人性之自

---

① 王水照先生在《王葆心论地域与文学关系述评》一文引述了江南概念的三重含义：一是自然地理的江南，即长江以南；二是行政地理的江南，历代都有所变化；三是文化江南，在近代以前，基本与唐代江南道的概念一致。

②《苏平仲文集》卷九《爱竹山房记》。

图1-4 （明）杜琼《南村别墅图卷·竹主居》

然。地主巨商竞相建园，明人何乔远在其《名山藏·货殖记》中曾记此盛况云："（隆万以前）人家房舍，富者不过工字八间，或窖圈四周，十室而已；今重堂窈寝，回廊层台，园亭池塘，金辉碧相不可名状矣。"

明末清初出现了一个新的飞跃。当时各官僚富豪、文人士夫，或葺旧园，或筑新构，扬州、南京、苏州、杭州等江南城市，皆呈现出一派兴建园林之风。

"历尽风尘，业游已倦，少有林下风趣，逃名丘壑，久资林园，似与世故觉远，唯闻时事纷纷，隐心皆然，愧无买山力，甘为桃源溪口人也。"[①]

传统文人一向以园林为"洗心涤性"的重要生活境域，经济并不富裕的文人，也都期盼着一个属于自己的文雅空间，实在是该时代文人的共同心愿。李渔"幽斋垒石，原非得已，不能致身岩下与木石居"，"故以一卷代山，一勺代水"来满足自己的"所谓无聊之极思"。[②]

山人陈继儒，以为"不能卜居名山，即于岗阜回复及林水幽翳处辟地数亩，筑室数楹，插槿作篱，编茅为亭，以一亩荫竹树，一亩种瓜菜，四壁清旷，空诸所有，畜山童灌园薙草，置二三胡床，着林下，挟书砚以伴孤寂，携琴弈以迟良友，凌晨杖策，抵暮言旋。此亦可以娱老矣。"[③]

明代杰出书画家、文学家、"旷世奇才"山阴才子徐渭，以教书、当幕友

① （明）计成:《园冶》卷三。

② （清）李渔:《闲情偶寄》卷四。

③ （明）陈继儒:《岩栖幽事》。

和卖诗文书画为生，在获致胡宗宪所赠稿酬后，马上用以购置他的“青藤书屋”，面积不及两亩，典型的庭园式民居。书屋坐北朝南，三开间、硬山顶，系石柱砖墙硬山造木格花窗平房。前室南向，内悬徐渭手书“一尘不到”匾额，书屋之南有一小圆洞门，里面有一方盈池（称天池），池西栽青藤，漱藤阿、自在岩等（图1-5）。园门上刻有徐渭手书“天汉分源”四字。

图1–5 青藤书屋

明末文震亨“所居香草垞，水木清华，房栊窈窕，阛阓中称名胜地。曾于西郊构碧浪园，南都置水嬉堂，皆位置清洁，人在画图”[①]。

“变城市为山林，招飞来峰使居平地，自是神仙妙术，假手于人以亦奇者也，不得以小技目之。”[②]江南园林趋向于大众化、世俗化。家境不“富厚”的士大夫乃至市民，也热衷构园。困于现实生计不得尽舒构园襟袍乃当时读书人的遗憾。

士林出现两种情态：

一是出现意念中的“纸上园林”，纯为恒久不灭的精神园林，人们徜徉在文学虚构的精神园林中，诗意地栖居。钱泳记载道：“吴石林癖好园亭，而家奇贫，未能构筑，因撰《无是园记》，有《桃花源记》《小园赋》风格，江片石题其后云：‘万想何难幻作真，区区丘壑岂堪论。那知心亦为形役，怜尔饥躯画饼人。写尽苍茫半壁天，烟云几叠上蛮笺。子孙翻得长相守，卖向人间不值钱。’余见前人有所谓乌有园、心园、意园者，皆石林之流亚也。”[③]其实这类园林，诚如王思任所言：

余力不能园，而园之意已备，上自云烟，下及围溷，皆有成竹于胸中矣，特未及解衣泼墨耳。五楹水阁，青亦不了，残夜月明，天际甚远，迅侯咏不之及何耶？是犹规规瓦埴中也。[④]

吴应箕也说：“予偶念至而园成，园成而复念园可不必有也。”[⑤]

二是享受游园、品园、序园之乐。如博览群园的钱泳之类，钱泳的《履园丛话》，专门评论诸园短长。他主张：“园亭不必自造。凡人之园亭，有一花一石者，吾来啸歌其中，即吾之园亭矣，不亦便哉。”[⑥]游园上升为精神层面的享受。

①（明）顾苓：《塔影园集》。

②（清）李渔：《闲情偶寄·山石》卷四。

③（清）钱泳：《履园丛话》卷二十，清道光十八年述德堂刻本。

④ 王思任：《名园咏序》，载《园综》，第438页。

⑤ 吴应箕：《暂园记》，载《中国历代园林图文精选》（第3辑），第309页。

⑥（清）钱泳：《履园丛话》卷二十，清道光十八年述德堂刻本。

## 二、天堂苏州　园林之城

江南园林甲天下，苏州园林甲江南！“江南园林，论质论量，今日无出苏州之右者”[①]。中国首批列入国家文保单位的4座中华名园中，苏州园林独占其半。至今，苏州已经有9座园林列入了世界文化遗产名录，名副其实的“甲天下”！联合国教科文专家誉之为“中国风景园林设计的杰作，其艺术、自然与哲理的完美结合，创造出了惊人的美和宁静的和谐”！苏州园林是人类的共同财富。

苏州素有人间天堂、南都裀褥、天下粮仓诸美誉，人文财赋甲于天下。“吴中富豪竞以湖石筑峙奇峰阴洞，至诸贵占据名岛以凿，凿而嵌空妙绝，珍花异木，错映阑圃，虽闾阎下户，亦饰小小盆岛为玩。”“主好宫室则工匠巧，主好文采则女工靡”，于是苏州“居民大半工技”“盈握之器，足以当终岁之耕；累寸之华，足以当终岁之织也”！

春秋吴王避暑的消夏湾、赏月的明月湾，烟云鱼鸟，乃利用太湖别具幽致的自然水湾；后来的凿池为苑，池中造青龙舟，方开舟游式苑囿之先河。

血与火交织的魏晋时期，是人的意识、人的本质力量觉醒的时代。人们深情于人生，常常在寻求人的永恒——精神的永恒与肉体的永恒，甚至将自然之理置于皇权之上，强化了人与客观自然的联系。在这种隐逸文化的精神气候下，山水诗、山水画、士人山水园林三枝并秀，艺术融入人们的生活领域。士人啸傲行吟于山际泽畔，体会自然真谛，讲究艺术的人生和人生的艺术，诗、书、画、乐、饮食、服饰、居室和园林，融入人们的生活领域，普遍追求“五亩之宅，带长阜，倚茂林”[②]的高品位的精神生活。于是，士人的山水园林，作为士人表达自己体玄识远、高寄襟怀的精神产品，如雨后春笋，绽芽破土。士人在园林中，既可享受山水之乐，又能免跋涉之劳，并在营造“第二自然”中得到艺术的无上乐趣。

苏州园林遂成为“士”文化的艺术载体。“士”即知识阶层，出现在春秋战国时期，孔子代表“士”的原型。[③]当“士”以其独特面貌出现于其他社会群体面前时，随即萌发了知识分子的自我意识、风节操守意识和“舍我其谁”的社会责任感。“士志于道”，未被“异化”的士恪守“士道”，“道不同则不相为谋”，他们积极追求人格的完成与完美。但专制王权和士道之间的冲突时时发生，士道难伸，志难展，精神上的苦闷引起了对自由王国的向往。

苏州士人园林风华千年。闲静轩窗靖节诗，萧疏树石云林画，这就是苏州文人园的神采。优游徜徉园中，你会感受到古代文人搏动的心跳，聆听到他们的感慨隐忧。

当今的苏州，又出现了“当代版”的私家园林。[④]自2015年至今，苏州对外公布4批《苏州园林名录》，共收录108座园林，其中有20座私家园林，

① 童寯：《江南园林志》。

② 孙绰：《遂初赋叙》，见《世说新语》注引，第140页。

③ 余英时：《士与中国文化·引言》第6页。

④ 曹林娣：《苏州园林的“当代版”及其文化意蕴》，《光明日报》2002年4月20日。

并有 9 座私家园林已免费向公众开放，苏州从“园林之城”到“百园之城”。

诚然，人们不再需要到传统文化提供的人生模式中去找寻精神退路，拘囿在狭小的天地中去孤芳自赏，人与自然关系的自我调整，是人们精神世界的一种新的攀升。

## 小结

园林创作只有升华到艺术境界时才成为艺术。中国园林从利用自然、模仿自然到“虽由人作，宛自天开”的“地上文章”，历经数千年的艰难跋涉，集中了中华文化天才数千年智慧。

“温故而知新”，宗白华先生在《中国艺术意境之诞生》中曾云：历史上向前一步的进展，往往是伴着向后一步的探本穷源。李白、杜甫的天才，不忘转益多师。16 世纪的文艺复兴追慕着希腊，19 世纪的浪漫主义憧憬着中古。20 世纪的新派溯源到原始艺术的浑朴天真。

古代园林提供给我们的古人生活起居习俗、社会礼仪变迁等是历史的物化；其天人合一的营构理念和诗意栖居的生存智慧，已经成为一种可持续发展的文化资源。

# 第二章

# 相地合宜　构园得体

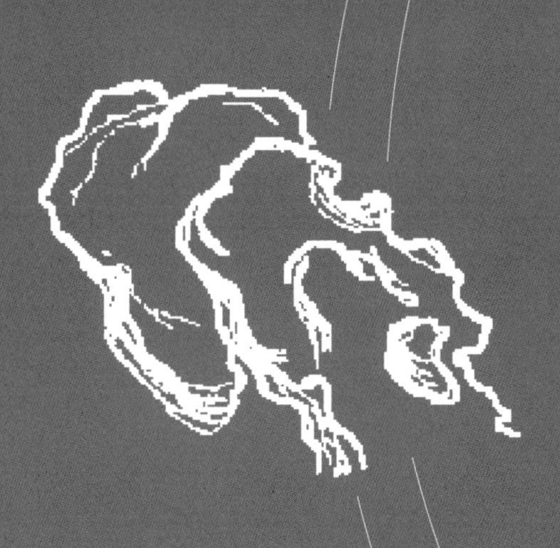

作为高级文明象征的中国园林，从殷周时期的囿圃开始，历经3000多年漫长历史，探索和创造了人类最“满意生态环境”理想的生活境域，具体呈现基本为水绕山围、面水背山和闭合式四面围廊的建筑结构等样式。集中体现了中华先人的生态智慧，是当今人类可持续发展的范式和精神资源。

中华先人具有早熟的人本精神，十分重视对居住环境的选择，“得风景吉秀之地，恭山水之胜而卜居之”，卜居之首要乃“相地”。

《园冶》将《相地》列于首：“园基不拘方向，地势自有高低；涉门成趣，得景随形，或傍山林，欲通河沼。探奇近郭，远来往之通衢；选胜落村，藉参差之深树。村庄眺野，城市便家。”园林选址不拘泥朝向，地势任其高低，只要入门成趣，随地取景，有的依傍着山林，有的沟通河沼，为探奇观于近郊，必须避开往来的通衢大道，或者选胜景于村落，应该凭借参差高低的密树，建园林于村庄，则宜于眺望，而在城市建园林，则便于居家。

《黄帝宅经》所谓：“宅以形势为身体，以泉水为血脉，以土地为皮肉，以草木为毛发，以屋舍为衣服，以门户为冠带。若得如斯俨雅，乃为上吉。”《尚书》中就有“成王在丰，欲宅洛邑，使召公先相宅，作《召诰》”。

《周礼》“以相民宅”，目的是“阜人民，以蕃鸟兽，以毓草木，以任土事”。

## 第一节　宇宙生态　地灵人杰

以儒释道为中心的中华文明，在几千年的发展过程中，形成了系统的生态伦理思想。儒家不主张征服自然，“制天命而用之”，强调人既不是大自然的主宰，也不是大自然的奴隶，而是大自然的朋友；道家认为天、地、人“本是同根生”；中国佛教主张因果相依，人类与自然万物之间互为因果、相互依存、共生共荣，共同构成一个生命的网络。这些无不闪烁着生态智慧的光芒。

中国历朝历代都有生态保护的相关律令。如《逸周书》上说：“禹之禁，春三月，山林不登斧斤。”《周礼》上说：“草木零落，然后入山林。”

还避免污染大自然，如“殷之法，弃灰于公道者，断其手”。把灰尘废物抛弃在街上就要斩手，虽然残酷，但重视环境决不含糊。

中国古典园林营构立足于“天人合一”的哲学理念，以尊重和维护生态环境为主旨，尽力保护原生态，即追求生物之间以及生物与环境之间的相互关系与存在状态。

中华先人历经漫长生态经验积累，在选择适合自己居住的满意生态环境实践中，在对自然界复杂浩瀚的信息源不断总结的基础上，形成了完整的风水理论体系，并在实践中不断地加以验证完善。

西方生态学研究者将中国的“风水”称为“中国科学”或“拟似科学”，认为“风水”理论与欧洲的科学非常相似。赞美其为“通过对最佳空间和时间的选择，使人与大地和谐相处，并可获得最大效益、取得安宁与繁荣的艺术”，誉其为“宇宙生物学思维模式”和“宇宙生态学”“东方文化生态”。

## 一、堪舆仪轨　天人合一

自然界中空气的流动形成了“风”，大自然中的山谷溪涧、河流、湖泊、海洋都是“水”，风水说渊源于中华先民早期对环境吉凶意识的自然反应。

新西兰奥克兰大学的尹弘基教授提出风水起源于中国黄土高原的窑洞、半窑洞的选址与布局，距今6000多年前陕西西安半坡的仰韶文化，已经是一个典型的风水例证。[①]说明风水早在母系社会时代已经开始有雏形产生，而先秦时代风水学已经应用广泛。

中华风水学说最热衷追求的审美理想是求取自然天地与人的亲和浑然：积累和发展了先民相地实践的丰富经验，承继了巫术占卜的迷信传统，糅合了阴阳、五行、四象、八卦的哲理学说，附会了龙脉、明堂、生气、穴位等形法术语，通过审察山川形势、地理脉络、时空经纬，以择定吉利的聚落和建筑的基址、布局，成为中国古代涉及人居环境的一个极为独特的、扑朔迷离的知识门类和神秘领域。

中华风水的门派众多，就阳宅风水可分为形势派理论和理气派理论两部分。

形势派重视观形察势、实地考察，讲究山川的来龙去脉和房屋的坐向，具有很强的实践性，经验成分很多，比理气派更多一些科学成分。但还有待从理论上提高。

理气派重视哲理、伦理，依据书本，糅合了星命、奇门遁甲、易经等方术知识，用气说、阴阳说、五行说、八卦说、干支说、节气说、神煞说、飞星说等庞杂的学说解释风水吉凶，具有很强的哲理性，迷信成分很浓厚，但在哲理上有研究价值。

中华风水术的堪舆工具为“六壬盘”，即风水罗盘，是时空合一的相卜占地工具，是将天人合一思维模式化和仪轨化：首先是“觅龙”，依地理山形之脉，确定其中最佳段脉；二是“察砂”，察考龙脉四周的小山、屏障；三“观

① 曹林娣:《中国园林文化》，中国建筑工业出版社2005年版，第152页。

水”，审视宅基龙脉附近的水势；四为“点穴”，确定宅基的范围。尽量利用天然地形来为意愿中的环境进行构图。

## 二、天地人体　宇宙同一

“风水”学蕴含着丰富的科学内容，实际上是宇宙星体学、气象学、地球物理学、水文地质学以及人体生命信息学等多种学科综合一体的一门自然科学。天文学、地理学和人体学是中国传统风水学的理论依据。

天文学，包括宇宙星体学、气象学等，来自古人对太阳系行星运行的观察。地球是宇宙星河中的一分子，它每时每刻都受到周围星体对它产生的吸引力、排斥力、作用力的影响。宇宙中的各种光电信息、磁力、热能、宇宙能，无时不对地球产生各种正负效应。

人，是地球上生存的感应能力最强的高级生物，自然也随时受到宇宙星体对地球产生的各种效应的影响。

如古人从天体的运行中充分肯定了木星对人的作用。木星的绕日公转周期是 11.86 年，相对于某一近日点，与地球的准会合周期是 12 年。在此 12 年中，太阳、地球、木星三者关系处于几种不同的状态，可能也是导致人体十二经脉形成的外部原因之一。

有趣的是，在一个会合周期的 12 年中，真正出现木星大冲却只有 11 次，除非在终点（或始点）上计算两次分属前后两个周期，才会凑到 12 次。人体也是这样，一方面有十二经脉，同时又有五脏六腑（共十一脏）。现代医学发现人体细胞在不同时间内能发出 11 种不同频率的射线，若再加上一个“零时期”也变为“12”。

这些恐怕不是偶然的巧合，而是天地运行的信息在人体生命活动中的体现。

地理学是地理、地形、地气的统称，包括地球物理学、水文地质学等。

从地球物理学的观点看，地球是由岩、浆、金、油，外有山、水、砂、穴等多种元素组合而成的。这些元素会产生不同方位与强度的地热、磁场、地电物、重力场及各种放射性物质，加之地表的山川、河流、植物、动物、微生物等，这些物质与磁场信息每时每刻都会产生各种对周围物体的有形或无形的、有益或有害的作用力。这些作用力对于地球上最高级的生命体——人类，会产生一种特殊的有益或有害的影响力。

如现代水文地质学告诉我们，地球上亿万年来演变而成的山川河流、自然地貌、地下水脉和地质构造形成了各种山川、水汛、水质、土质、岩层结构，这些地质构造之中又包含和产生着各种有机和无机的化学元素，这些元素对人体会产生各种有益或有害的影响。

铁、锌、有机蛋白等，对人体是有益的，而镭、氡、锶等放射性元素，对人体与智力发展是有害的。当人们处在一种美观舒适、色彩和谐的环境中就会感到心情舒畅、心旷神怡，甚至思维更加清晰敏捷，创造灵感也格外活跃。

地气其实就是气场，我们可以理解为磁场。宇宙之浩瀚、星体之众多，但都在各自的位置运行，靠的就是磁场的作用。

宇宙是个大磁场，星系是中磁场，地球是个小磁场，山川河流是磁针，人就是吸附在地球上的小磁针，磁针的位置不同受到磁的作用不同，对人产生的感应不同，产生的信号不同，人与天地自然气场是否相符合会影响人的健康、情绪，进而影响到事业的兴衰。

生活在地质结构比较好的地域，地层中所含的元素对人体和动植物都会产生良好的作用，人的综合素质都很高，自然灾害相对较少，经济发展也较其他地区好。

有意思的是，江苏历史源远流长，经济富庶，文化发达，历来重视教育，浓厚的文化氛围也使江苏成为“天下状元第一省”。1955—2015 年全国两院院士籍贯排名，江苏居首，共 450 名；浙江有 375 名；宁夏和西藏各有 1 名，居于末尾。

苏州市号为天下状元第一市。据统计，自唐代至清末，苏州地区共产生状元（包括祖籍在外地，生长在苏州）49 名，这不仅在全国各市中排列第一，即便是绝大部分的省也难以与之相比。2019 年中科院院士籍贯城市排名，苏州市有 67 人，位居榜首，再次印证了物华天宝、人杰地灵的名言。

20 世纪末期，美国兴起宇宙气场养生学，就基于这个原理。

人体学。现代科学推断，世界上繁多的物种包括人类，是宇宙诞生后在 150 亿年中逐渐从基本粒子，到多元素，到有机物，到生物，到哺乳动物，到人，逐步进化而来的。

《内经》中多处论述了日、月、星辰的变化引起人体五脏六腑器官机能的变化，如：金星活动影响胃脏、木星活动影响肝脏、水星活动影响肾脏、太阳和火星活动影响心脏、土星活动影响脾脏。

同样，一年四季春夏秋冬、月的晦朔、日的时辰，都对人产生影响。东汉魏伯阳著的《周易参同契》是一部按照宇宙运行规律与人的对应关系论述养生炼丹悟道的伟大名著。该书假借《周易》爻象论述作丹之意，研究养性延年、强己益身。所谓“丹”，据近人研究是指人身体内部的能量流。

生物体一个全息元上的各个部位，都分别在整体上或其他全息元上有各自的对应部位。全息元的一个部位相对于该全息元的其他部位，与整体或其他全息元上所对应的部位生物学特性相似程度较大。各部位在一全息元上的分布规律与各对应部位在整体上或其他全息元上的分布规律相同。

中医正是按照这种全息论，肺有病治肾，心有病治肝脾，五脏有病可由手脚治之的道理。

中国传统的风水理论在当今西方成为显学。

# 第二节　宅园佳址　四象围护

《书·舜典》:“询于四岳，辟四门，明四目，达四聪。”孔传:“广视听于四方，使天下无壅塞。”孔颖达疏:“明四方之目，使为己远视四方也。”青龙、白虎、朱雀、玄武是后世风水中推崇的四个方位神的名称。

河南濮阳西水坡遗址1987年发掘出了一座距今6000年前的仰韶文化的墓葬，其中45号墓葬墓主人东西两边分别埋有用蚌壳砌塑而成的“青龙”和用蚌壳摆成的“白虎”图形，暗合了后世风水著作中“青龙蜿蜒，白虎蹲踞”的思想（图2-1）。

图2–1　蚌壳砌塑的“青龙”“白虎”图形

《礼记·曲礼上》方位神的观念就已经很明确:“行，前朱雀而后玄武，左青龙而右白虎。”各司其职，护卫着城市、乡镇、民宅，凡符合“玄武垂头，朱雀翔舞，青龙蜿蜒，白虎驯俯”环境的，即玄武方向的山峰垂头下顾，朱雀方向的山脉要来朝歌舞，左之青龙的山势要起伏连绵，右之白虎的山形要卧俯柔顺，即可称之为“四神地”或“四灵地”的风水宝地。

《阳宅十书》曰:“凡宅左有流水，谓之青龙；右有长道，谓之白虎；前有汙池，谓之朱雀；后有丘陵，谓之玄武，为最贵地。”

中国境内大部分地区冬季盛行的是寒冷的偏北风，而夏季盛行的是暖湿的偏南风，这就决定了中国风水的环境模式的基本格局应当是坐北朝南，其西、北、东三面多有环山，以抵挡寒冷的冬季风，南面略显开阔，以迎纳暖湿的夏季风。

## 一、园址选择　山水之间

计成《园冶》把《相地》篇置于卷首，“相地”，包括地理位置、交通、地形、地质、土壤、水文、山石、林木、朝向、周围建筑及人文积累、环境卫生、对景与借景条件等。

“相地”的第一步是选择园址。园址的选择涉及环境科学和环境文化心理。计成分成山林地、城市地、村庄地、郊野地、傍宅地、江湖地 6 种。

《园冶》称第一胜地为“山林地”：“园地惟山林最胜，有高有凹，有曲有深，有峻而悬，有平而坦，自成天然之趣，不烦人事之工。”树林茂密，繁花覆地，应因形取势，“入奥疏源，就低凿水，搜土开其穴麓，培山接以房廊”，立意古朴、清旷。

历史上许多苏州园林坐落在自然山水之间，不假人工，境界自然天成，宋明诸多园林亦如此。如北宋范成大淳熙十年（1183 年）57 岁时退归苏州故里，在石湖边建造了“园林之胜甲于东南”的石湖别墅。宋孙悦《石湖别墅》诗曰：“一水遥通西渡头，乱山零落树还稠。先生唱罢村田乐，戴月披蓑理钓舟。”

明代高士徐枋《吴山十二图记》记载了徐枋隐居处涧上草堂：

上沙在天平灵岩之间，其地最胜，大樵仰天界其右，笏林岞崿峙其左，中为村落，多乔林古藤，苍松翠竹与山家村店相掩映，真画图也。一涧从灵岩大樵逾重岭而来，涧声潺潺，水周屋下，予草堂在焉，轩窗四启，群峦如拱，空翠扑人，朝霏夕霭，可卧而游，又不假少文图画矣。

徐枋说，从长云峰而上复二里，则登山之绝顶为箭阙，箭阙之上有浴日亭，东则望海观日出，西则俯太湖观落照，此浴日之所由名也。予向年隐居于此，时得登涉。尝见云海之胜，一世界无非白云，云若兜罗绵，磦块滢窿，晶莹耀日，变幻瞬息，真奇观也。

承德避暑山庄坐落在塞外的自然风景区。武烈河蜿蜒于东，滦河横贯于南，群山环抱，奇峰竞秀，景色壮丽而幽美，气候宜人。符合风水要求的“美”。“西北山川多雄奇，东南多幽曲，兹地实兼美焉”，地形地貌恰如中国的版图缩影：西北高、东南低，巍巍高山雄踞于西；具有蒙古草原风情的“试马埭”守北，绿草如茵，麋鹿成群，大有“风吹草低见牛羊”的牧区情趣；具有江南秀色的湖区安排在东南，水光潋滟，洲岛错落，花木扶疏，俨然一派江南景色。长达 10 公里的虎皮石宫墙，蜿蜒起伏在群山上，正是万里长城的象征，符合皇帝独尊、端庄威严之势：

后来所建藏汉结合的“外八庙”，与山庄呈“众星拱月”之势，正合康熙皇帝“四方朝揖，众象所归”的政治需求。

整个环境都面面有情，环水抱山山抱水（图 2-2）。合宋黄妙应《博山篇》“论龙”所说：“认得真龙，真龙居中，后有托的，有送的，旁有护的，有缠的。托多，送多，护多，缠多，龙神大贵、中贵、小贵，凭这可推。”这正为“大贵”之地，并有“北压蒙古，右引回部，左通辽沈，南制天下”的军事意义。

清代苏州所建的“拥翠山庄”，是苏州园林中别具一格的山地园。它坐落在苏州虎丘山

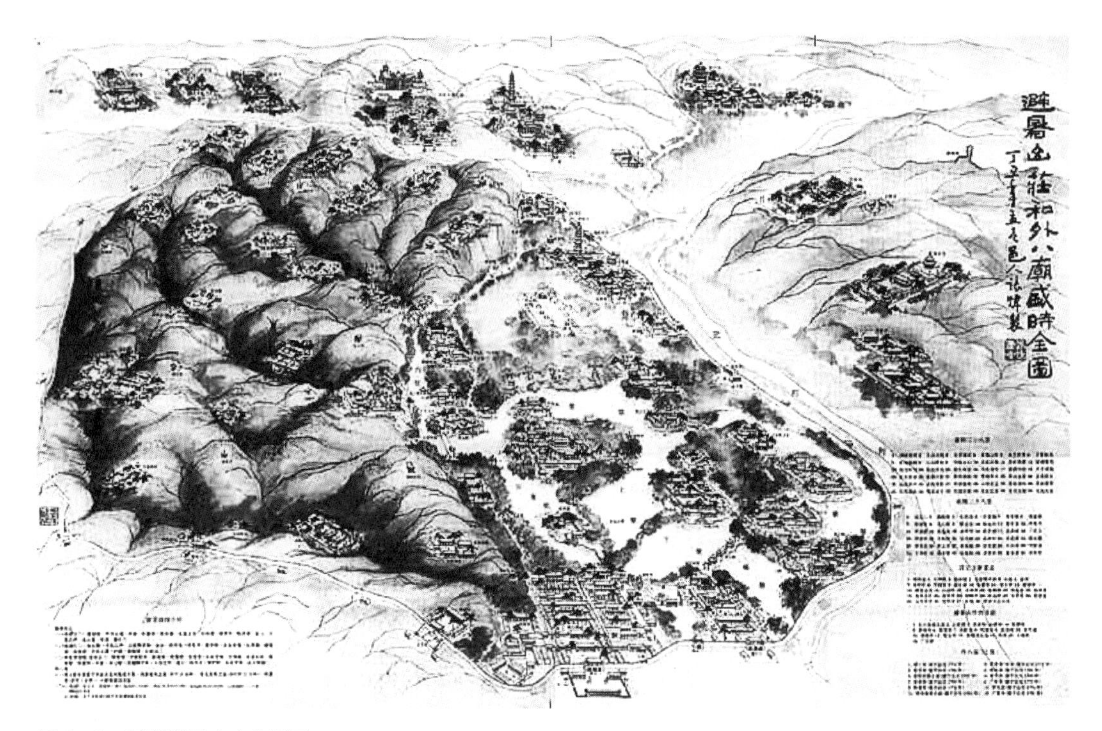


图 2-2　承德避暑山庄全景图

二山门内上山蹬道左侧的憨憨泉西侧，依山由南而北，分四层层叠而上，分别为：抱瓮轩、问泉亭、灵澜精舍、送青簃。与园外上山大道一致。园内无水，却因紧靠“憨憨泉”，加上抱瓮轩、问泉亭、月驾轩、灵澜精舍等建筑题名，而使人处处获得水趣。占地仅一亩余，四周高墙蜿蜒，园内蹬道、石峰、轩、亭、旱船、花木等随势而筑，依然显得曲折有致，体现了“成天然之趣，不烦人事之工”的特点。

城市地造园，则“地僻为胜”，“远往来之通衢”，“邻虽近俗，门掩无哗”。目的是能为“闹处寻幽”，“居尘而出尘”的“城市山林”。

古城苏州，自建城之初就辟有南北两园地，南园种蔬菜，北园种稻麦，以备军事之需。历代园林择址南北园的最多。

宋代苏舜钦选址南园建沧浪亭，至沈复写于 1808 年[①]左右的《浮生六记》所载，“沧浪亭幽雅清旷，反无一人至者”，他携妻挈妹于中秋在沧浪亭赏月，“亭在土山之巅，循级至亭心，四望极目可数里，炊烟四起，晚霞烂然……携一毯设亭中，席地环坐，守者烹茶以进。少焉，一轮明月已上林梢，渐觉风生袖底，月到波心，俗虑尘怀，爽然顿释”[②]。

拙政园择址北园，“虽在城市，而有山林深寂之趣”，“不出郛郭，旷若郊墅”。王心一“归田园居”时，园东北建有“秫香楼”，“楼可四望，每当夏秋

① 据林语堂《浮生六记·序》。

②（清）沈复:《浮生六记·闺房记乐》。

之交，家田种秫，皆在望中”。中部北侧“绿漪”亭，原名“劝耕亭”北墙外也是稻花飘香。

明代顾大典的“谐赏园”，位于江苏吴江县（今称吴江市）西北隅，“前临渠，后负郭，左有琳宫别墅、乔木丛林之胜，远市而僻”。

郊野地造园，要“依乎平冈曲坞，叠陇乔林”，因地成形，“开荒欲引长流，摘景全留杂树”，立意在郁密之中而兼旷远的野趣。

选村庄之胜造园，地势平阔，水面无须太大，曲径绕篱，团团篱落，处处桑麻，沿堤杨柳，桃李成蹊，茅亭草堂，“堂虚绿野犹开，花隐重门若掩。掇石莫知山假，到桥若谓津通”。立意在闲静、纯朴，而有田园的风光。吴宽说：“结庐不必如城市，只学田家白板扉。”[①]

明代苏州上沙村的“水木明瑟”园，吴江高士徐白隐居于此，此园灵岩山峙前，天平山倚后，平田缭左，溪流带右，老屋数楹，规制朴野，广庭盈亩，植以丛桂。

徐孟祥雪屋乃徐达佐耕渔轩的余绪，却毫无元季园林的典丽与奢华。“结庐数椽，覆以白茅，不自华饰，惟粉垩其中，宛然雪屋也。”[②]

耕学斋“扁舟绿水才三尺，小圃黄花满四围”[③]。徐拙翁宅园“家住万安山，茅堂循翠湾。邨连青嶂远，门掩白云间”[④]，山园充满诗情画意的雅趣。沈周有竹居几乎是与周边田园融合在一起的清雅田舍：

人爱吾庐吾亦爱，秋原风物带晴川。
兰甘幽约宜阶下，竹助清虚要水边。
只好薩茅同背郭，何须蓄石慕平泉。
苦吟自觉多新病，华髮时笼煮药烟。
鹤毛鹿迹长交路，荇叶苹花亦满川。
炙背每临檐日底，曲肱时卧树阴边。
一区绿草半区荳，屋上青山屋下泉。
如此风光贫亦乐，不嫌幽僻少人烟。[⑤]

明代著名文学家王世贞在家乡江苏太仓建园颇多，最著名的有占地70多亩的“弇山园”，记中将园之胜概，用“六宜”铺写，将自然界的山水风花雪月有机地纳入园林，境界天成：

宜花：花高下点缀如错绣，游者过焉，芬色滞眼鼻而不忍去；宜月：可泛可陟，月所被，石若益而古，水若益而秀，恍然若憩广寒清虚府；宜雪：

① （明）吴宽诗：《闻原辉弟东庄种树结屋二首》，载《家藏集》卷二。

② （明）杜琼：《雪屋记》，载邵忠，李瑾选编《苏州历代名园记·苏州园林重修记》，第72页。

③ （明）吴宽诗：《寿徐耕学》，见《家藏集》卷七。

④ （明）谢晋：《兰庭集》，卷下。

⑤ （明）沈周：《奉和陶庵世父留题有竹别业韵六首》，载《石田诗选》卷七。

登高而望，万堞千甍，与园之峰树，高下凹凸皆瑶玉，目境为醒；宜雨：蒙蒙霏霏，浓淡深浅，各极其致，縠波自文，儵鱼飞跃；宜风：碧篁白杨，琮成韵，使人忘倦；宜暑灌木崇轩，不见畏日，轻凉四袭，逗勿肯去。

傍宅地，明末文震亨说得很明白：

居山水间者为上，村居次之，郊居又次之。吾侪（chái）纵不能栖岩止谷，追绮园之踪，而混迹廛市，要须门庭雅洁，庐室清靓。亭台具旷士之怀，斋阁有幽人之致。又当种佳木怪箨，陈金石图书，令居之者忘老，寓之者忘归，游之者忘倦。蕴隆则飒然而寒，凛冽则煦然而燠（yù）。若徒侈土木，尚丹垩，真同桎梏樊槛而已。[①]

明清时期被称为“红尘中一、二等风流繁华之地”的苏州阊门，艺圃就筑在离阊门不远的文衙弄内，有“隔断城西市语哗，幽栖绝似野人家”之称。

清苏州耦园，位于城东一弯的小新桥巷，人迹罕至。明代王心一的“归田园居”，是“门临委巷，不容旋马”。

江湖地，“江干湖畔，深柳疏芦之际”筑园，要在借江湖的自然景色，澹澹云山、悠悠烟水、闲闲鸥鸟、泛泛渔舟，自有开朗、平远的水乡风光。

如苏州东山的启园，滨36000顷的太湖而筑，背依莫厘峰，占地约70亩（图2-3）。藏山纳湖，气概粗犷。登上位于山水层林之间的主厅“镜湖厅”二楼，真可目极湖山千里外，人在水天一色中，可见到浩瀚太湖中的点点风帆，听到渔歌互答，美不胜收。园内一条小河濒临太湖，引太湖之水注入厅前的“镜湖”中，清漪荡漾。

① （明）文震亨:《长物志·志庐室第一》。

图2-3　启园（太湖东山）

## 二、万物相干　寻佳避恶

现场踏勘寻找“佳穴”。“佳穴”指最吉祥之地，这是古人试图寻找或建造一个理想的洞穴居住历千年传下来并演化至今的。

《阳宅十书》：“凡宅，左有流水谓之青龙，右有长道谓之白虎，前有污池谓之朱雀，后有丘陵谓之玄武；为最贵地。”但用的是相对方位，并非东西南北的绝对方位。理想的阳宅“佳穴”，要求四周宁谧安静、山环水绕、山清水秀、郁郁葱葱、水口含合、水道绵延曲折，以形成良好的心理空间和景色画面，形成一个完整、安全、均衡的世界。

无锡寄畅园，背倚惠山为玄武靠山，左边引惠山余脉为青龙护山，右边锡山为白虎护山，前面芙蓉湖为玄武明堂，四神砂具备。

寄畅园址初为寺庙，明代因遭火灾，重新建庙时堆了案墩假山，案墩假山是按园外惠山东麓山势余脉来堆叠的中间介质，又构曲涧，这样，寄畅园和惠山中间开阔地重塑成折叠凹槽，既丰富了山的层次，又成为将惠山联系入园的过渡，假山与真山自然错落，山在园中、园在山中，浑然一体。

根据“万物相干论”，即万事万物都是普遍联系、相互影响的原理，住宅外围要避开恶性能量。

恶性能量指直接损害人的生理和心理健康之物，如电线杆、微波发射塔、变压器，公厕、污水池、屠宰场、坟墓、噪声，建筑的棱、角、缝，怪异的形状，反弓水、反弓路（指弓形的水和路以弓背直冲住宅），监狱、火葬场、医院、机械加工厂、卡拉 OK 厅，以及化工厂、污水沟等产生的电磁污染、光污染、声污染、大气污染的场所等。

恶性能量也指噪声。所以，“不宜居大城门口及狱门、百川口去处”，官府、衙门，也就是现在的官署、军营、监狱等场所的附近不宜作民居。那里人员杂沓，车马声、吆喝声、呻吟声，这些噪声是妨碍人体健康的大敌，会使人烦躁，失眠等。

上述场所放射的场能是肃杀之气，风水学上叫“煞气”，杀伐之气古人又形象地称为“白虎”，如虎在侧，久之伤人。

## 三、尝水相土　得水为上

穴的区域确定后，通过土壤的重量和味道了解地基状况，方法是在穴位处开挖“金井”以“相土尝水法”验证地理地质情况。

人体 70% 是水。所以，人也吸收宇宙辐射，人与气场有关。“水深处民多富，浅处民多贫；聚处民多稠，散处民多离”。

“风水之法，得水为上”。“未看山时先看水，有山无水休寻地”，“吉地不可无水”。中国风水学有谓“地理之道，山水而已”。“吉土吉水藏气，必动植物丰茂。”山不能无水，无水则气散，无水则地不养万物。水能“载气纳气”，“水主财”。水被视为“地之血脉，穴之外气”。山为园林的骨架，水为园林之血脉。

现代科学已证实：水是吸收各种波动能的极性分子。而宇宙间所有的射线（声、噪声、电磁波、微波、光、辐射）都具有“波粒二象性”。中国风水理论认为：“水飞走则生气散，水融注则内气聚”，所以，“卜筑贵从水面，立基先究源头，疏源之去由，察水之来历”。

尝水主要是论证水的功用利害与其形势、质量，以及水与生态环境即所谓“地气”“生气”之间的关系。尝水法是以水味香，清纯，冬温夏凉为吉；水味涩苦，深浊异味，则不吉。

“相土”，即测量穴位点上土石质量。中国风水学峦头法总结出两种检测方法：

一是尺度测量法。在选定的建筑基址中心，挖一个一尺二寸见方的坑，将挖出来的土捣细过筛，再将细土填入坑内，“不要压实，而以与地面平衡为准，过一夜，次日晨去观看，松土拱起，则地气旺，地吉，若下凹，则说明地气衰，不宜”。

二是重量测量法。从建筑基址中取一块土样，“入土实一斗，称之，六七斤为凶，八九斤吉，十斤以上大吉”，“以土细而不松，油润而不燥，鲜明而不暗”为佳，盖为“生气之土”。

土法是取建筑场地中心土壤，捏成一寸见方，八两以上的土质较好，十两最好，“八九不离十”。

选定建筑基址后，再举行“破土”仪式，即奠基仪式。

古人在长期的经验积累中，得出“山管人丁水管财”的概率性规律。大山脉能“迎气生气”，山环能“聚气藏气”；山之骨肉皮毛即石土草木，“皆血脉之贯通也”。要求住宅的“外围宜和”，“外围”指的是住宅的周围事物情况，“和”是柔和、和谐的意思。

如承德山庄，山岳区占总面积的70%以上，自然山岳重峦叠嶂，逶迤起伏，成为登高望远、观瀑听泉、养鹿放鹤的胜地，而且，“土肥水甘，泉清峰秀”，草木丰茂，尤多松林，松脂散发的芳香有杀菌之效。木兰围场的雪水、避暑山庄荷叶上的露水，都具有上好的水质，供帝皇享用。“风泉清听”的泉水有“注瓶云母滑，漱齿茯苓香”之誉。康熙时，“度高平远近之差，开自然峰岚之势。依松为斋，则穷崖润色；引水在亭，则榛烟出谷”[①]，因形就势，建成了奇胜宏旷的山水宫苑。

①（清）康熙：《御制避暑山庄记》。

# 第三节　环境构图　象天法地

## 一、蓄积气场　生机勃勃

人体存在一种维持生命所必需的能量场，这种能量场称之为“气”。

1911 年，科学家基尔纳通过色隔板和滤色器看到了人体能量场的现象：最靠近皮肤的，是 1/4 英寸厚的暗色层。它外面是 2 英寸厚的，颜色较淡的一层，这一层的纹理垂直于身体。最后，再向外一圈外轮廓显得模糊不清，大约 6 英寸厚的外部弱光。

20 世纪 90 年代，美国人佳居伊・科金斯（Guy Coggins）发明了体光摄影，他通过特殊摄影方法，就可以把人体的这种能量光拍摄下来，用红外线能发现。

风水讲究藏风聚气。就是要寻找一个气流比较稳定的地方、一个能量容易积聚的地方。

清代乾隆时请法国传教士韩国英协造圆明园，“希望北面有座山可以挡风，夏季招来凉意，有泉脉下注，天际远景有个悦目的收束，一年四季都可以返照第一道和末一道光线。”注重了人和自然的有机联系及交互感应。

乾隆造的“静宜园”，建在北京西郊的香山山坳里，北、西、南三面环山，“即旧行宫之基，葺垣筑室。佛殿琳宫。参差相望，而峰头岭腰，凡可以占山川之秀、供揽结之奇者，为亭、为轩、为庐、为广、为舫室、为蜗寮。自四柱以至数楹，添置若干区”[①]。因山势高低层层构筑建筑物，与周围的苍松翠柏、溪流瀑布、峭壁悬崖，相融相和，犹如天造地设一般。

避暑山庄也是“自然天成地就势，不待人力假虚设。君不见，磬锤峰，独峙山麓立其东；又不见，万壑松，偃盖重林造化同”[②]，因为“胜景山灵秘，昌时造物始……土木原非亟，山川已献奇。卓立峰名磬，模拖岭号狮。滦河钟坎秀，单泽擅坤夷……宛似天城设，无烦班匠治。就山为杰阁，引水作神池”[③]。

苏州耦园古城东头“当门一曲抱清川”，门临由西向东的内城河，东（左）为流水，南（前）有河道，北面枕河，楼厅、重檐楼阁、藏书楼殿后，西（右）有大路。三面环水，好似青龙环绕。东有城郭雉堞，岗阜逶迤，草木葱蔚。山环水抱、山清水秀的天然地形，生气凝聚而不散泄，蓄积气场，生机勃勃，正是完整、安全、均衡的意愿中的环境构图，自然为大吉之地。

江南传统园林住宅部分，都在门边置屏墙，避免气冲，屏墙呈不封闭状，

① （清）于敏中《日下旧闻考》，北京古籍出版社 1981 年版。

② （清）康熙：《芝径云堤》。

③ （清）乾隆：《避暑山庄百韵诗》。

以保持“气畅”，或在门内设屏风。[①]

如果住宅在底层，大门正对大路，则可种上树木花丛，以圆润来化解直冲而来的外力。

园林建筑南北朝开始出现屋角上翘，至唐后通用“翼角”，有利于采光、排水，也避免了风水学上的忌讳。

《青囊经》曰：“理寓于气，气囿于形。”尖形建筑产生尖形气场，与凶场同，风水以为如一柄利剑，锋芒直直，是“煞气”。“煞气”所到之处，灾晦立现，犹忌直对邻居大门、窗户。

## 二、五行相生　顺天而行

古人从植物随着季节而荣枯盛衰中发现了植物能与五行相配，服从五行规律，并能与人的五行相对应，达到养生疗病健体的效果：属木益肝宜东位，属火置南健身心；属土养胃中央放，白花放西性属金；属金植物能疗肺，吸烟之人肺常新；属水摆北生势旺，花蓝叶黑能补肾。

所以山水园内部建筑空间序列按传统遵循的“四象”“八卦”布局，江南山水园林往往以一汪清池居中。费尔巴哈讲到过“一种精神的水疗法”，认为“水不但是生殖和营养的一种物理手段……而且是心理和视觉的一种非常有效的药品。凉水使视觉清明，一看到明净的水，心里有多么爽快，使精神有多么清新！”浩渺的水面，在光合作用下负氧离子含量极高。

建筑皆面水而筑。池周建筑、植物遵循按四季四象四方相配、五行相生原则，即坐北朝南、顺时针方向旋转、中心水池不动、五行左旋相生。相生，互相滋生、促进、助长：水生木，木生火，火生土，土生金，金生水。

如网师园中部环池区的建筑和植物配置：

池东五行属木，对应春天，有射鸭廊、空亭、住宅界墙等建筑。界墙前障以小型黄石狮形假山、盘曲而上的紫藤、攀缘于白色界墙上的木香等春天植物。

池南，五行属火，对应夏天，西南的濯缨水阁基部全用石梁柱架空，水周堂下，轻巧若浮，幽静凉爽，临槛垂钓，依栏观鱼，悠然而乐。这座坐南朝北的建筑旧时曾为戏台。濯缨水阁东与云岗假山毗邻，云冈隔池与小姐楼对景，产生寿比南山的联想。

池西，五行属金，对应秋天，“晚色将秋至，长风送月来”，有“月到风来亭”，赏秋月。

池北，五行属水，则对应冬天，主植白皮松、柏树，轩前松柏若虬，树龄都有900年的古松、古柏老根盘结于苔石之间，曲桥头那棵树龄200年的白皮松，枝干遒劲。看松读画轩隐于后。

东侧修廊一曲与竹外一枝轩接连，此轩东头紧挨着射鸭廊，轩址的位置恰似冬到春的一个过渡。从池南望去，宛似船舫。

① 详见本书第四章第一节。

“八卦”是平面上八个方位之象，为四方位细分的派生物。因此，住宅大门是房子的嘴，是气口，接纳外界的气息，主吸纳灵气，它是生气的枢纽、住宅的面子，又是划分社会与私人空间的一道屏障，所以，住宅大门的朝向最为重要，一般坐北朝南，以八卦中的离（南）、巽（东南）、震（东）为三吉方，其中以东南为最佳，在风水中称青龙门。大门除居吉方外，还须朝向山峰、山口、水流，以迎自然之气。

拙政园、网师园都开东南门，北方四合院也是在东南开门。艺圃开的是东门，慎开西门和北门。

中国风水学将水流入候选区域的地方称之为“天门”，位于八卦乾（戌亥位、西北）位。流出的地方称之为“地户”，位于八卦的巽（辰巳位）位。“天门”“地户”均称之为“水口”。八卦的天门地户的本质是地球绕太阳公转所造成的冬至点和夏至点的日出方位和日落方位。天门宜开，则财源滚滚；地户宜收，则财气不散。

网师园原有水门开在西北乾位，位置在今殿春簃，池水延至东部，今网师园水门依旧在西北角，跨以曲桥，地户在东南“槃涧”（图 2-4）。

根据阴阳五行，北方属水，故北方之神即为水神。《后汉书・王梁传》曰：“玄武，水神之名，司空水土之官也。”《重修纬书集成》卷六《河图》：“北方七神之宿，实始于斗，镇北方，主风雨。”因雨水为万物生存所必需，故玄武的水神属性，深受人们的信奉。

厨房在南方院落式传统住宅的位置是置于中轴线北端，取水克火的吉祥含义。

故宫钦安殿位于御花园正中南北中轴线北端。殿前院墙正中辟门，曰“天一门”，取《易经》中“天一生水，地六成之”，以水克火之意甚明，东西墙有随墙小门，连通花园。钦安殿内供奉玄天上帝，即真武大帝，或真武、北极真君，为道教中主风雨的北方之神。

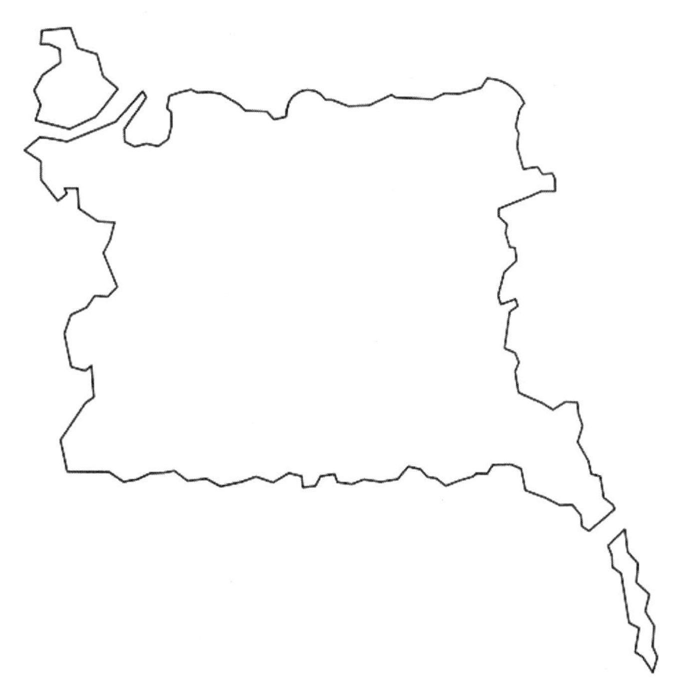

图 2-4　今网师园平面图中彩霞池水系

## 三、曲吉直煞　宅形宜整

“曲生吉，直生煞”，传统风水认为吉气沿着蜿蜒曲折的路径行进与蓄积，而煞气则沿着直线穿流。S 形曲线形如太极的阴阳分界线，园中处处可见自由伸展的曲线造型。如波浪形的云墙曲线、如翚斯飞嫩戗发戗；山有蜿蜒起伏之曲，水有流连忘返之曲，路有柳暗花明之曲，桥有拱券之曲，廊有回肠之曲。“屈曲有情”，曲有深刻的内涵，象征着有情、簇拥、积蓄和勃勃生机。“开径逶迤”“临濠蜿蜒”式的曲折变化也体现了大自然的属性。

园林艺术都讲究含蓄美，避免直露，将秀丽的景色积聚、蓄藏起来，忌“一览无余”，游路布置以曲为妙，“庭院深深深几许？杨柳堆烟，帘幕无重数”，“道莫便于捷，而妙于迂”，增加了景象层次，扩展了空间深度，提高了空间利用率，使“步移景异”，欲扬先抑，渐入佳境。

沈复《浮生六记》关于园林空间有精辟的概括：

若夫园亭楼阁，套室回廊，叠石成山，栽花取势，又在小中见大，大中见小，虚中有实，实中有虚，或藏或露，或深或浅，不仅在周回曲折四字。

宅形宜整，以稳定气场。

《阳宅十书》中有“阳宅外形吉凶图说”和“阳宅内形吉凶图说”；《鲁班经匠家镜》卷三也附有房屋布局吉凶 72 例等。

无论平房式的宅院还是楼房式的居室，都以完整方正为好。方整的形状，各部位能量场分布均衡、不偏不倚，不会产生太过和不及的祸患。

江南园林住宅建筑以院落为单元，向纵深方向贯穿组合而成一整体，平面布局呈长方形，园林中单体建筑如厅堂楼阁、斋馆房榭的基本形式也大多为长方形。凸字形平面是在长方形建筑前造雨搭或抱厦所构成的一种平面形式。

“常倚曲阑贪看水，不安四壁怕遮山”，大量的阳气进入室内，并使室内浊气外流，达到人宅相扶、感通天地，悟宇宙之盈虚、体四时之变化。向外开的窗户最佳，可使大量的阳气进入室内，也可使室内浊气外流。

宅中向东开窗大吉，东方阳气充沛，风水上称为紫气东来。

奇形怪状和损位缺角的住宅，能量场的分布就很不均衡。住宅和人的身体一样，以各部位、各器官机能协调与各司其职为美，既不喜弱也不喜亢。所以，传统住宅都没有奇奇怪怪的建筑。

## 四、合院为宅　感通天地

传统民居，无论是北方四合院、徽州“四水归堂”、云南“一颗印”，还是江南院落式，都是合院为宅，院子是合院的核心。

江南院落式住宅结构，前低后高，各进院落之间都辟有“天井”。天井为合院的核心，可上受金乌甘霖之惠，下承大地母体之惠，天人合一。天井便于采光、藏风纳气，使屋内气场无死角，气色精彩亮丽，并可借重天井的风景线，引景、借景。屋之前后多设长窗、半窗，两侧山墙亦都开窗，并创造了四面厅的形式，辅之以空窗、洞门、漏窗等建筑小品。以苏州为例：

典型的苏州的深宅大院往往以封闭式院落为单位，住宅平面自外而内，在中轴线上建门厅、轿厅、大厅及住房（楼厅），每进之间均隔以天井，建“库门”分隔，库门上都建有精致的砖雕门楼。木门上贴青砖，防火。大厅是履行礼法仪式的场所，后面的石库门则是内宅和外宅的分界线。闺阁则是主人家最私密居所。楼厅以后，或临界筑墙，或辟园圃。

凡在正中纵线上之房屋，谓之正落。

两旁之建筑物，称为边落。边落则建花厅、书房、藏书楼，其后建厨房和下房。

右边纵轴线上依次是书斋、花厅、藏书楼和其他次要房间。

左边纵轴线上依次是女厅、厨房、库房和杂屋。

正落与边落之间有从头至尾贯通的备弄（避弄），这是佣人的通道、防火通道、防盗疏散通道。

有船厅、花厅、牡丹厅、桂花厅等。

成为中、左、右三组纵列的院落建筑群，各组之间设置贯通前后的交通线备弄，兼具防火作用。

大型民居：照壁、轿厅——砖雕门楼——天井——大厅、女厅、闺房（绣楼）……宅大者可到七进。

如拙政园东部住宅坐北朝南，建筑纵深五进，边落为平行的二路轴线。

正落主轴线由隔河影壁、船埠、大门、二门、轿厅、大厅和两进楼厅组成。重门叠户，庭院深深，面阔五间的一间间厅室，延伸出长长一串景深，铺张了几百年来家庭礼仪的空间规程。

东侧边落轴线安排了鸳鸯花篮厅、花厅、四面厅、楼厅、小庭园等，是当年园主人宴客、会友、拍曲、清谈之所。

建筑前后布置山石花木，幽静雅洁，为宅中最富生趣部分，是居室与游赏之景相互渗透、巧妙组合的典型实例。

西部住宅有平行的三路轴线，纵深五进，正落中轴线自南而北依次有影壁、大门、仪门、正殿、后堂、后殿等，东、西边落轴线也各有千秋。

中型民居，三进、四进为多，如网师园。

江南唯一的古建宝典姚承祖的《营造法原》对各部房屋檐高，均有定例，主要者高而次要者低，示其别也。各进房屋之檐高，均为正间面阔 8/10，其余规定如下：

门第茶厅檐高折（茶厅照门楼九折），正厅轩昂须加二。

厅楼减一后减二，　　　　厨照门茶两相宜。

边傍低一楼同减，　　　　底盘进深叠叠高。

厅楼高止后平坦，　　　　如若山形再提步。

切勿前高与后低，　　　　起宅兴造切须记。

厅楼门第正间阔，　　　　将正八折准檐高。

按以往兴建住宅、地盘坐标，进深方面往往愈后愈高，对采光、卫生有益（住宅高低尺寸）。“将正八折准檐高”，系将正间面阔八折作为檐高，即以次间宽度为檐高。[①] 天井与厅堂比例如下：

厅堂：

天井依照屋进深，后则减半界墙止。

正厅天井作一倍，正楼亦要照厅用。

若无墙界对照用，照得正楼屋进深。

大步照此分派算，广狭收放要用心。

“天井依照屋进深”和“后则减半界墙止”句，系天井进深与房屋进深相等，后天井则减半至界墙为止。两进房屋之间往往设界墙，界墙以后即为第二进房屋之天井。“若无墙界对照用”和“照得正楼屋进深”等句，系指两进房屋之间不设界墙，且两屋正面相对，即所谓对照厅。大厅以后，往往为正楼，其天井深度，亦以屋深为例。以上天井深度，尚能合日照原理。[②]

这些都符合日照原理。

庭院多设在厅堂或书房前后，缀以湖石、花木、亭廊，组成建筑外景。小型园林基本上是庭院的扩大，景物也相应增加。畅园、壶园即是其代表。

中型和大型园林景物更多且常是单独使用，因此另设园门，直通街衢。

① （清）姚承祖：《营造法原》第 11 页。

② 同上。

其布局上把全园划分为若干区，各区都有风景主题和特色。以厅堂作为全园活动中心，厅前设置山、池、花木等对景。厅堂周围和山池之间缀以亭榭楼阁，或环以庭院，用路径和回底联系贯通，组成一个可居、可赏、可游的整体。

## 五、景境模式　水围山绕

中华宅园的构景模式大体有神话中的“昆仑神山”“蓬莱仙岛”“壶中天地”和佛教“九山八海”“须弥山模式”，桃花源模式属于壶中天地模式。

基于原始的自然崇拜，远古时代人类还没有能力对自然现象和社会现象作出符合实际的解释。为了生存和繁衍，于是创造了许多自然“神”，希望得到“神”的佑助，征服自然。先民沉醉于这种不断扩散开来的幻想之中，这类经过了“幻想”，用一种不自觉的艺术方式加工过的自然和社会形式就是神话。原始神话中“神”的生活境域，成为先民幻想中的最佳生活环境。

农耕文化圈的神话，主要有昆仑神话系、蓬莱神话系等，描写了众神灵生活的境域：水绕山围、增城九重、宫阙壮丽、灵木仙卉、神禽瑞兽。

昆仑，是上古典籍中的圣地，《山海经》《禹本纪》记载的昆仑是7000年前的山，主宰神灵世界的至高无上的上帝和群神，在人间的住所就是昆仑神山。《山海经》之《西次三经》谓：“西南四百里，曰昆仑之丘，是实惟帝之下都。”

《海内西经》谓：“海内昆仑之虚，在西北，帝之下都。”昆仑山是海内最高的山，在西北方，是上古人站在川中盆地的方向的定位，是天帝在地上的都城。

昆仑山方圆800里，高达七八千丈。山周围有神水，山上有神树，高4丈，粗够5个人合抱。山的每一面有9口井，每口井都用玉石作栏杆。这山不仅靠着流沙河、黑河和赤水，而且，它的外围依然有神水护卫着，外物难以靠近。环山的河叫弱水，连鸟的鸿毛这样轻的东西也要下沉；弱水外还有火焰山围绕，任何东西碰到都会燃烧。昆仑山上还有许多“圃”，如平圃、悬圃、疏圃、元圃等，都是有灵的仙境，是神仙的居所，他们在这里呼风唤雨。昆仑山传说有一至九重天，能上至九重天者，是大佛、大神、大圣。西王母、九天玄女均是九重天的大神。典籍记载，西王母在昆仑山的宫阙十分富丽壮观，如“阆风巅”“天墉城”“碧玉堂”“琼华宫”“紫翠丹房”“悬圃宫”“昆仑宫”等。

《山海经·海内西经》：“海内昆仑之虚，在西北，帝之夏都。”这意味着远古记载有两座昆仑山。郭璞注解时提出“言海内者，明海外复有昆仑山”。

历史学家顾颉刚说：“昆仑是一个有特殊地位的神话中心。”他认为昆仑的神话是由西疆（四川、云南）流传到中原、楚地区的。

蒙文通提出昆仑宜为上古一文化中心。巴蜀文化当系自西东渐，楚文化也颇受巴蜀文化影响，《山海经》就是巴蜀楚上古文化产品。

李济认为：昆仑是中国文明开始之处。中国西南及西部为人类文明开始的地方。

昆仑即昆仑三山——峨眉山、青城山、蓥华山，都属于千里岷山山系。岷山雪宝顶5588米，是长江黄河分水岭，也是岷江、嘉陵江发源地。

“海内昆仑之虚，在西北”，由此推断《山海经》写于古巴蜀文明中心，四川盆地中心即沱江流域。

“山”字，甲骨文像遥望中地平线上起伏连绵的群峰的线描，有3座峰头。金文写成剪影，正是昆仑三山内涵的文化传承见证。古代道家的昆仑冠也是三山形。三山后演变为3层。《尔雅·释丘》“丘一成为敦丘，再成为陶丘，再成锐上为融丘，三成为昆仑丘。”《水经注·河水》之《昆仑说》曰：“昆仑之山三级，下曰樊桐，一名板松，二曰玄圃，一名阆风，上曰层城，一名天庭，是谓大帝之居。”

三星堆巨型玉章上，留有昆仑三山（3层）的最早图案。今天自然环境极其恶劣的昆仑山脉，是汉武帝的御赐。

烟波浩渺的大海上，因海面上冷暖空气之间的密度不同，对光线折射而产生的海市蜃楼这一种光学现象，“时有云气如宫室、台观、城堞、人物、车马、冠盖，历历可见”[①]，催生出蓬莱神话。

《列子·汤问篇》记载了5座神山，“其（渤海）中有五山焉：一曰岱舆，二曰员峤，三曰方壶，四曰瀛洲，五曰蓬莱”。方壶即方丈。此后，岱舆与员峤逐渐衰微，秦汉典籍多记载后三山。[②]

> 其山高下周旋三万里，其顶平处九千里。山之中间相去七万里，以为邻居焉，其上台观皆金玉，其上禽兽皆纯缟，珠之树皆丛生，华实皆有滋味，食之皆不老不死。[③]

《海内十洲记》记载说：蓬莱周围环绕着黑色的圆海，“无风而洪波万丈”；方丈，“专是群龙所聚，有金玉琉璃之宫”；瀛洲，“上生神芝仙草，又有玉石，高且千丈，出泉如酒，名之为醴泉，饮之数升辄醉，令人长生”。

众神生活的地方都是水绕山围，植物丰茂、建筑宏丽、鸢飞鱼跃，囊括了中国园林的物质构成要素，为中国园林描绘了一张美丽的魅力无穷的蓝图，成为园林中理想的景境模式。

如明西苑万岁山即今北海琼华岛、广寒殿左右小亭“方壶”“瀛洲”、清

① （宋）沈括：《梦溪笔谈》卷二十一，文物出版社1975年版。

② 原因一曰：除了布局的平衡美观以外，“三”在中国文化中具有特有的含义，如《国语·周语下》：“纪之以三，平之以六。”韦昭注：“三，天、地、人也。”又《国语·晋语一》：“民生于三，事之如一。”韦昭注：“三，君、父、师也。”《后汉书·袁绍传》注云：“三者，数之小终，言深也。”（见《中国历代园林图文精选》第一辑中赵雪倩前言）。

③《列子·汤问》。

图 2-5　三座岩岛（拙政园）

代“一壶天地”“小灵丘”等，颐和园前湖及岛屿都是象征传统中的海上仙山的。

拙政园中部邴池水中坐落的 3 座岩岛——荷风四面、雪香云蔚、待霜，即脱胎于此（图 2-5）。

狮子林湖中小岛和留园的湖心小岛均名之曰“小蓬莱”，留园园主明确其意，署云：“西园小筑成山，层垒而上，仿佛蓬莱烟景，宛然在目。”

佛道组景模式包括一池三山或一池五山的海中仙山模式、九山八海须弥山佛教模式和壶中天地桃花源模式，都是山水结合的模式。

园林水景最早是对神话仙境的象征，古人将缅邈的水域看作神仙出没居住的灵境。皇家园林水面宽阔，圆明园象征福海、颐和园昆明湖象征银河，更多的是象征神话中的有着蓬莱三神山或五神山的南海。

蓬莱仙境是神山和大海的结合，秦始皇首先把神话中的仙境建进了园林，汉武帝踵之，被称为“秦汉典范”。

北海的“一池三山”构思布局，形式独特，富有浓厚的幻想意境色彩。北海象征“太液池”，以“琼华岛”象征蓬莱仙岛。

圆明园“九州清晏”，是在水中置九座小山，山水象征华夏版图“九州”或称“禹域”，寓意九州大地河清海晏，天下升平，江山永固。

蓬岛瑶台是圆明园四十景之一。建于雍正三年（1725 年）前后，时称蓬莱洲，乾隆初年定名蓬岛瑶台。在福海中央作方丈、蓬莱、瀛洲大小三岛，岛上建筑为仙山楼阁之状。

大岛象征着“蓬莱”神山，在蓬岛瑶台大岛的西北和东南的小岛则象征着“方丈”和“瀛洲”另外两座神山，东南岛上还建有一座六方亭，岛上堆有大量山石，还有许多御刻石，这些石头中有部分至今还保留着。

承德山庄芝径云堤从一径分三枝，如灵芽自然衍生出来一般，生长点出自正宫之北。三岛的大小体量主次分明，相当于蓬莱最大的岛屿如意洲和小岛环碧簇生在一起。而中型岛屿“月色江声”又与这两个岛偏侧均衡而安，形成不对称三角形构图，其东隔岸留出月牙形水池环抱月色江声岛，寓声色于形……至于烟雨楼和小金山两个小孤岛坐落的位置亦与三岛呼应（图2-6）。

图2-6　芝径云堤（承德山庄）

颐和园昆明湖中原来也为五岛：南湖岛、藻鉴堂、冶镜阁、知春亭和凤凰墩，也是海中蓬壶的象征。昆明池岸西原有一组建筑群象征农桑，代表“织女”，隔岸“铜牛”则代表的是“牛郎”，则昆明湖代表阻隔牛郎织女的银河。

当然，作为帝王宫苑，景点中同时还有诸多隐喻象征含义。如南湖岛涵虚堂的前身是“望蟾阁”和“月波楼”，月亮称为“蟾宫”，为“月宫仙境”的象征；南湖岛的龙王庙与南面水中的“凤凰墩”分别象征帝后的龙凤；万寿山西麓的关帝庙和昆明湖东岸的文昌阁成为左文右武的配置等。

苏州留园中部清池中则仅以一“小蓬莱”岛象征三岛，岛在两座曲桥中间，犹飞落一泓碧水之中，满架紫藤，紫藤架下仙鹤正翩翩起舞，渲染强化了紫气东来的仙境氛围，青霞缥缈、碧波荡漾。

南京瞻园为一水带三山，南山、西山和北山的布置呈纵向带状散点布置。

台湾林本源园林在一狭长的小方池中垒土成三座略呈圆形的大小土山，以象征海中神山，十分写意抽象（图2-7）。

留园北部“小桃坞”西部，原桃花墩下之字形小溪流水潺潺，缘溪行，不知路之远近，落英缤纷，桃花源意境油然而生。

闭合式“壶天”模式，也属于仙境模式。南朝范晔《后汉书·方术传下·费长房传》：费长房者，汝南人也，曾为市掾。市中有老翁卖药，悬一壶于肆头，及市罢，辄跳入壶中。知道他不是凡人，便天天为壶公扫地，供给他饮食，壶公受而不辞，长房坚持不懈，日日侍奉，也不敢有所请求。壶公见长房诚信，后与老翁“俱入壶中，唯见玉堂严丽，旨酒甘肴盈衍其中，

图2-7　一池三山（台湾林本源园林）

共饮毕而出”。壶公对长房说：“我本是仙人，因在天庭办事不力被贬下人间。你可以传授，所以看得见我进入。”

后因以“壶中天地”“壶天”等称仙境或山水胜境等。

桃花，本为道教教花，陶渊明的桃花源模式，实际也属于闭合式曲径通幽的壶天模式。

九山八海的须弥山模式。佛教认为，大海是以须弥山为中心，屹立于世界之中央，周围环绕佉提罗、伊沙陀罗、游乾陀罗、苏达梨舍那、安湿缚朅拏、尼民陀罗、毗那多迦、斫迦罗等八山。《俱舍论》卷十一谓须弥山为四宝所成，中间七大山悉以黄金构成，山与山之间各有一海水相隔，八大海水中的内七海名之为内海，八功德水湛于其中，第八海名为外海，咸水盈满，广三亿二万二千由旬[①]。故总为九山八海（图 2-8）。

九山中，须弥山及七金山皆为方形，只有铁围山是圆形。八海中，除第八海为咸水外，其他皆为八功德水，谓西方极乐世界浴池中具有八种功德之水。八种功德为：一甘；二冷；三软；四轻；五清净；六不臭；七不损喉；八不伤腹。《无量寿经》卷上：“八功德水湛然盈满，清净香洁，味如甘露。”八功德水有清香之德，故称香水海，也是山水结合的模式。

图 2-8　九山八海（日本金阁寺）

## 小结

综上所述，风水学对我国传统园林营造有着至关重要的影响，诚如日本东京都立大学渡边欣雄教授所说：“从广义上说，把风水作为科学比把它视为迷信更能理解其内容。”而且，风水学所论，与中华园林所追求的生态美和审美理想在许多方面是一致的。

① 由旬，古印度长度单位。

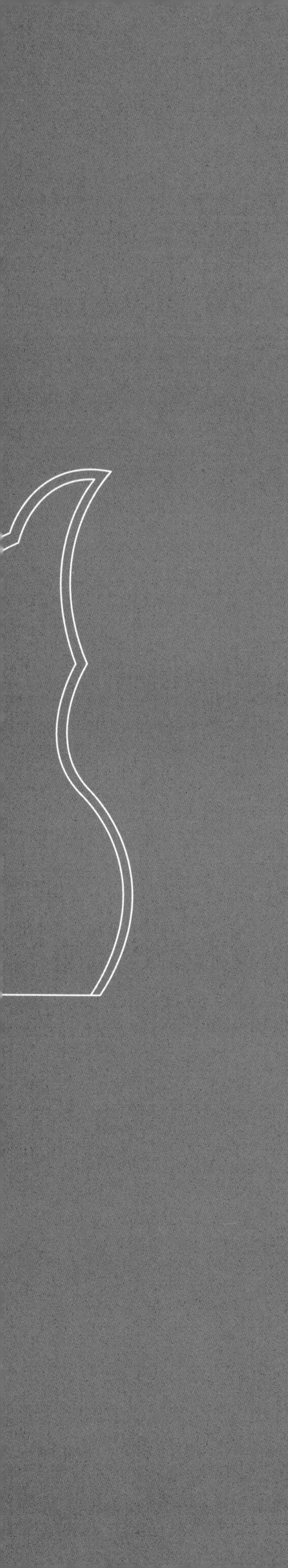

# 第三章

# 文心巧构　地上文章

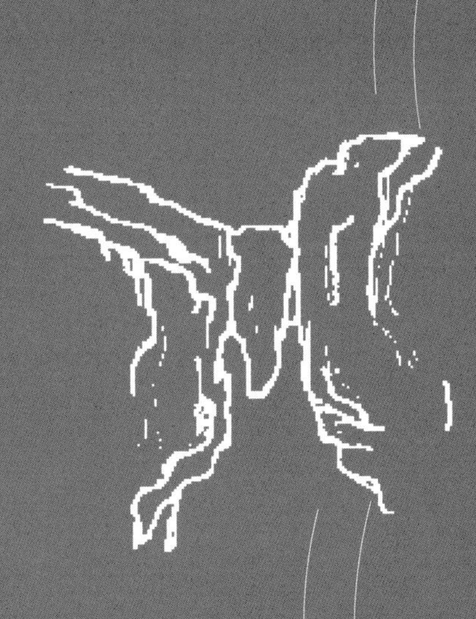

中国是诗的国家，春秋有赋诗言志的外交礼仪传统，所以，“不学诗，无以言”，登高能赋诗，方能为大夫。战国盛“荐引”“上书”“养士”。至汉，萧何定《汉律》九章，其中《尉律》规定：“学僮十七以上始试，讽籀书九千字乃得为吏。又以‘八体’试之。郡移太史并课最者以为尚书史。书或不正，辄举劾之。”[1]

学童十七以上开始就可以应试，能够背诵、读写九千字乃得为很小的曹掾史官职，还要通过书法“八体”的考试，通过郡试之后，又移交到太史令，继续进行考试，成绩最优秀的人，被任用为尚书史。官员的公文、奏章，文字写得不正确，尚书史就检举弹劾他们。汉武帝时代设“五经博士制”，“五经博士”是通晓并传授《易》《书》《诗》《礼》《春秋》五经的学官。“士人”逐渐取代了汉初以来由皇室宗亲与军人贵族合组的政府，已具有“文治政府”的雏形。隋炀帝废除“九品中正制”，经唐宋完善，遂确立了旨在公平地考选官吏的科举制，以文取士，组成了“文治政府”。由于同时具有结合知识阶层与其价值及地位认同的积极作用，科举取士制度绵延了约有 1300 年之久。“天子传子，宰相不传子，天子之子不皆贤，尚赖宰相传贤足相补救，则天子亦不失传贤之意。”构建了士、农、工、商“四民社会”，社会上形成“以文为尚”的风尚。

中国古代，没有专职的园林设计师，计成认为，一般的建筑兴造，设计师（能主之人）的作用要占 7/10；“园筑之主，犹须什九，而匠用什一”，而建造园林，构园家的作用要占到 9/10。

“能主之人”往往是园主本人以及他延请的文人画家、构园艺术家。“能主之人”思想艺术境界高、胸有丘壑，就能因地制宜地设计规划，别具匠心地布局景点、品评物色、领略山水真趣，将中国传统的诗画意境融贯于园林的布局和造景之中，以表现高雅的生活意趣和审美理想。而品格不高、才艺不精的人，就很难有佳构杰作。

中国构园史上的名家，如明遗臣朱舜水、明之朱三松、周秉忠等都工诗善画，能以画意叠山造园，他们也可以称为“半个主人”。参与品评修改园林的文友，也在一定程度上尽了“主人”之力。

数千年来，文人以“山水为地上之文章”，谋划营构园林，历经数千年不懈的探索、积累，从崇尚真山大壑、深岫幽谷的秦汉自然主义到晋唐以来流行的小园乖巧、拳石丛攀的浪漫主义审美趣味，逐渐被以山水画与山水诗的意境为目标、追求和再现自然风景美的文人小园所代替，构成“山崖一角”“似有深境”的园林艺术境界，使中国的造园艺术达到炉火纯青的境界：“其佳者，善于因地制宜，师法

① 见《说文解字·序》。

自然，并吸取传统绘画与园林手法之优点，自出机杼，创造各种新意境，使游者如观黄公望《富春山图卷》，佳山妙水，层出不穷。”达到“虽由人作，宛自天开”的“天工”化境。

童寯在《江南园林志》中不无自豪地说：“惟吾国园林，多依人巧天工，有如绘画之于摄影，小说之于史实。”[①]

## 第一节　元典精神　构园内核

宅园，是中华文化领域中的特殊载体，体现了民族的灵魂和血脉，凝聚着中华民族对世界和生命的历史认知和现实感受，积淀着中华民族最深沉的精神追求和行为准则。

作为文化载体的宅园，特别是园林的全部价值，在于其思想性。园林以其丰富的表现形式和内在的精神对人们进行真善美教育的场域，陶冶、滋养着人们的心灵，更偏重于人的内心自觉，激发人的主动参与意识。宅园的精神内核正是中华文化元典。

称为“元典”的是指在中华民族的历史进程中，成为生活指针的具有首创性、广阔性和深邃性的文化经典，对民族的价值取向、行为方式、审美情趣和思维定式等造成深远而又常新的影响。

堪称“元典”的是先秦“六经”，包括易、诗、书、礼、乐、春秋以及《老子》《庄子》《墨子》《论语》《孟子》《荀子》《楚辞》《孙子》等诸子著作。这些先秦民族元典构成了中国古典园林四大精神主干：儒、道、楚辞和中国化的佛教。“元典”精神逐渐成为一种文化血液基因，传授给子孙后代。

### 一、儒家精神　文质彬彬

以孔子为代表的儒家，强调“天行健，君子以自强不息”，反对“利”，乐于“义”，在形式与实质美之间，实质的美决定着形式美，因而更为重要。“礼之用，和为贵，先王之道斯为美。”

儒家的做人理想是“文质彬彬，然后君子”，将道德认知上升到审美爱好，将内心道德关照与外在行为统一起来，使外在于我的行动合乎内心的道德规范，使人敬之乐之。

儒家文化元典如和合思想、比德思想、崇礼尚德、孔颜之乐、曾点之性

① 童寯:《江南园林志》，中国建筑工业出版社1987年版，第43页。

等，是构成中华宅园最核心的精神内核。

《论语》言近旨远、词约义丰，如《论语·雍也》篇："子曰：知者乐水，仁者乐山；知者动，仁者静；知者乐，仁者寿。"[①] 有云："知者，达于事理而周流无滞，有似于水，故乐水。仁者，安于义理而厚重不迁，有似于山，故乐山。"又云："知者属土，故乐水；仁者属木，故乐山。"智者也就是聪明人。聪明人通过事理，反应敏捷而又思想活跃，性情好动就像水不停地流一样，所以用水来进行比拟。仁者也就是仁厚的人。仁厚的人安于义理，仁慈宽容而不易冲动，性情好静就像山一样稳重不迁，所以用山来进行比拟，形象生动，没有对仁和智极其深刻的体悟，绝对不能作出这样的形容。于是，寿山智水成为园林景境的不朽命题。

儒家强调亲亲、父慈子孝，园林无不张扬"孝义"，有的直接用之于园名，如明代上海豫园。园主潘允端《豫园记》曰："匾曰'豫园'，取愉悦老亲意也。""豫"，有"安泰""平安"之意，其父为都察院左都御史和刑部尚书潘恩，为了让父亲安享晚年而筑园。聘请园艺名家张南阳担任设计和叠山，前后耗时18年。"时奉老亲觞咏其间，而园渐称胜矣！"

全园堂斋轩榭、亭台楼阁不下三十余处，以乐寿堂为中心，"乐寿"源自《论语·雍也》："知者乐水，仁者乐山；知者动，仁者静；知者乐，仁者寿。"乐寿堂南临广袤约2500平方米的荷花池，"池心有岛横峙，有亭曰'凫佚'。岛之阳，峰峦错叠，竹树蔽亏，则'南山'也"。池心有岛，岛南还有命名"南山"的山，取自祝寿之诗《诗经·小雅·天保》，诗中有"九如"之祝：如山，如阜，如冈，如陵，如川之方至，如日之升，如月之恒，如南山之寿，如松柏之茂。

## 二、老庄哲理　精神逍遥

战国中叶的老庄，愤世嫉俗，力图在乱世保持独立人格，追求逍遥无待的精神自由。《老子》《庄子》的思想特点是向精神呼吁，体道的是艺术的人生，反映的却是深刻的人生哲理。

如庄子"濠濮间想"，源出《庄子·秋水》篇中"濠梁观鱼""濮水钓鱼"。

庄子说："儵鱼出游，从容自得，这便是鱼的快乐。"惠子说："你不是鱼，怎么知道鱼的快乐？"庄子说："你不是我，怎么知道我不知道鱼的快乐？"惠子说："我不是你，本来就不知道你呢，可你本来就不是鱼，你也不可能知道鱼的快乐，这样，我说的就全然正确了。"庄子说："让我们追溯一下说话的缘起。开始你就说，你怎么知道鱼的快乐这种话，实际上是知道我知鱼。而现在你已知道我知鱼却又来问我，我回答说：我是在濠上知道鱼的。"

① 其中之"乐"字，一般解释读"要"音；从"经学"的角度看，应正读作"岳"音。

庄惠对答，极富理趣，它涉及美感经验中一个极有趣味的道理。心与物通过情感而消除了距离，而这种“推己及物”“设身处地”的心理活动是有意的、出于理智的，所以它往往发生幻觉。鱼并无反省意识，它不可能“乐”，庄子拿“乐”字来描写形容鱼的心境，其实不过是把他自己“乐”的心境外射到鱼的身上罢了。物我同一、人鱼同乐的情感境界的产生，只有在挣脱了世俗尘累之后方能出现。所以，临流观鱼、知鱼之乐，也就为士大夫所竞相标榜的了。私家园林的观鱼台或称“鱼乐国”“安知我不知鱼之乐”“濠上观”。

庄子在濮水钓鱼，楚威王派了两名大夫前往聘问他，说：“要拿我们国家的事来麻烦您了！”庄子听了，一面还仍然拿着钓竿钓鱼，一面说：“我听说楚国有只神龟，死了已经3000年了。楚王用竹箱盛着，用手巾盖着，珍藏在庙堂之中。这只龟，是宁愿死去被留下骨头而得到珍重呢，还是宁愿活着在污泥之中摇头摆尾呢？”两位大夫听了，回答说：“当然它宁愿活着在污泥之中摇头摆尾啊。”庄子这才说：“那么，你们请离开吧，我还将在污泥中摇头摆尾哩！”

观鱼和钓鱼故事反映了庄子远避尘嚣、追求身心自由、悠然自怡的人生理想（图 3-1）。《世说新语・言语》篇则将观鱼和钓鱼融于一词：

简文入华林园，顾谓左右曰：“会心处不必在远，翳然林水，便自有濠濮间想也。觉鸟兽自来亲人。”

图 3-1　翳然林水，便自有濠濮间想也（北海濠濮间想）

## 三、楚骚风神　托物言志

《楚辞》具有不同于儒道两家的新特色，中国文学史上第一位伟大的浪漫主义诗人屈原的《离骚》中，香草美人意象构成了一个复杂而巧妙的象征比喻系统：“善鸟香草，以配忠贞；恶禽臭物，以比谗佞；灵修美人，以媲于君；宓妃佚女，以譬贤臣；虬龙鸾凤，以托君子；飘风云霓，以为小人。”[①] 开辟了“寄情于物”“托物以讽”的表现手法。

明代酷爱《离骚》的文徵明曾孙文震孟和文震亨兄弟，钟爱香草，文震孟名园为“药圃”，“药”，即《楚辞》中的香草“白芷”，园中至今有“香草居”一景境。（图 3-2）文震亨筑园名“香草垞”，有“四婵娟堂”“绣铗堂”“笼鹅阁”“斜月廊”“众香廊”“玉局斋”“啸台”，有乔柯、奇石、方池、曲沼、鹤栖、鹿砦与鱼床等。据明人顾苓《塔影园集》云：“所居香草垞，水木清华，房栊窈窕，阛阓中称名胜地。”

拙政园旱船名“香洲”，题跋云：“文待诏（即文徵明）旧书‘香洲’二字，因以为额。昔唐徐元固诗云：‘香飘杜若洲’。盖香草所以况君子也。乃为之铭曰：‘撷彼芳草，生洲之汀；采而为佩，爱人骚经；偕芝与兰，移植中庭；取以名室，惟德之馨。’嘉庆十年岁在乙丑季夏中浣王庚跋。”取唐徐元固《棹歌行》“影入桃花浪，香飘杜若洲”诗句，典出《楚辞·九歌·湘君》：“采芳洲兮杜若，

① 王逸：《楚辞章句·离骚经序》。

图 3-2　香草为君子（艺圃香草居）

将以遗兮下女。”

明太仓王世贞的“离贇园”，因屈原《离骚》有“贇菉葹以盈室兮，判独离而不服”而名，“夫贇菉葹，所谓草之恶者也，屈氏离而弗服”，“嘉木名卉出而不能容恶草”[①]，用恶草“贇菉葹”比喻邪恶势力、小人。具体喻指奸相严嵩及其子严世藩，严世藩欲得王世贞父王忬所藏宋代名画《清明上河图》未果，严嵩遂将王忬落职论死，王世贞兄弟皆匿迹家乡避祸，嘉靖四十二年（1563 年）服除，构此园以记其家恨。

## 四、三教会通　重义轻利

中华文化儒道释具有会通精神，对真善美的看法有着同一性。如中国人重精神轻物质、想象大于感觉的心理特征，培养了士大夫们知足的文化心理。于是，标举寡欲、容膝自安、重义轻利成为园林立意构景的重要思想，而这一思想特征也成为儒道释三教共仰的道德精神。

“孔颜之乐”是儒家向往的“内圣”境界：典出《论语》两则。

《论语·述而》：“子曰‘饭疏食，饮水，曲肱而枕之，乐亦在其中矣。不义而富且贵，于我如浮云。’”孔子说：“吃粗粮，喝白水，弯着胳膊当枕头，乐趣也就在这中间了。用不正当的手段得来的富贵，对于我来讲就像是天上的浮云一样。”

《论语·雍也》篇：“子曰：‘贤哉回也，一箪食，一瓢饮，在陋巷，人不堪其忧，回也不改其乐。贤哉回也。’”孔子说：“颜回的品质是多么高尚啊！一箪饭，一瓢水，住在简陋的小屋里，别人都忍受不了这种穷困清苦，颜回却没有改变他好学的乐趣。颜回的品质是多么高尚啊！”

孔子这里讲颜回“不改其乐”，这也就是贫贱不能移的精神，这里包含了一个具有普遍意义的道理，即人总是要有一点精神的，为了自己的理想就要不断追求，即使生活清苦困顿也自得其乐。

明嘉靖六年（1527 年），文徵明辞官在停云馆之东拓展一如玉磬形的书堂玉磬山房。文徵明自赏自乐，觉得“精庐结构敞虚明，曲折中如玉磬成”“曲房平向广堂分，壁立端如礼器陈”“横窗偃曲带修垣，一室都来斗样宽。谁信曲肱能自乐，我知容膝易为安”。清戈宙襄之居：

书室三椽在焉，纵二寻有五，横倍之，茅屋纸窗，仅蔽风雨。余于左置长几，积书其上，下一小榻，倦即卧，中容方几短椅，供三四人坐，客来小饮，恒肩摩而趾错然；由有书橱五，无他物。

① （明）王世贞：《离贇园记》见《弇州继稿》卷六十。

……余则日夕独居其间，左图右史，前花后竹，校读之余，继以诗酒，兴趣所至，直不知天地之大，古今之远，宫室之盛，品物之繁，其心泰然自足，其身亦若宽然有裕，遂取孟夫子之意，名之曰广居。[①]

老子《道德经》：“祸莫大于不知足，咎莫大于欲得，故知足之足，常足矣。”又曰：“故知足不辱，知止不殆，可以长久。”

曲园，取《老子》“曲则全”之意，“曲则全”，讲的是细小与周全的辩证关系，局部里头包含整体。俞樾自号“曲园居士”，并以“一曲之士”自称。俞樾曾集石经峪金刚经字成联云：“园乃其小，山亦不深，颇得真意；食尚有肉，衣则以布，自称老人。”主厅名“乐知堂”，面阔三间，进深五界，为全宅唯一用料较为粗壮的扁作大厅，装饰朴素简洁（图 3-3）。“取《周易》‘乐天知命’之意，颜其厅事曰‘乐知堂’，属彭雪琴侍郎而榜诸楣。”[②] 俞樾自撰对联：“且住为佳，何必园林穷胜事；集思广益，岂惟风月助清谈。”

① （清）戈宙襄：《广居记》。

② （清）俞樾：《曲园记》，见《春在堂杂文》续编卷一。

图 3-3　乐天知命故不忧（曲园乐知堂）

图 3-4 知足常乐门楼（凤池园）

苏州北半园，取“知足而不求齐全，甘守其半”之意。园在住宅东部，水池居中，大小两个水池，倚墙是半亭，小桥名为半桥，环以船厅半波舫、半廊、园东北部的二层半重檐楼阁署“且住为佳”，面水轩名“知足轩”。处处演绎着“知足常乐”的哲理。

苏州凤池园有一“知足常乐”门楼（图 3-4）。

《庄子·逍遥游》载，鹪鹩在深林里筑巢，不过占有一根树枝；偃鼠到大河里喝水，不过喝满一肚皮，揭示了一条颠扑不灭的生活真理，所以，“一枝园”“半枝园”为园名所乐用。

如明昆山顾氏别业取其意名“一枝园”；清昆山西关外，王喆修“半枝园”，吴江城北门外徐氏园第“一枝园”；苏州枫桥也有“一枝园”，段玉裁曾寄居于此，中有“经韵楼”等。

昆山马玉麟“鷃适园”，则自比笑鲲鹏抟扶摇羊角而上者九万里，且适南冥的“斥鷃”，“斥鷃笑之曰：‘彼且奚适也？我腾跃而上，不过数仞而下，翱翔蓬蒿之间，此亦飞之至也。而彼且奚适也！’”

佛教讲无欲无求，四大皆空，比道教寡欲更甚。

山东丁善宝《十笏园记》对十笏园的命名作了解释：“以其小而易就也，署其名曰十笏园，亦以其小而名之也。”“笏”为古时大臣上朝时拿着的狭长形手板，多用玉、象牙或竹片制成。“十笏”，出唐《法苑珠林感通篇》，说印度吠舍哩国有维摩居士故宅基，唐显庆中王玄策出使西域，过其地，以笏量宅基，只有十笏，故号方丈之室。

“能主之人”经过“惨淡经营”，将儒释道为核心的哲学思想，移入花草、树木、山石、溪流等物质之中，使之成为有灵魂的艺术品。

## 第二节　哲理为魂　诗境其形

中国古代大批画家、文学家等文人“兼职”园林规划建筑师，明中叶至清初是文人参与园事热情最高的时期，文人园最发达、艺术水平也最高。倡“性灵”说的随园主人袁枚在《所好轩记》中直白：“好味、好色、好屋、好游、好友、好花竹泉石，好珪璋彝尊、名人字画，又好书。”并精心地将之融入园林、流诸清言、小品，所以，陈从周先生才说中国园林“与中国文学盘根错节，难分难离……研究中国园林，似应先从中国诗文入手，则必求其本，先究其源，然后有许多问题可迎刃而解。如果就园论园，则所解不深”[①]。

陈从周遂有“读晚明文学小品，宛如游园，而且有许多文学真不啻造园法也”的喟叹。

### 一、陶公诗文　风雅千古

风雅千古陶公梦，成为中华居住文化最高境界、历代文人亘古不变的精神家园！

上古时代，奴隶们饱受不劳而获的奴隶主剥削，向往安居乐业、不受剥削的人间“乐土”“乐国”和“乐郊”。迨及中古特别是东晋以后，干戈不绝，“大伪斯兴”，民不聊生，人生漂泊如“转蓬”，此时，中国本土道教嵌入上层社会。文人或一手持酒杯，一手读《离骚》，渴望“游仙”来陶醉自我。

生活在东晋和刘宋之交的陶渊明，《桃花源记》《归去来兮辞》《归园田居》《饮酒》《五柳先生传》等作品，都是其艺术化人生的写照。“他连同他的作品一起，为后世的士大夫筑了一个‘巢’，一个精神的家园。一方面可以掩护他们与虚伪、丑恶划清界限，另一方面也可使他们得以休息和逃避。他们对陶渊明的强烈认同感，使陶渊明成为一个永不令人生厌的话题。”[②]

清高、耿介的浪漫诗人陶渊明，没有像庄子式的天马行空，也不像屈

① 陈从周:《中国诗文与中国园林艺术》，载《中国园林》，广东旅游出版社1996年版，第239页。

② 袁行霈:《中国文学史》第二卷，高等教育出版社1999年版，第70页。

原脚踩在大地上，而是将高贵的头伸向九天云外。他情真意切，创造了一个似真似幻般的，梦境、仙境，抑或人境，这就是《桃花源记和诗》创造的理想社会乌托邦：

晋太元中，武陵人以捕鱼为业，缘溪行，忘路之远近。忽逢桃花林，夹岸数百步，中无杂树，芳草鲜美，落英缤纷，渔人甚异之。复前行，欲穷其林。

林尽水源，便得一山。山有小口，仿佛若有光，便舍舟，从口入。初极狭，才通人。复行数十步，豁然开朗。土地平旷，屋舍俨然，有良田美池桑竹之属。阡陌交通，鸡犬相闻。其中往来种作，男女衣着，悉如外人。黄发垂髫，并怡然自乐。

……自云先世避秦时乱，率妻子邑人来此绝境，不复出焉，遂与外人间隔。问今是何世，乃不知有汉，无论魏晋。……既出，得其船，便扶向路，处处志之。及郡下，诣太守，说如此。太守即遣人随其往，寻向所志，遂迷，不复得路。

《桃花源记》描写了一个美好的世外仙界。不过，生活在这里的是“先世避秦时乱，率妻子邑人来此绝境”的难民，不是长生不老的神仙，他们“不知有汉，无论魏晋”，靠自己的劳动，过着和平、宁静、幸福的生活，保留着天性的纯真，没有尔虞我诈，没有剥削、压迫。所记凿凿，但文尾的“不复得路”却透露了这个桃花源实际上不过子虚乌有，这是陶渊明理想的农耕社会伊甸园，也是他对人生所作的哲理思考，这样，桃花源成了农耕社会人们理想的“仙境”。“桃花源”无疑具有首创性、广阔性和深邃性，使之成为民族居住文化的元典，其智慧光芒穿透历史，思想价值跨越时空，具有持久的震撼力。

宋代绍定年间，性好闲雅的儒学提举陆大猷见贾似道当国，国事日非，遂致仕归，在吴江芦墟来秀里筑园径名“桃花源”，“村郊遍植桃树”，中有“翠岩亭”“嘉树堂”“钓鱼所”“乐潜丈室”等胜。奇峰怪石，屏障左右；名卉修竹，映照流水。仍有“桃园”小地名。元代常熟有桃源小隐，此后，以桃源立意者屡见不鲜，如桃花庵、桃花仙馆、桃浪馆、小桃坞、桃源山庄等园名。

今留园北部“小桃坞”、西部之字形小溪及“缘溪行”砖额，俨如《桃花源记》理想的再现。

明代王心一的归园田居有“联璧峰”，“峰之下有洞，曰‘小桃源’，内有石床、石乳。……余性不耐烦，家居不免人事应酬，如苦秦法，步游入洞，如渔郎入桃花源，见桑麻鸡犬，别成世界，故以‘小桃源’名之”[①]。反映出对陶渊明集“美”“善”于一体的桃花源的向往。

拙政园中部入口按武陵渔人发现桃花源的描写设计：

进“得山水趣”夹弄，墙边小径、苔藓野草，是先抑后扬，引人入胜的一笔。腰门精致。入门，一座黄石假山当门而立，山势东西延绵，山上树木葱

① （明）王心一：《归田园居记》。

茏，藤萝漫挂。山有小口，入洞口先黑暗一片，摸索前行，仿佛若有光，出洞，只见假山东西两侧山峦连绵，山后有小池假山，绕池循小径北行，东边云墙下古榆依石，幽竹傍岩，高大的广玉兰浓荫蔽日，将主景隐而不露，依然是欲扬先抑，直到转远香堂北面平台，中部主景才豁然展现，有武陵渔人偶得桃花源的寓意（图 3-5）。

《归去来兮辞》和《归园田居》5 首，是陶渊明脱离仕途回归田园的宣言。《归去来兮辞》文采飞扬，节奏跌宕，如李格非所言："沛然如肺腑中流出，殊不见有斧凿痕。"反思了自己为"口腹自役"而出仕，"心为形役"，今决定归隐，"悟已往之不谏，知来者之可追。实迷途其未远，觉今是而昨非"。想象取道水陆，日夜兼程归去时的满心喜悦："舟遥遥以轻飏，风飘飘而吹衣。问征夫以前路，恨晨光之熹微。"抵家后"乃瞻衡宇，载欣载奔。僮仆欢迎，稚子候门"，家居生活自由闲适："三径就荒，松菊犹存。携幼入室，有酒盈樽。引壶觞以自酌，眄庭柯以怡颜。倚南窗以寄傲，审容膝之易安。园日涉以成趣，门虽设而常关。策扶老以流憩，时矫首而遐观。云无心以出岫，鸟倦飞而知还。景翳翳以将入，抚孤松而盘桓""悦亲戚之情话，乐琴书以消忧。农人告余以春及，将有事于西畴。或命巾车，或棹孤

图 3-5　山有小口仿佛若有光（拙政园）

舟。……富贵非吾愿，帝乡不可期。怀良辰以孤往，或植杖而耘耔。登东皋以舒啸，临清流而赋诗”。

于是，“归来”主题自宋以来成为私家园林重要母题：海盐“涉园”、上海“日涉园”、常熟“东皋草堂”、苏州“三径小隐”等主题园，都直接取意于《归去来兮辞》，其他如小隐亭、小隐堂、乐隐园、丘南小隐、安隐、招隐园、招隐堂等不绝于史，园内景境取意于此的更多，如留园西部山上的“舒啸亭”取陶渊明《归去来兮辞》中“登东皋以舒啸”句意，写陶渊明弃官归田后自我陶醉的一种方式。狮子林五松园砖刻“怡颜悦话”，则取“眄庭柯以怡颜”“悦亲戚之情话”等。

陶渊明写《五柳先生传》，那位“宅边有五柳树，因以为号”的五柳先生，“闲静少言，不慕荣利。好读书，不求甚解；每有会意，便欣然忘食。性嗜酒，家贫，不能常得，亲旧知其如此，或置酒而招之。造饮辄尽，期在必醉。既醉而退，曾不吝情去留。环堵萧然，不蔽风日；短褐穿结，箪瓢屡空，晏如也！常著文章自娱，颇示己志。忘怀得失，以此自终”。

这位与世俗的格格不入，“不戚戚于贫贱，不汲汲于富贵”的隐逸高人五柳先生遂成为寄托中国古代士大夫理想的人物形象。

南宋时的杭州护城河东边的德胜宫，有一个皇家小御园，名为“五柳园”，还有五柳园桥和五柳巷。今拙政园故址北宋为山阴丞胡稷言的五柳堂，蔬圃凿池为生。

陶行知弃官归田，在黄潭源村建起“五柳堂”，开始了耕读一体的传世家风。胡峄在太仓又建五柳园。清代姑苏饮马桥畔清状元石蕴玉的五柳园……

陶渊明笔下的田园生活为一种美的至境；他将玄言诗注疏老庄所表达的玄理，改为日常生活中的哲理，使日常生活诗化、哲理化。《归园田居》其一：

少无适俗韵，性本爱丘山……开荒南野际，守拙归园田。方宅十余亩，草屋八九间。榆柳荫后檐，桃李罗堂前……久在樊笼里，复得返自然。

南野、草屋、榆柳、桃李、远村、近烟、鸡鸣、狗吠，眼之所见耳之所闻无不惬意，这一切经过陶渊明点化也都诗意盎然了。守拙归园田，拙政园立意深得个中之意，王心一径以“归田园居”名其园，并写五首《归园田居》和陶诗。耦园的“无俗韵轩”，取“少无适俗韵”诗意（图 3-6）。

陶渊明躬耕读书生活也颇令人神往，他“晨兴理荒秽，带月荷锄归”（《归园田居》之三）；“群鸟欣有托，吾亦爱吾庐。既耕且已种，时还读我书”（《读山海经》其一）。苏州园林多吾爱庐、耕读斋、耕乐堂、耕学斋、还我读书处、还读书斋、耕学斋等景境。

那首《饮酒·其五》，更是“一语天然万古新，豪华落尽见真淳”[①]：

结庐在人境，而无车马喧。问君何能尔，心远地自偏。采菊东篱下，悠然见南山。山气日夕佳，飞鸟相与还。此中有真意，欲辩已忘言。

图 3-6　无俗韵轩（耦园）

“心远”就不必“地偏”，日夕佳的山气、相与还的飞鸟，其中蕴藏着人生的真谛：“篱有菊则采之，采过则已，吾心无菊。忽悠然而见南山，日夕而见山气之佳，以悦鸟性，与之往还。山花人鸟，偶然相对，一片化机，天真自具。既无名象，不落言诠，其谁辨之。”[②]

园林有“见南山园”“见山楼”，皆取“采菊东篱下，悠然见南山”诗句意境，人境庐、夕佳亭（楼）（图 3-7）也屡见不鲜。

① （金）元好问:《论诗绝句》。

② （清）王士祯:《古学千金谱》。

图 3-7　山气日夕佳（颐和园夕佳楼）

## 二、诗词神韵　涧芳袭袂

明末清初文士张岱在给友人祁彪佳的信中专门谈道：“造园亭之难，难于结构，更难于命名。盖命名，俗则不佳，文又不妙。名园诸景，自辋川之外，无与并美。”“命名”，是给予建筑以“灵魂”，取自《诗经》至唐诗宋词以及明清的精言妙语，成为园林景点立意的文学依据，其例子不胜枚举，仅就网师园景境立意为例：

取自《诗经》者有：山水园门宕“可以栖迟”，出自《诗经·陈风·衡门》：“衡门之下，可以栖迟。泌之洋洋，可以乐（疗）饥。岂其食鱼，必河之鲂！岂其取妻，必齐之姜！岂其食鱼，必河之鲤！岂其取妻，必宋之子！”清代苏州灵岩山的“乐饥园”亦以此诗立意。

小涧摩崖“槃涧”，取《诗经·卫风·考槃》对退处深藏山水间的贤人歌之颂之：“考槃在涧，硕人之宽。”[①]“槃”义同“盘”，犹盘桓之意。《诗经》毛传曰：“考，成；槃，乐也。山夹水曰涧。”宋朱熹《诗集传》曰：“诗人美贤者隐处涧谷之间，而硕大宽广，无戚戚之意。”清钮琇：《觚賸·杜曲精舍》盛赞“《缁衣》之好，‘槃涧’之安，两得之也”。《孔丛子》引孔子曰：“吾于考槃，见遁世之士无闷于世，洵乎乐处涧谷而盘桓其间也。”清钮琇《觚賸·杜曲精舍》盛赞“《缁衣》之好，‘槃涧’之安，两得之也”。咏隐居的贤人退处深藏山水间，赞美隐居之得其所，“读之觉山月窥人，涧芳袭袂”。

“槃涧”也就成为山林隐居之地的文化符号（图3-8）。

清初苏州有槃隐草堂，清沈德潜作有《槃隐草堂记》云：“盘桓自得，觉草木泉石，无非乐意，斯殆无心高隐而适符于隐者欤。”

图3-8　考槃在涧（网师园槃涧）

小山丛桂轩取自西汉淮南小山《招隐赋》，赋中有“桂树丛生兮山之幽，偃蹇连蜷兮枝相缭……王孙兮归来，山中不可以久留”等句。北朝庾信的《枯树赋》中有“小山则丛桂留人”句，则反淮南小山《招隐赋》之意，言可以在此隐居，额取此意。轩前小山主植桂树，秋风送爽之时，浓香四溢，游人为之驻足。额意更有对佛禅境界的暗示，与“无隐山房”同义，“无隐”取意孔子对弟子之语。

① 《诗经》卷一之《卫风·考槃》。

据《罗湖野录》载："黄鲁直从晦堂和尚游，时暑退凉生，秋香满院，晦堂曰'吾无隐，闻木樨香乎？'公曰：'闻。'晦堂曰：'香乎？'尔公欣然领解。"说的是晦堂禅师以启发黄庭坚脱却知见与人为观念的束缚，体会自然本真，生命的根本之道就如同木樨花香自然飘溢一样，无处不在，自然而永恒。晦堂禅师用桂花之香味来比喻禅道虽不可见，但上下四方无不弥漫，故禅道"无隐"，黄庭坚由此而悟"禅"。借物明心的理趣和用语意语言来暗示精深微妙境界的表达方式，为后代文人所喜爱。留园"闻木樨香轩"、苏州"渔隐小圃"中的"无隐山房"都本于此。

取唐诗者：有"露华馆"，取李白的《清平调》词三首第一首的"云想衣裳花想容，春风拂槛露华浓"诗句意名馆。

"五峰书屋"，取唐代大诗人李白的《望五老峰》诗："庐山东南五老峰，青天秀（一本作'削'）出金芙蓉。"写出了庐山五老峰的险峻秀丽，犹如一幅彩色山水画，此用来形容庭院中几座造型奇特的假山石峰。

取宋诗者，有"月到风来亭"，宋理学家邵雍的《清夜吟》则更耐人含味："月到天心处，风来水面时。一般清意味，料得少人知。"

"竹外一枝轩"，取苏轼《和秦太虚梅花》"江头千树春欲暗，竹外一枝斜更好"诗句意。突出了梅花的幽独娴静之态和欹曲之美。

"殿春簃"，取宋代邵雍《芍药》诗："一声啼鴂画楼东，魏紫姚黄扫地空。多谢化工怜寂寞，尚留芍药殿春风。"宋陈师道《谢赵生惠芍药》诗云："九十风光次第分，天怜独得殿残春。"

"兰雪堂"，唐李白诗《别鲁颂》："独立天地间，清风洒兰雪。"

涵青亭，含蕴青草之色。取唐储光羲《同张侍御鼎和京兆萧兵曹华岁晚南园》诗中"池涵青草色"（据《全唐诗》）诗句意。

"听雨轩"，南唐李中《赠朐山杨宰》："听雨入秋竹，留僧覆旧棋。得诗书落叶，煮茗汲寒池。"

绣绮亭，取唐杜甫《桥陵诗三十韵因呈县内诸官》中"绮绣相展转，琳琅愈青荧"句意；

玲珑馆取苏舜钦《沧浪亭怀贯之》中"秋色入林红黯淡，日光穿竹翠玲珑"句意名额。

与谁同坐轩，轩选址优越，依水而筑，构作扇形，小巧精雅。轩额取意宋代苏轼《点绛唇·闲倚胡床》："闲倚胡床，庾公楼外峰千朵，与谁同坐？明月清风我。"如图 3-9 所示。

图 3-9　与谁同坐？明月、清风、我（补园 · 今拙政园西部）

## 三、文人雅尚　崇文符号

历代文人的风雅故事，作为中华园林崇文的物化符号，成为园林构景的一大文学依据。

《兰亭序》与曲水流觞：晋王羲之、谢安、许询、支遁等 41 人于会稽山阴之兰亭，饮酒赋诗，王羲之写下千古传诵的《兰亭集序》，文中描绘了文人们大规模集会的盛况，流觞曲水，觞咏其间。“崇山峻岭，茂林修竹”的自然胜景和流觞所需曲水，水畔进行“文字饮”的形式，成为中国古典园林中建园置景的蓝本（图 3-10）之一。

陶弘景爱听松风：梁朝丹阳陶弘景，道教领袖，人称“玄中之董狐，道家之尼父”，时人称他“张华之博物、马钧之巧思、刘向之知微、葛洪之养性，兼此数贤，一人而已”。他栖隐山林，然梁武帝时时以国事诏问，时称“山中宰相”。《南史》本传说他“特爱松风，庭院皆植松，每闻其响，欣然为乐。有时独游泉石，望见者以为是仙人”。既似仙气十足的隐士，又是不上朝的公卿大员，很为后之士大夫所折服。

图 3-10　流觞亭（豫园）

宋理学家周敦颐隐居濂溪，植荷花，写了情理交融、风韵俊朗的《爱莲说》，对莲作了细致传神的描绘：

水陆草木之花，可爱者甚蕃，予独爱莲之出淤泥而不染，濯清涟而不妖，中通外直，不蔓不枝，香远益清，亭亭净植，可远观而不可亵玩……莲，花之君子也。

赞美了莲花的清香、洁净、亭立、修整的特性与飘逸、脱俗的神采，以莲花比喻人性的至善、清净和不染。周敦颐以“濂溪自号”，把莲花的特质和君子的品格浑然熔铸，实际上也兼容了佛学的因缘。奏了一曲不朽的“莲花颂”。“曲水荷香”（图 3-11）、“香远益清”“金莲映日”“濂溪乐处”“曲院风荷”“远香堂”等都本于此文。

宋书画艺术家米芾爱石成癖、被人视为“米颠”。据《宋史·米芾传》载：“无为州治有巨石，状奇丑，芾见大喜曰‘此足当吾拜。’具衣冠拜之，呼之为兄。”颐和园的“石丈亭”、苏州怡园的“拜石轩”等均本此典。

至于神话传说、佛道故事诸如山水环绕的昆仑山模式，海上仙山、须弥山模式，成为中国园林文化中仙佛境域构景模式，这一模式都属于山水结合的最佳生态模式，所以长期被袭用。本书已经在第二章的“环境构图”作了论述，此不赘述。

图3-11　曲水荷香图（承德避暑山庄）

# 第三节　为情作文　意象触发

苏州名园主人多“三绝诗书画，一官归去来”的文人，为自己的“精神”创造一个“环境”，是他们的“精神家园”。因此，构园和写文章一样，为“情”而作。

园林重在“构”字，即“构思”，确立主题，然后“取前人名句意境绝佳者，将此意境缔构于吾想望中”[①]，这些“前人名句”，采撷自古代经史艺文，在园林中作为诗性品题的语言符码，意在借助其原型意象来触发、感悟意境，将心中最隐藏和最最微妙的情感淋漓尽致、毫发无遗地表现出来，以诗心去营构纯净优美的诗境。园林如无字标题，充其量不过是无生命的形式美的构图，不能算是真正的艺术。

《周易·系辞》有“立象以尽意”之说，“象”乃卦象，用来记录天地万物及其变化规律的，后来发展到历史、哲学范畴。诗学借用并引申之，但诗中之“象”不是抽象符号，而是具体可感的物象。园林物象不外乎建筑、植物、山水，通过这些物象来尽“意”。

## 一、筑圃见心　山水尽意

“筑圃见文心”，以苏州现存最古老的园林沧浪亭为例。沧浪亭最早成于北宋大诗人苏舜钦（1008—1048）。宋庆历五年（1045年），“岁暮被重谪，狼狈来中吴。中吴未半岁，三次迁里闾”[②]，苏舜钦带着妻子杜氏从京城汴梁十

① 况周：《蕙风词话》卷一，人民文学出版社 1984 年版，第 9 页。

② （北宋）苏舜钦：《迁居》。

分狼狈地来到了苏州，为的是寻找精神家园，抚慰一颗滴血的心。

苏舜钦出身于官宦之家，祖父苏易简是宋太宗时状元，父亲苏耆以能诗善书著名。苏舜钦状貌魁伟，气宇轩昂，胸怀大志，平生有两大志愿：一是为国献匡世济民的策略；二是挺身赴疆场，杀敌立功。诗文瑰奇豪迈，自成一家，有小李白之称，名满天下。

庆历三年（1043 年），范仲淹、富弼、杜衍、韩琦同时执政，针对官僚队伍庞大、行政效率低的现状，提出十项改革主张，第二年又提出更定科举法等措施，史称“庆历新政”。

苏舜钦是杜衍的女婿，又经范仲淹推荐，在汴京任监进奏院集贤校理，集贤校理是校理经籍的集贤院下属文散官，但供职一到两年后，可以带职，调外地就职，并可以越级提拔。监察和管理的进奏院是掌管中央与地方信息传递的。苏舜钦成为庆历新政的中坚，仕途也看好。

但庆历新政触犯了贵族官僚的利益，遭到他们的阻挠。

庆历四年（1044 年），苏舜钦在进奏院祭祀仓颉神，召请十多位知名文人参加，每人出了“份子钱”，还按当时官衙惯例，出售了衙门里那些已经报废的文件封纸，把钱凑在一起，举行了宴会，并召两名歌妓陪酒。志同道合的朋友一起宴饮，放浪形骸。不料，这顿饭局被想把苏舜钦等赶出朝堂的人给告了，称苏舜钦“监主自盗”，此事不断发酵，小题大做，苏舜钦及饮酒聚会的一时贤俊，受到罢官或降职的严厉惩处，被逐出朝廷，并成为攻击范仲淹、杜衍的借口，庆历革新不久夭折。

苏舜钦对朋友向来肝胆相照，但令他悲愤的是，蒙冤后，京城谣言四起，“平生交游面，化为虎狼额”，所谓好朋友见了他都露出了一副虎狼的脸。苏舜钦不得已离开东京汴梁，京师是他家世代聚居的地方，有祖宗坟墓，他内心的不舍和悲愤难以言表。

苏舜钦喜欢苏州，“远山近水皆有情”，苏州人民也敬仰他守道好学，欣然和他交往，根本不把他当罪人看待，让他感到欣慰。

来苏州半年，他搬了 3 次家。有一天他来到城南最高学府郡学，向东看到了吴越王近戚废弃的园林，高大的假山、十多亩广袤的水面，苏舜钦心中油然响起了《楚辞·渔父》中的《沧浪之歌》：“沧浪之水清兮，可以濯我缨；沧浪之水浊兮，可以濯我足！”于是用4万青钱，买下了这处旧池馆，在北碕水边筑亭，取《楚辞·渔父》“沧浪之水清兮，可以濯我缨；沧浪之水浊兮，可以濯我足”之意，号沧浪。37 岁的苏舜钦自号“沧浪翁”，欧阳修用“清风明月本无价，可惜只卖四万钱”，为好友消解心头郁闷。

苏舜钦经常穿着轻便的衣服，徜徉在沧浪亭的翠竹间，“日光穿竹翠玲珑”，宁静冲旷；有时，他带着酒独自到沧浪亭上，“醉倒唯有春风知”；有时则和诗友喝酒酬唱；在沧浪观鱼，他看到“瑟瑟清波见戏鳞，浮沉追逐巧相亲”时，会叹息“我嗟不及群鱼乐，虚作人间半世人”！但也有感到惬意的时候：在这里“迹与豺狼远，心随鱼鸟闲”[①]！

①（北宋）苏舜钦：《沧浪亭》。

在沧浪亭畔，“山蝉带响穿疏户，野蔓盘青入破窗”，苏舜钦感到，被削职为民，并非不幸，反而使他从自然美景中感受到山水所蕴的真趣，那是宇宙自然之趣！从而明白了，人生之道就是战胜自我、摆脱烦恼之道……

苏舜钦甚至愿意潇洒太湖岸、沧浪送余生，但他毕竟是胸怀“丈夫志”，以清闲、安逸为耻辱的人，何况他还白白地戴了顶“盗贼”的帽子，心理自然有抑郁不平之气。

宋杰《沧浪亭》诗云：“沧浪之歌因屈平，子美为立沧浪亭。亭中学士逐日醉，泽畔大夫千古醒。醉醒今古彼自异，苏诗不愧《离骚经》。”这些足可以作为园名主题的注解。

3 年后，冤案得以昭雪，苏舜钦被任命为湖州长史，可惜没能到任便因病去世，那时苏舜钦才 41 岁！

苏舜钦后近百年间，沧浪亭依然屹立水边。直到清初，江苏巡抚宋荦重修时，遂将“沧浪亭”移建到山巅，表示要效仿苏舜钦的崇高品行（图 3-12）。

一曲《沧浪歌》唱响了千年名园沧浪亭，沧浪亭作为庆历政治革新精神的意象和美丽符号，始终成为园林主题和灵魂。

图 3-12　高山仰止（沧浪亭）

## 二、意象陈情　含蕴深永

苏舜钦选择了“沧浪水”的“意象”，发泄他的政治愤懑。退思园主用“荷花”意象筑园，也别有隐情。

任兰生曾任凤（阳）、颍（川）、六（安）、泗（川）兵备道，光绪十年（1884 年），内阁学士周德润劾任兰生“盘踞利津、营私肥己”和“信用私人，通同作弊”。光绪十一年（1885 年）正月，解任候处分，旋因查所劾都不实，但仍因“留用革书屠幼亭为知情徇隐，部议革职”[①]，留用了一名已经被开除公职的人员被罢官。

建造宅园，取名“退思”，园名取《左传·宣公十二年》“进思尽忠，退思补过”之意。《左传·宣公十二年》载，晋林父打了败仗，请以死抵罪，晋侯准备答应。晋士贞子劝阻说：“林父之事君也，进思尽忠，退思补过，社稷之卫也。”意思说林父侍奉君主，职务提升时就想如何尽忠报答君主，遭到贬谪以后，就想如何改正错误，弥补过失，他可是个捍卫社稷江山的人才啊。

水园采用“幽韵冷香”的姜夔《念奴娇·闹红一舸》上阕：“闹红一舸，记来时，尝与鸳鸯为侣，三十六陂人未到，水佩风裳无数。翠叶吹凉，玉容消酒，更洒菇蒲雨。嫣然摇动，冷香飞上诗句。”姜夔一生襟怀清旷，语境是“意象幽闲，不类人境”的荷塘，冰清玉洁，一尘不染，荷花则“翠叶吹凉，玉容销酒，更洒菰蒲雨。嫣然摇动，冷香飞上诗句”，像美人一样，亭亭玉立于水中。设计者用其中的“闹红一舸”（图 3-13）

① 《清实录》。

图 3-13　闹红一舸（退思园旱船）

"水香榭""菰雨生凉"分别为舟、榭、轩品题，借助了"出淤泥而不染"的荷花意象的触发，巧妙地洗刷自己的冤情。我们在此领悟到园主人高洁品格，情深意切，感受到他胸襟之旷荡，心情之依恋。

鹤园则选择神姿仙态的"鹤"为意象，表达清雅不俗的品格。主人庞蘅裳爱"鹤"，谐"鹤园"音自号"鹤缘"，又署其厅曰"栖鹤"，显然自比为鹤。请号"鹤望生"的著名文人金松岑写记，今《鹤园记》镶嵌在鹤园西廊粉墙上。东汉高士庞德公隐居在鹿门山，唐诗人孟浩然追蹑庞德公的遗踪，也选择鹿门山作结庐遁世之地，"岩扉松径长寂寥，唯有幽人自来去"。主厅"携鹤草堂"（一名"栖鹤堂"），正中铺地，以白瓷片作飞鹤之形而赤其目，栩栩然而有鸣和之状。抗战前，园中更是曾饲养一羽仙鹤，未两年而亡。水池修建呈仙鹤形状，池水蜿蜒，流至西南，犹如仙鹤的长颈。

## 三、汉字精神　诗性品题

在世界文明史上，古埃及的象形文字、古巴比伦的楔形文字在实际生活中已经消失殆尽，唯有中华汉字因不断发展创新延续至今，成为一座蕴含丰富的信息库，装载了中国几千年文明。

英国爱丁堡大学的建筑学博士庄岳提出中国古典园林的创意在审美的主旨上体现为汉字的"用典"，实即围绕着汉字的"意"与"象"结构成了一种阐释学的活动，汉字精神铸就了中国古典园林的诗性品题。

匾额楹联作为品题的载体，成为宅园古建的"灵魂"。这些诗性品题，大多撷自古代脍炙人口的诗文佳作，典雅、含蓄，立意深邃，情调高雅。皇家园林品题之词大都出自儒家的经典著作，象征皇帝至高无上的地位，同时彰显其治国安邦的重要思想。明代书画艺术大师董其昌曾说："大都诗以山川为境，山川亦以诗为笔。名山遇赋客，何异贤士遇知己，一入品题，情貌都尽。"

汉字具有神圣性、意象性，汉字的意象性带来的是诗意性、体悟性与审美性。文字自创始之初，便具有神圣性，并与语音崇拜、巫术活动、图腾崇拜密切关联。汉字思维的意象性：诗意性、体悟性与审美性。在原始人心目中，甲骨（龟甲）上的象形文字有着神秘的力量。

在中华宅园中，特别是紫禁城中，"无门不悬匾，无殿不立额"，汉字[①]不仅通过诗性品题赋予园林以思想，且直接以美的艺术线条呈示于人，并通过与汉字谐音的具象即意象，表达出独特的情感。

鲁迅先生曾以"三美"论汉字："意美以感心，一也；音美以感耳，二也；

① 清初的皇宫，宫殿匾额改用满、蒙、汉3种文字题写。顺治十三年（1657年）颁旨，"太庙牌匾停书蒙古字，只书满汉字"。此后，逐渐取消了皇宫匾额上的蒙古文字。但是也有例外，如慈宁宫区域的匾额仍是由满、蒙、汉3种文字题写。

形美以感目，三也。”[①]

汉字首先是一个视觉符号，悦目是汉字独具的魅力。

随着汉字书写从实用向艺术的发展，出现了中华文明最有特色和最值得骄傲的书法艺术。书法艺术将汉字之形美进行了淋漓尽致地发挥。

汉字“因物构思”或“博采众美”，充分摄取了自然美的精英，凝结着大自然的万象纷呈，积淀着造化神秀，吞吐着自然伟力。与“虽由人作，宛自天开”的中华园林艺术最高审美境界高度一致。

我国最早最成熟的文字甲骨文、商周鼎彝款识，就已经具备对称、均衡、节奏、韵律、秩序、和谐等形式美。美学家宗白华先生说：“布白巧妙奇绝，令人玩味不尽，愈深入地去领略，愈觉幽深无际，把握不住，绝不是几何学、数学的理智所能规划出来的。”[②]

汉字因形美早在战国时期就出现在瓦当上，秦汉更为突出，如秦长乐宫鸿台飞鸿延年瓦当。西汉瓦当文字以小篆为主，兼及隶书，有少数鸟虫书体。小篆中还包括屈曲多姿的缪篆，有吉祥语如“千秋万岁”“与天无极”“延年”，有纪念性的如“汉并天下”，有专用性如“鼎胡延寿宫”“都司空瓦”。瓦当文字除表意外，又构成东方独具的汉字装饰美，尤其是线条的刚柔、方圆、曲直和疏密、倚正的组合，以及留白的变化等都体现出一种古朴的艺术美。以文字为艺术品成为中华民族之习尚。

此后，以文字为艺术品成为中华民族之习尚，汉字纹样装饰成为中华园林装饰纹样重要一枝。其中常见的有福、寿、喜、囍和类汉字的十字纹、亚字纹、卍纹、人字纹等。

退思园围廊上九孔漏窗用新石鼓体镶嵌了李白《襄阳歌》诗句“清风明月不须一钱买”（图 3-14），不仅产生艺术美感，而且是对园景的诗化。

汉字书艺美与园林意境美是互相依存、互渗互融的，彼此如胶似漆，不

① 鲁迅:《汉文学史纲要》。

② 宗白华:《中国书法里的美学思想》，载《天光云影》，北京：北京大学出版社 2006 年版，第 241~242 页。

图 3-14　清风明月不须一钱买（退思园九孔漏窗）

分轩轾。明代费瀛在《大书长语》中写道："匾名不雅不书。"书法是匾额最直观的艺术，匾额、摩崖上的书体与所书对象应该相得益彰：

楷书讲究"神韵"，用笔端庄，精神饱满，如牡丹盛开，富贵厚重，用于厅堂、门楼较多，如拙政园"兰雪堂"朱彝尊行楷额。

唐颜真卿的"颜体"，字丰肥雄伟而不笨拙，间架开阔，庄严端正，有骨有肉，钩小无尖，拐弯时不停笔，顺写而下，故转角呈圆形。"如项羽挂甲，樊哙排突，硬弩欲张，铁柱特立，昂然有不可犯之色。"

顾廷龙先生的楷书，掺入唐楷整饬严谨之味，稳健静穆，委婉沉雄，堂堂正正，悬之园林厅堂，望之令人肃然起敬。如沧浪亭"明道堂"，是全园最大的主体建筑，庄严宏敞，为文人讲学之所，在假山古木掩映下，显示出庄严静穆的气氛。

汉隶，雄浑豪放，"高下连属，似崇台重宇"。文徵明隶书额"曲谿"。

紫禁城中，匾额上的文字多为皇帝书写，以大字书法为主，字体多为正楷、行书、隶书。

风格苍古雄健的甲骨文、金文等大篆字体，"或像龟文，或比龙鳞，纡体放尾，长翅短身，延颈负翼，状若凌云"，秦篆虽然有符号化趋向，但仍不脱象形意味，且运笔流畅飞动，转折处柔和圆匀，优美生动，有很强的表现力。大篆用于摩崖、门宕砖额（图3-15），营造出古朴的园林氛围。

马衡《凡将斋金石丛稿·中国金石学概要》指出："刻石之特立者谓之碣，天然者谓之摩崖。""摩崖石刻"就是在天然的山崖上刮摩，在石头上刻画的符号、图案、文字等。书风多自然开张，气势雄伟、意趣天成，表现出一种阳刚之美，被称为古哲先贤"心灵景观"。园林景点的摩崖石刻，往往多用大篆、小篆等书体，更显古雅。

冷香阁梅花林大篆门额"明月前身"，出自《二十四诗品》，形容诗境的自然纯净、返归本体的状态，如流水般洁净，皆因纯净皎洁的明月是吾前身也（图3-15）。象形的字体，正如明月悬空、月光朗照，梅花如雪、暗香浮动，一片纯净境界！

行书讲究"风韵"，风姿绰约、潇洒飘逸，用于临水池轩较多，如留园"清风池馆""绿荫"行书额，真如清风扑面、清新可人。

草书讲究"气韵"，如暴风骤雨、飞瀑流泉，气势磅礴，又如行云流水，挥洒自如。留园"洞天一碧"陈老莲的行草对联"曲径每过三益友，小庭长对四时花"，与庭中奇石、松、竹诸景丝丝入扣，心情与书体一样自由流畅。

狮子林"文天祥诗碑亭"，位于园西贴墙长廊上，廊下一水蜿蜒东去。镌刻文天祥狂草手迹《梅花诗》："静虚群动息，身雅一心清。春色凭谁记，梅花插座瓶。"（图3-16）龙蛇走、惊电闪，是文天祥身陷囹圄时寄梅咏怀，体现了洁身自守的节操。天祥书作清疏挺竦，俊秀

图 3-15　流水今日，明月前身（虎丘冷香阁门宕）

图 3-16　身雅一心清（文天祥狂草手迹《梅花诗》）

开张，笔笔有法，十分精妙，使人心目爽然，凡见者，“怀其忠义而更爱之”[①]。

通过多彩多姿的书体之形，可体味出书家的思维、性格、气质、品德、意志、情感、理想等精神因素之神韵。如苏州狮子林入口巷门额“师子林”，“师”乃“狮”之古字。佛国神兽“狮子”，是古代南亚次大陆语言经过西域传入时不太准确的简略音译。东汉时期，佛教传入中国，译者带着对佛教经典的虔诚与敬畏之情，将“狮”译为“师”，“师”字饱含了译者“情感”，古意盎然、古雅可掬，而且，令人心中油然产出一种情和字结合的境界。

张大千爱梅，台北市外双溪溪水双分之处，筑摩耶精舍以居，于奇石上摹刻“梅丘”二字。“丘”字少一竖（图 3-17），足见为了避孔子名讳的虔诚恭敬之情。

图 3-17　“丘”字少一竖（台北摩耶精舍梅丘）

山东济南大明湖、苏州沧浪亭对联“明”字中“日”字多一横，为帖写法，并非错字，但清朝书法家为了避讳明朝的“明”而多写了一笔（图 3-18），由此可窥见文字狱造成书家诚惶诚恐的心理。

风景园林也喜用拆字方法写暗语、哑谜，如明代徐渭曾书“虫二”二字赠一妓为斋名，取义“无边风月”[②]。杭州西湖湖心亭石碑上题乾隆手书“虫二”二字；今启园湖心亭（图 3-19）、青浦曲水园宝瓶门宕上也砖刻“虫二”字。

①（清）吴其贞：《书画记》。

②（明）张岱：《快园道古》卷十二《小慧部叮谜拆字》。

图 3-18　清风明月本无价（苏州沧浪亭对联出句）

图 3-19　风月无边（启园湖心亭“虫二”）

“虫二”是取繁体字“风月”二字的中间部分而成，别有情趣。

汉字因字形成园林格局禁忌。如“闲”字，金文=（门）+（木，柱子），表示顶门的柱子。篆文承续金文字形。隶书，将篆文字形中的写成。《说文解字》：闲，阑也。从门中有木。“木”即树木，大门前不可种大树，成为中华园林风水中的一种禁忌，其实，不在大门前种大树符合科学的光照原理。

“困”字，甲骨文=+，本来囗指石砌的花池，表示接近根部的树干被地面上石砌的池子限制，生长受阻。籀文=（止，限制）+（木，树），表示抑制树木生长。篆文承续甲骨文字形。《说文解字》：困，故庐也。从木在囗中。囗，被视为园墙，园墙正中不植大树，否则“困”死。

同此理，“囚”字，甲骨文=（囗，封闭性的空间）+（人，罪犯），造字本义：拘禁罪犯或奴隶。金文、篆文承续甲骨文字形。《说文解字》：囚，系也。从人在囗中。四周封闭的围墙正中不盖住人的房子，否则成“囚”，不吉利。

汉字本是表意符号，字形与字意密切相连，是物象某种程度的抽象化和象征化，浓缩了远古真实丰富的生活画面，保存了中华民族珍贵的悠远记忆。汉字通过“点”和“线”的复合，可以高度自由酣畅地抒发情感，故《解开汉字之谜》的作者安子介说，每一个方方正正的汉字，都静静散发着文化的气息和生命的芬芳，都代表着无穷无尽的寓意，包含着现实的哲理，可谓“一笔一故事，一字一世界”。在园林中汉字与其他物质元素共同营造出“意境美”。

汉字讲究一字传神，可从中华一字品题园窥其意境神韵。

如耦园之“耦”，形声，从耒，从禺（yù 或 ǒu），禺亦声，“耒”（lěi）指翻土工具，“禺”意为“两边一夹角”。“耒”与“禺”联合起来表示“两人各在一边，农具在夹角处”。二人并肩，共同施力于耒耜。苏州“耦园”突出了“耦”“偶”：双园傍宅、双山、两水；震卦位于东方，长男；兑卦位于西方，少女。东园为主，西园为辅，又处处阴阳互生，表达了夫妇共耕的意境之美，“耦”构成的意境美赋予耦园以无穷的魅力，成为写在地上的一首爱情诗。

汉字属于表音性质的象形文字，是人类继手势语言、个人记号语言、符号语言等发展的高级阶段。

声旁表意并不是造字的普遍规律，开始音、意的结合具有偶然性，经过社会成员的约定俗成，音、意关系也就具有了某种规定性。东汉刘熙《释名》，到宋王圣美的“右文说”，至清代王念孙著《广雅疏证》、郝懿行著《尔雅义疏》等，将以声求意的原则贯串于训诂之中，从而形成一种传统。确实，诚如萧启宏先生所说，汉字负载着科学知识和文化观念的全息标志，“字形藏理，字音通意”为汉字的总规律，字与字之间存在着“同形同宗，同音意通”的总联系。语音蕴含着原初的文化信息，并与民族心理相联系，对先人的语音崇拜起着推波助澜的作用。

汉语中存在着大量的同音词和相当数量的单音节词，为谐音的运用提供了广阔的空间。渊源于象形文字的汉字，虽然与诗的意象表达手法有着某种天然的联系，但由于汉字在长期的演变过程中，象形程度不断降低，形声字成为造字的主要方式。

从文化上看，中华古人喜比附联想，对同音字或音近的字也就是谐音字十分敏感，似乎世代相沿，形成一种特殊的听觉与心理的反应模式、固定的联想取向。古人认为人的语言有一种超人的魔力，可以用来同神怪对话，祈福祛邪、役使万物。基于对语音的迷信，出现了语言巫术和语言禁忌两种基本的文化现象。古代园林中大量采用“谐音取象”以求吉，同音或近音的物象组成的意象，使心造之虚境，即“抽象的心意”，化为诉至于人耳目之“实景”，即“象”。“象”为意之寄托物，“意象”结合成为艺术品，给情思一个载体，即诗的意象表达，成为情思的装饰和诗美的印证。

中华园林中谐音取象运用最多的是“福禄寿喜财”，寄托了人类共同愿望。

被看作是上帝对人类训词的“五福”，出自《尚书·洪范》篇，“五福”包括寿、富、康宁、攸好德、考终命。即一求长命百岁；二求荣华富贵；三求吉祥平安；四求行善积德；五求人老善终。“福”的意象出现最频繁的是“蝙蝠”，几乎成为专用的吉祥物。

除了“蝠”与“福”同音外，还因蝙蝠为长寿之物。晋崔豹《古今注·鱼虫》：蝙蝠，一名仙鼠，一名飞鼠。五百岁则色白脑重，集则头垂，故谓之倒折，食之神仙。蝙蝠兼哺乳和飞禽动物于一体及“夜行者”善韬晦避祸等生理特征。还有因蝙蝠翅膀的开阖发明的蝙蝠扇的驱暑送凉的实用功能而联想到大舜扇扬仁风、穆如清风等道德因素，以及扇形的潇洒儒雅等。五福捧寿图案出现在裙板雕塑、山墙堆塑、花街铺地等处。园林中常见的有“五福捧寿”图案，5只“蝙蝠”围着“寿”字，“寿”用文字或者松鹤图案。还有蝙蝠状的蝠厅、蝙蝠状的蝠池等。飞翔的蝙蝠与云纹在一起，表示幸福自天而降。蝙蝠口衔古钱，成“福在眼前”（图 3-20）。

图 3-20　福在眼前（留园）

中国文化有语音禁忌，特别重视对人名的避忌，于是产生了长达数千年的避讳制度和习俗，园林中也存在因为语音避忌而改的景名的现象，如颐和园的“豳风桥”，清漪园时因桥西有延赏斋、蚕神庙、织染局、水村居等模仿江南乡村的风景点，所以名“桑苎桥”。光绪年间，因避咸丰名讳“詝”（与苎同音，咸丰名奕詝），且“桑苎”与“丧主”谐音，故取《诗经·豳风·七月》改为豳风桥。

鲜活优美的“意象”出现在宅园中，寓瑞于日常生活，寓美于起居歌吟，如春风化雨，滋润着人们的心田。

## 小结

中国古典诗文成为园林“文心”，园中景致也洋溢着这些诗文意境，这就把诗意带进景中，使景的意蕴更深永。也把优美的景带进诗里，使诗文形象更丰富、更精妙。园林风景与诗文的关系，和诗与画的关系一样：“画者形也，形依情则深；诗者情也，情附形则显。”

徜徉园中，细细咀嚼玩味，犹穿行徜徉于古代诗文之中，给人以无尽的回味和永久的魅力。

# 第四章

# 真善兼美　寓美于善

中国古建筑成形于原始社会后期到春秋战国时期，成熟于秦汉到三国时期，魏晋南北朝时期，是中国原有建筑形式吸收佛教建筑时期，至隋唐两代达到高峰。宋元两代为古建筑风格的转变期，明清为渐进期，官式大型建筑完全程式化、定型化。

中华文明初始，华夏重大建筑因袭原始建筑土木结合的技术传统，选择了土木相结合的“茅茨土阶”的构筑方式，成为与古埃及、西亚、印度、爱琴海和美洲并列为世界古老建筑的六大组成之一，是世界原生型建筑文化之一。

中国建筑主要材料采用的是木材和草泥，被人们称为“木头的画卷”。古埃及、古希腊、罗马的建筑和西方建筑主要材料是石头，被称为“石头的史书”。

园林建筑是中国古建的精华，既具有满足人们生活活动的功能价值，又要具有心里愉悦的精神价值。

中国园林所属性质、地域的不同，决定了建筑风格、空间组合形式和色彩的不同。皇家园林建筑体量大、装修豪华、色彩金碧辉煌，表现出恢宏堂皇的皇家气派；江南私家园林建筑轻巧、玲珑、纤细、通透、朴素淡雅，表现出秀丽、雅致的风格。美学家朱光潜先生曾说：

艺术是人性中一种最原始、最普遍、最自然的需要……嗜美是一种精神上的饥渴，它和口腹的饥渴至少有同样的要求满足权。美的嗜好满足，犹如真和善的要求得以满足一样，人性中的一部分便有自由伸展的可能性。汩丧天性，无论是真、善或美的方面，都是一种损耗，一种残废。

世间事物有真、善、美三种不同的价值，人类心理有知、情、意三种不同的活动。这三种心理活动恰和三种事物价值相当。真关于知，善关于意，美关于情。……求知、向好、爱美，三者都是人类天性；人生来就有真善美的需要，真善美具备，人生才完美。[①]

真善的意思是指原始的、本质的、真实的、真诚的、利他的良好品行，美好的言行和事物，原来多用来形容人的德操和具备良好品质的事物。

施之与宅园建筑，主要从中华古建筑材料的生态性、建筑类型之利他性、建筑中的科学与艺术之间和谐性和意境之美等方面，讨论如何将外形之美和实质内涵之美完美结合为“文质彬彬”。

① 朱光潜：《谈美感教育》。

# 第一节　生命象征　简捷实用

每一件器物背后都有一片精神领地，它不仅是物质化的呈现，其中还有创造和对人生品质的不懈追求，在人与器物、人与人之间达成更多的相互敬仰、尊敬和爱戴，让生活变得更美而充满希望。“器物精神”说到底也就是一种人文精神。

中华宅园建筑普遍采用茅茨土阶土木结构，并非我们没有石头，没有很好的胶粘剂，看一看中国建筑中雕刻精美的石制台基、栏板、高高矗立的华表石柱、陵墓前巨大的赑屃石碑、汉白玉石桥，就知道中国人在石造与石雕技术上，并不亚于同时期的任何其他国家。但这些仅仅用在陵寝，或军事设施及一些礼仪性、装饰性的构筑物上，可以说，古代中国人对待石结构建筑的态度是，非不能也，是不为也！“不为”的原因是基于独特的文化观念。

## 一、震阳生木　以便生人

中国古代哲学家认为，天地万物都由宇宙中的水、木、火、土、金 5 种基本元素组成，五种元素称为“五行”，循环而相生，水生木，木生火，火生土，土生金，金生水。天地万物都分配有五行这 5 种元素，四季、四方、色彩都和分配到的五行相互有联系，具体如图 4-1 所示。

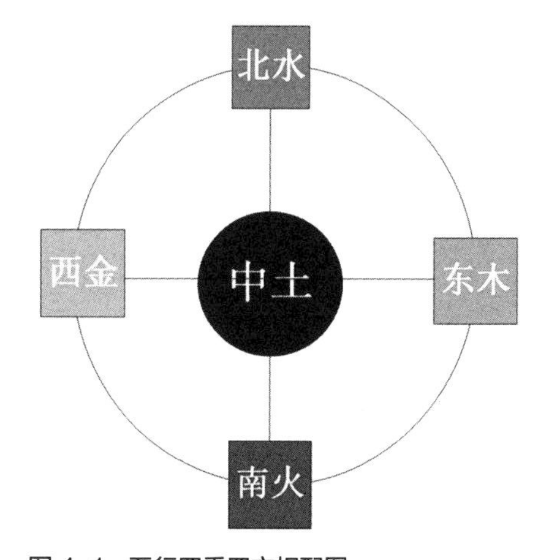

图 4–1　五行四季四方相配图

代表方位：东方木，南方火，西方金，北方水，中央土。代表季节：春木，夏火，秋金，冬水，每季末月土。代表颜色：青木，红火，白金，黑水，黄土。通过五行的生、克、制、化的矛盾和统一、平衡和不平衡，可以产生天地万物，可以产生吉、凶、祸、福。若深究其理，则可发现其奥妙无穷！

“五行”中的“木”：代表东、东南、春天、青色，植物生长之色。在《易》八卦中属于震、巽两卦，是太阳升起之地，是早晨的开始、春天的象征，也是阳气和生命的象征。而

“宫室之制，本以便生人，上栋下宇，足以避风露”①，“木”最适合人居。

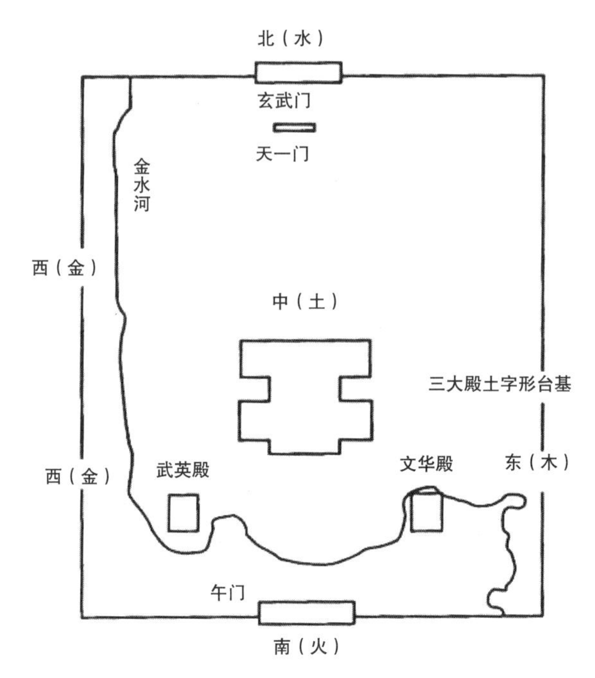


图 4-2　故宫三大殿五行方位图（引自网络）

从图 4-2 中还可以看出“土”在五行中位置很优越：“土”居于中心位置，代表中央。土代表负载万物、养育万物的大地，具有崇高的地位，代表国家的社稷坛，也是用“五色土”来象征。土德代表的黄色，也成为农耕社会最尊贵的颜色，唯有皇宫、寺庙、道观的房子才配用黄色，皇帝穿的龙袍叫“黄袍”。因此，象征中央的明清北京故宫三大殿，就是建立在一个“土”字形的三重汉白玉台基上。

人们居住在“土”筑成的台基上，砖砌的墙壁和木柱梁架环绕的空间，阳气足、气场优。

石头虽然结实牢固，但石头阴冷，营造的“气场”阴森森的，不利于活人居住，而只用在追求永恒的建筑物上，如历代帝王陵墓、墓祠、石阙或长城、桥梁等军事设施及一些礼仪性、装饰性的构筑物上，希望建筑不朽、永恒。

中华古人很早就掌握了拱券与穹隆技术。汉代人已经将拱券与穹隆技术应用于墓穴建筑中。汉代的石造墓穴与墓祠，以及陵墓前的石阙，至今还有遗存。

用石头建造城墙的历史就更长了。以“石头城”而闻名于世的南京城，至迟在三国时期就已经有了石头城墙。中国历史上的石造佛塔，更以技术的精美与技艺的高超而令世人瞩目。

建于隋朝年间（公元 595—605）的赵州桥，横跨在 37 米多宽的河面上，因桥体全部用石料建成，俗称“大石桥”，距今已有 1400 多年的历史，是当今世界上现存最早、保存最完整的古代单孔敞肩石拱桥。赵州桥经历了 10 次水灾、8 次地震的考验，安然无恙，巍然挺立在清水河上。全桥长 50.82 米、跨径 37.02 米、券高 7.23 米、两端宽 9.6 米，只有一个大拱，在当时可算是世界上最长的石拱。桥洞像一张弓，因而大拱上面的道路没有陡坡，便于车马上下。大拱的两肩上，各有两个小拱。不但节约了石料，减轻了桥身的重量，而且在河水暴涨的时候，还可以增加桥洞的过水量，减轻洪水对桥身的冲击。大拱由 28 道拱圈拼成，做成了一个弧形的桥洞。每道拱圈都能独立支撑上面的重量，一道坏了，其他各道不致受到影响。据考证，像这样的敞肩拱桥，欧洲到 19 世纪中期才出现，比我国晚了 1200 多年。

①《北史·本记》卷十二。

## 二、肯堂肯构　推陈出新

中华民族着眼现世的人居建筑，并不刻意追求永恒，而是遵循自然的生长衰亡定律，和自然界的新陈代谢一样，如果房子坏了，往往不是按原样去修，而是在原来地基上去重建一座。

汉语中有个成语“肯堂肯构”，来自中国最早的散文集《尚书》：肯，是肯不肯的肯，就是愿意；堂，就是立堂屋的地基；构，盖房子。这意思是如果儿子连房屋的地基都不肯做，哪里还谈得上肯盖房子？后来意思反过来用了，比喻儿子能继承父亲的事业。用儿子肯不肯打地基盖房子来比喻能否继承父辈的事业，可见人们希望长江后浪推前浪，房子要不断更新换代，这不也可以激励子孙要自己创业吗？

## 三、构架科学　快捷节能

中国古代木构建筑受实用美学的影响，将美寓于科学和实用之中。木构建筑遵循木质材料的客观规律，包括物理法则、柱础的运用，柱子间用方柱形木材枋（fāng）栿（fú）纵横相连形成整体框架，抗击自然的侵袭。所有的建筑构件都并非单纯为了装饰，而是都具有使用功能。

如屋脊上的吻兽承担着压脊防水的作用。彩画在装饰的同时，也有保护木骨的作用。

斗栱（gǒng）是中国建筑特有的一种结构，位于立柱和横梁交接处，从柱顶上加的弓形承重结构叫栱，栱与栱之间垫的方形木块叫斗，合称斗栱。既起着承上启下、传递荷载的作用，可以使屋檐较大程度外伸，造型更加优美、壮观，同时又变相缩短了梁、桁等构件的跨度，增强了建筑的使用寿命，并能减少地震、台风等对建筑的损害（图 4-3）。

斗栱能把屋檐重量均匀地托住，起到平衡稳定作用。遇到地震，榫卯结合的空间结构也会“松动”却不会“散架”，墙倒屋不塌，因为斗栱能消耗地震传来的能量，降低整个房屋的地震负荷，起到抗震的作用。

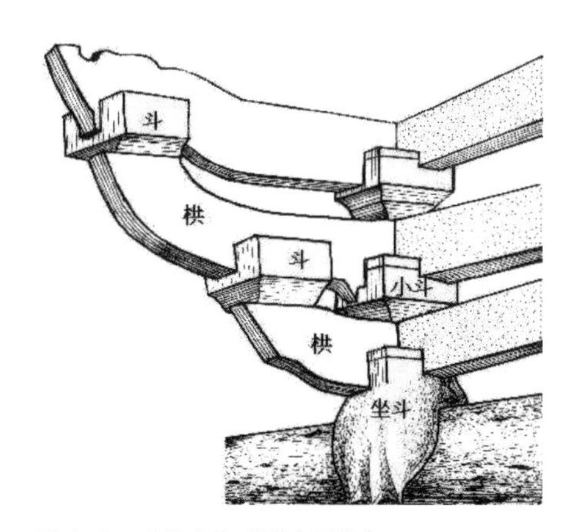

图 4-3　斗栱名称（引自网络）

斗栱用榫卯（sǔn mǎo）连接梁柱，榫卯是在两个构件上采用凹凸部位相结合的一种连接方式。凸出部分叫榫（或叫榫头）；凹进部分叫卯（或叫榫眼、榫槽）。其特点是在物件上不使用钉子，利用卯榫加固物件，体现出中国古老的文化和智慧。

这种榫卯结合的结构法是我们最早创造的先进的科学方法，并把它发展到高度的艺术和技术水平，直到近代才出现了钢骨水泥和钢架结构，欧美等西方国家才开始应用中国的构架原则方法。

采伐施工的便利，显然是木构架建筑的优越性所在。开山取石、制坯烧砖，费工费时。意大利佛罗伦萨用石料建造高达 107 米的主教堂穹顶与采光尖亭，穹顶为里外两层，两层之间有供人上下的台梯，这些墙体、穹顶全部都由一块块石料垒筑而成，自 1420 年动工兴建，到 1470 年才最后完成，用了近 50 年的时间。建于同时期的中国明代的紫禁城，占地 72 万平方米，有近千幢房屋，建筑面积 16 万平方米，自 1407 年开工到 1420 年就全部完工，只用了 13 年的时间，其中备料的时间花去 8 年，真正现场施工还不足 5 年。①

## 第二节　人本精神　善美结合

基于中国的人本精神，宅园建筑首先是满足生活需要，但又要满足审美需要。海德格尔曰：“诗意是居住本源性的承诺。这并非意味着诗意仅仅是附加于居住的装饰物和额外品。居住的诗意特性也不是意味着诗意在全部居住中以某种方式和其他方式产生。诗意创造首先使居住成为居住。诗意创造真正使我们居住。但是通过什么，我们达到这一居住之地呢？通过建筑。诗意的创造，它让我们居住。”②

建筑有成法而无定式，耻拾唾余，制式新番，裁除旧套，指挥运斤，使顽者巧、滞者通。

随着功能需要，宅园中的建筑物越来越多。如网师园到清代，建筑密度高达 30%，疏朗如拙政园亦占 13%。建筑类型也越来越丰富多样：诸如厅、堂、馆、轩、楼、阁、亭、廊、榭、舫等，古人常用“堂以宴、亭以憩、阁以眺、廊以吟”概言之。

建筑的形制不拘泥于法式而是根据环境、建筑造型的需要，灵活处理，独具匠心。如平面开间有两开间、两开间半；正间和次间面阔的比例也不是一成不变；屋顶形式更是灵活多样。

江南园林尤其讲究一园之内，楼无同式、廊不重形、亭避重样、花窗避雷同、梁架别致……因地制宜，不自相袭。

① 楼庆西:《中国古建筑二十讲》，生活·读书·新知三联书店 2003 年版，第 2~5 页。

② （德）海德格尔著，彭富春译:《诗·语言·思》，文化艺术出版社 1991 年版。

## 一、厅堂轩馆　因地制宜

建筑学上一般称用长方形木料（即扁作）做梁架的为厅，以外观分，有大厅、四面厅、鸳鸯厅、荷花厅、花篮厅、花厅等类型。厅者，“取以听事也”。

用圆木料做梁架的称堂。《园冶·屋宇》：“古者之堂，自半已前，虚之为堂。堂者，当也。谓当正向阳之屋，以取堂堂高显之意。”

厅堂用来会客、宴会、演戏、观赏花木等，但在宅园中厅和堂的命名带有文人的随意性，式样因地制宜，服务于功能的需要。

《园冶》中说：“凡园圃立基，定厅堂为主。先乎取景，妙在朝南。”说明了厅堂的重要性和布局的原则。综观苏州大小园林，厅堂都位于园内中心地位，是园林主体建筑和风景构图的中心，也是人们主要活动场所。

厅堂前大多有临水的宽敞平台，面对水池和假山，山上有亭，互为对景。

轩、馆也是厅堂的一种类型，根据厅堂的位置和使用功能的不同，分为门厅、轿厅、大厅、女厅、花厅、荷花厅等。

按照梁架结构形式，又可分为扁作厅、圆堂、鸳鸯厅、花篮厅、船厅及卷蓬、满轩、贡式等，也有少数厅堂具有两种梁架结构形式的特点。

由于追求和自然的融合及便于四面赏景，创四面厅形式，四周绕以回廊，前后为长窗、半窗，两侧山墙都开窗，如拙政园“远香堂”和沧浪亭“面水轩”。

荷花厅，是临水建筑，面临池边便于观赏水景，尤利夏日观荷，如留园“涵碧山房”、怡园“藕香榭”。还有在厅的南院筑“牡丹坛”或“桂花坛”，就称为“牡丹厅”或“桂花厅”。

花篮厅，全名偷步柱花篮厅，进深较浅，开间较狭，以减轻屋面重量。梁架用扁作，中间步柱不落地，代以短柱，名荷花柱或垂莲柱。上悬有草架梁，用铁环连接，柱端多雕花篮，可内插花枝，也有改雕狮兽，如狮子林“水殿风来”。

花厅，靠近住宅，供起居和生活兼作会客之用。厅前庭院布置花木石峰，构成情意幽静的环境，如拙政园玉兰堂。

鸳鸯厅，厅内以屏风、纱隔、罩，将厅分前后两部分，梁架一面用扁作，一面用圆料，形似两进厅堂合并而成。装修、陈设各不相同，故有鸳鸯之称。可随季节变化而选择位置，面南者有和煦阳光，宜冬春待客；朝北者凉气阵阵，宜夏秋选坐。

狮子林燕誉堂厅南部梁架为五界回顶扁作，椽为菱角形；厅北部梁架为五界回顶圆作，椽为鹤颈形。厅南、北用屏门和纱隔挂落分隔，两侧山墙有水磨砖墙裙，厅前后有外廊。连南北厅的铺地样式都不一样，一为方形图案，一为菱形图案，是典型的鸳鸯厅（图 4-4）。

图 4-4　燕誉堂（狮子林）

怡园可自怡斋，建筑造型呈四面厅形式，四周设有围廊，卷棚歇山灰瓦屋顶，内部却分隔为南北二厅，分别为三界和五界回顶圆作。

留园林泉耆硕之馆，厅南梁架为五界回顶圆作，厅北圆作为五界扁作，正间为银杏木屏门，次间为精美的圆光罩，边间为纱隔，用以分隔南北。两侧山墙上辟景窗，南为八角形，北为方形。厅平面五开间，周围有回廊，歇山顶。

鸳鸯花篮厅位于拙政园东路住宅第一进的大厅，坐北朝南，是读书、作画、休憩的地方。堂前三面院落围合成封闭的庭院。鸳鸯花篮厅平面面阔三开间，厅的形制独具特色，是将鸳鸯厅和花篮厅的梁架形式组合为一体，南部为扁作三界鹤颈形轩，北部为圆堂三界船篷形椽，南北轩梁形式各与之相同。但正间前后步柱升起，悬挑于搁置在两侧山墙的通长木桁上，梁端雕饰呈花篮形，两种形式的结合，使梁架富于变化，室内空间显得开敞。

明清园主又好在园中拍曲赏剧，其建筑临水对山，顶用卷棚，使笛声曲韵通过水面粉墙假山林丛传入耳间，更觉千转百折、回肠荡气。

拙政园西部的卅六鸳鸯馆和十八曼陀罗花馆，位于水池南，馆北跨水而建，宜夏；馆南，朝阳，冬日地下设暖管，宜冬。实用宜居。

园主钟情于昆曲，这里经常举行曲会，成为水上舞台。为了取得最佳的音响效果，整个建筑由平面近方形的主馆与四隅平面为方形的耳室组成。主馆被屏门、纱隔挂落分隔为南北大小相同的两部分，草架下各有并列的鹤颈轩和船篷轩，形同鸳鸯厅。主馆屋顶为硬山式、纹头脊；耳室屋顶为攒尖式，两者主次分明。主体的梁架形式是“重轩的鸳鸯厅”的形制，而梁架是连接四轩而成，称为满轩，虽称鸳鸯，而是属于堂的形式。室内地下仿效西方东正教教堂做法，为了取得在教堂内唱诗般的最佳音响效果，在地下埋空缸，所以馆内地下也留空，加上馆顶空间高度较低，收到最佳的音响效果。是善美结合的典型范例。

轩，属厅堂类型，用作观赏性的小建筑。《园冶·屋宇》：“轩式类车，取轩轩欲举之意，宜置高敞，以助胜则称。”轩的样式，类似古代的车子，取其空敞而又居高之意。适宜建于高旷之处，对于观景有利，以此相称。这是南方园林建筑的特有形式，三面敞开，精致轻巧，产生轩昂高爽之感，如留园的“闻木樨香轩”、网师园“看松读画轩”等。但留园清风池馆实际上却是面水轩；沧浪亭的“面水轩”，实际上亦类轩。有窗槛的长廊、厅堂前檐下的平台亦可称为轩（图 4-5）。

《园冶·屋宇》：“散居之居曰馆，可以通别居者。”意即暂时寄居之所曰馆，亦可通往另一个住所，往往是指一组建筑而言，和院有着相同的含义。馆的规模大小不一，朝向不定，布置随意，和一小组建筑群联在一起，且馆前有宽大庭院。如网师园“蹈和馆”，东面的小山丛桂轩、东南的琴室与西北的回廊，互相联结成建筑群。拙政园玲珑馆，即是枇杷园，自成一个庭院。留园五峰仙馆，西北角有耳室“汲古得绠处”，前庭东南接“鹤所”，西为“曲豁楼”组成一个院落。

南方冬天寒冷而一般不生火取暖，夏天气温较高，因此厅堂内的天花板普遍采用轩形，它用椽子做成各种形式，根据室内不同部位，可形成高低、形式不同的轩，有茶壶档轩、弓形轩、一支香轩、船篷轩、菱角轩（图 4-6）、鹤颈轩等，不仅使室内空间显得主次分明、形式丰富，还有着隔热防寒、隔尘的作用。江南夏季气候闷热，故园内厅堂建筑多采用回顶、卷棚、鸳鸯诸式，以利通风。屋角反翘多采用起翘高而饶有飞舞之势的嫩戗发戗。

图 4-5 满轩（补园·今拙政园西部）

图 4-6 菱角轩形天花板（狮子林）

## 二、楼阁斋台　各取所需

《园冶·屋宇》云:“《说文》云:‘重屋曰楼。’《尔雅》云:‘狭而修曲为楼。’”用作登高望远，体形较厅堂为小，多设于园的四周或半山山水之间，一般做两层，均设于厅堂之后。屋顶多作歇山或硬山，用作登高望远。作为对景，位置明显突出，如拙政园的“见山楼”、留园的“冠云楼”、沧浪亭的“看山楼”、豫园“挹秀楼”等。也有作为配景，位于隐蔽处，如沧浪亭“看山楼”、留园“西楼”。

阁，《园冶·屋宇》云:“四阿开四牖。”即四坡顶而四面皆开窗的建筑物，造型比楼轻盈，可登临以望远，和楼相似，平面为方形或正多边形，屋顶作双层歇山或攒尖，如拙政园“浮翠阁”、虎丘“冷香阁”和留园“远翠阁”。若筑在假山、高台或水边，虽仅一层也称为阁。如狮子林问梅阁、虎丘“致爽阁”、拙政园“留听阁”和狮子林“修竹阁”。

楼与阁可以通用。如拙政园香洲上部称“澂观楼”，而怡园画舫斋上部称“松籁阁”。楼的上层虽可称为阁，但单层的阁不可称楼。

斋，指书房或小居室，和馆有些相近，但小巧玲珑。《园冶·屋宇》云:“斋较堂，唯气藏而致敛，有使人肃然斋敬之意。盖藏修密处之地，故式不宜敞显。”位于偏僻幽静处，不应显敞，便于人们聚气敛神。斋，也称山房。如怡园碧梧栖凤，前庭西侧有两间茶寮，东南面围以短垣，前后天井种梧桐、凤尾竹，构成小院。沧浪亭“翠玲珑”，小屋之间，连贯旁间，绿意四围，芭蕉掩映，竹柏交翠，更其清静。

台，《园冶·屋宇》:“《释名》云:‘台者，持也。言筑土坚高，能自胜持也。’园林之台，或掇石而高上平者；或木架高而版平无屋者；或楼阁前出一步而敞者，俱为台。”筑土垒石为台，台高而平，不尚华丽，简雅为主，有的可登高瞭望，如虎丘的“望苏台”、拙政园雪香云蔚亭前平台；有的位于厅堂前面或临水处用花岗石砌筑的平整地面，围以细而短的石柱低栏的露台，如拙政园远香堂北面平台和留园涵碧山房北面的平台。

## 三、小榭舟舫　制亦随态

《园冶·屋宇》曰:“《释名》云:‘榭者，藉也。藉景而成者也。或水傍，或花畔，制亦随态。”常因园景而设，灵活多变:在水边称水榭，或傍岸筑台，或架空作础，建筑基部半在水中，半在池岸，也称水阁，造型轻盈活泼，临水立面开敞，设有栏杆，如留园的“活泼泼地”、拙政园的“小沧浪”“芙蓉榭”，网师园的“濯缨水阁”、耦园的“山水间”等。屋顶多为卷棚歇山式。

舫，古称两舟相并为舫。《国策·楚策》云“航船载卒，一舫载五十人与三月之粮”。

以后，把用以游览的小船称舫，外观似旧时官船，俗称旱船，供人在内游玩宴饮。

从艺术创作角度看，舫的品类大体有写实、集萃和写意多种类型。

写实，建于水边的，通常下部船体用石砌，上部船舱多为木构，是外形、内观都似舟楫的建筑物，供人在内游玩宴饮，观赏水景。艺术上追求形似，竭力模仿现实的真画舫，用石造台基做成船舷的形式，上部木构船舱，做得酷似画舫的头舱、中舱和尾舱。与周围写意性质的山水景象不协调。如颐和园的“清晏舫”、狮子林的石舫。

集萃型画舫，内部空间处理和真画舫很相似。船和池岸之间有小型石板式的梁桥，船头宛似平台，船体有 3 个屋顶：头舱似亭，俗称纱帽顶，气势轩昂；中舱的屋顶较低，实为水榭；尾舱两层，状若飞举，实为楼阁。这样，它集桥、台、轩、榭、楼五种建筑美于一身，既有具象的模仿，又有抽象的集成。如拙政园的“香洲”（图 4-7）、怡园的“画舫斋”和退思园的“闹红一舸”等。

写意的画舫，是完全建于平地甚至山上，平面作长方形，屋顶卷棚歇山式，外观同厅堂的建筑无异，仅以纵长的内部空间，短边两面设长窗，长边两边装半窗，内部装修分 3 段为旱船形式。如怡园的“石舫”、台地园拥翠山庄的“月驾轩”、豫园“亦舫”、拙政园“留听阁”等。

图 4-7　香洲（拙政园）

## 四、亭廊桥梁　合宜则制

亭作为园林建筑中的最基本的建筑单元，主要是为满足人们在旅游活动之中的休憩、停歇、纳凉、避雨，极目眺望之需。常作为风景构图的主体，亭子恰似园中的“诗眼”，顿可使全诗文采飞动、趣味无穷，有“览景会心”之妙。《园冶·屋宇》：“《释名》：‘亭者，停也。人所停集也’。”是供人停下集合的地方。

园林中的亭子，造式无定，自三角、四角、五角、梅花、六角、横圭、八角至十字，随意合宜则制，有半亭、独立亭、双亭、方胜亭、扇亭、梅花亭、海棠亭等，为园林缀锦点翠。

如苏州拙政园“笠亭”攒尖式，圆攒具有向上升华的趋势，能产生高峻之感，兼有灵活轻巧之感。

狮子林的“真趣亭”，集数式于一体：形体较大，亭平面长方形，卷棚歇山顶，嫩戗发戗。亭内前二柱为花篮吊柱，后用纱隔成内廊，亭内天花装饰性强，略似花篮厅；扁作大梁，上为菱角轩和船篷轩，如厅式做法；雕梁画栋，彩绘鎏金，鹅颈椅短柱柱头为座狮，独具风格（图 4-8）。

图 4-8　真趣亭（狮子林）

廊，《园冶·屋宇》云："廊者，庑出一步也，宜曲宜长则胜……随形而弯，依势而曲。或蟠山腰，或穷水际，通花渡壑，蜿蜒无尽。"是亭的延伸，为建筑组合群体艺术的纽带之一，随山就势，曲折迂回，逶迤蜿蜒。廊既能引导视角多变的导游交通路线，又可起着分景、隔景作用，组成不同格调的景区，有"移步换景"的效果。丰富空间层次增加景深，是中国园林建筑群体中重要组成部分。

廊有沿墙走廊、爬山游廊、空廊、水廊、楼廊、复廊等，如拙政园倒影楼与宜两亭之间的一段游廊，以及扬州何园楼廊、沧浪亭复廊等。按其所处位置分有：

沿墙走廊，就是普通游廊，如拙政园中部的东西走廊和怡园面壁亭西首长廊。

爬山廊，循假山或土山按地形高低起伏的游廊，能丰富园景，如留园"涵碧山房"西面到"闻木樨香轩"上下的游廊，狮子林"问梅阁"到"立雪堂"一段的游廊。

空廊，是两边不沿墙或不贴靠其他建筑物的游廊，左右前后都可以看景，如拙政园"见山楼"到"柳阴路曲"和怡园"藕香榭"到"南雪亭"之间的游廊。

水廊，是低临水面的游廊，使水面上的空间半通半隔，人行其上似"浮廊可渡"。如拙政园"宜两亭"到"倒影楼"间的一段游廊，宛如卧虹临水，景色优美。

回廊，是环绕一座建筑物四周的游廊，如留园"林泉耆硕之馆"和沧浪亭"明道堂"四周的游廊。

楼廊（图 4-9），上下两层游廊，用于楼的附近，又称边楼，如拙政园"见山楼"侧和环秀山庄假山西侧的两层游廊、扬州何园楼廊。

从廊的形式来看，可分直廊、曲廊和复廊 3 种。直廊，即全廊呈直线或近似直线。曲廊，迤逦曲折，部分依墙，其余转折向外，在廊墙间构成不同形状小院，栽花缀石，布设小景。

复廊，也称双廊、两面空廊。由两条并行的游廊组成的复合结构，中间隔以漏窗花墙，扩大空间，增加景深，产生若隐若现的自然效果，在分隔园林中起过渡作用，如沧浪亭"面水轩"到"观鱼处"和怡园"锁绿轩"到"南雪亭"间的一段游廊。

园林中千姿百态的桥，有曲线优美的拱桥，石拱如环，矫健秀巧，有架空之感，廊桥则势若飞虹落水，水波荡漾之时，桥影欲飞，虚实相接。园中习见的梁式石桥，有九曲、五曲、三曲等，蜿蜒水面，其美感效果，一可不断改变视线方向，移步即景移物换，扩大景色画面，令人回环却步；二因桥与水平，人行其上，恍如凌波微步，尽得水趣；三因桥身低临水面，四周丘壑楼阁愈形高峻，形成强烈的对比；四有的曲桥无柱无栏，极尽自然质朴之意，横生野趣。以上效果，皆桥体自身的造型所致。如艺圃的渡香桥、网师园"引静桥"、拙政园的"小飞虹"廊桥、环秀山庄的石梁、秋霞圃的涉趣桥、环秀山庄的涧谷中的步石等。

图 4-9　楼廊（木渎·古松园）

## 第三节　尊礼依仁　寓美于善

中国园林建筑将审美功能与实用功能巧妙结合。

宅园建筑往往将不影响坚固的构件进行美化，达到美善统一，将等级差别化进形式美中，实现多样性的统一。建筑装饰之美的结构化，使美观与节能巧妙结合，功能性与装饰性完美统一，呈现出礼乐之美、飞动之美、韵律之美和意境之美等。

殷周鼎革之际，周公旦“制礼作乐”，建立起一整套“礼乐治国”的固定制度，确定了以“嫡长制、分封制、祭祀制”为核心的礼制法规，讲究“名位不同，礼亦异数”。

“乐”则是与这些礼仪活动相配合的乐舞，即艺术熏陶，对自然的人进行人文化育，把自然人纳入到政治性伦理性轨道上来，使社会成员都成为“克己复礼”的“文质彬彬”的君子，自觉遵守社会伦理规范，从而达到维持社会秩序和谐的目的。

中规中矩的礼式建筑：住宅，均衡和谐，庄严肃穆；园林，天性张扬的杂式建筑，花间隐榭，水际安亭。宅园，诠释着礼乐文化：

## 一、礼乐之美　儒道互补

早在半坡等新石器时代的聚落中就都有一栋大房子，这栋大房子是祭祀、聚会中心。二里头大型宫廷遗址平整而高度略低的夯土台，北部正中又有单独的夯土台，估计亦为主体宫殿，坐北朝南。大房子和主体宫殿初现“居中为尊”和“面南为尊”“礼”的意向。

《周易·说卦》曰：“圣人南面而听天下。”中国的天文星图是以面南而立仰天象而绘制的，地图是以面南而立用俯视地理方法绘制的。所以中国古代的方位观念也很独特：前南后北，左东右西，符合中国地理环境特点：处在北半球中的中国，受阳面为南，南向采光。[①]

圆天和方地，成为“艺术的宇宙图案”的园林的天然蓝本。住宅部分均为规则严谨的礼式建筑，在设计上多取方形或长方形，建筑格局采用中轴线结构，各类用房由南而北沿中轴线安排，在南北纵轴线上安排主要建筑、在东西横轴线上安排次要建筑，强调“阳尊阴卑”等级秩序：位尊者处于中央地位，面东西者次之，面北者最低，呈现出严格对称的结构美，以围墙和围廊构成封闭式整体，展现严肃、方正，井井有条。

建筑的大小、色彩、鸱吻的样式、门当户对，甚至门槛的高度等都严格按照帝制时代品级的规格。

厅房为主，开间、进深、高度、用料、工艺、装修规格最高；开间多为奇数，中国传统文化以奇数为阳，偶数为阴，阳大阴小；门房为宾，两厢为次，父上子下，哥东弟西，哥高弟低，尊卑有序，长幼有节，“各居其所”。

侯幼彬在《中国建筑美学》中列出了系列等级礼制，诸如城制、组群规制、间架做法等级、装修、装饰登记；理性的列等方式，诸如“数”的限定、“质”的限定、“文”的限定、“位”的限定等。

中规中矩，均衡和谐，庄严肃穆，均衡美，这不仅仅是居住的机器，而是礼的容器。

私家园林住宅的大门一般偏东南，避开正南的子午线，因这是封建皇权与神权专用。

根据阳尊阴卑的等级秩序，住宅和园内主体建筑一般都坐北朝南。如艺圃，大门东向，拐了两个弯进入住宅区，建筑都坐北朝南。山水园部分，主体建筑博雅堂也是坐北朝南的。

私家园林戏台都坐南朝北，有的园林将坐南朝北的水轩当戏台，如网师园濯缨水阁，看演出的主客嘉宾，自然坐北朝南。

上海豫园现有两座戏台：一在坐北朝南的点春堂南，坐南朝北的名“凤舞鸾吟”，是当年花糖业公所宴请演唱和岁时祭供之处。戏台东南有小假山，水从假山下石窦中流出，汇成小池，戏台一半架在池中，依山临水，既营造出高山流水的意境，又具有极好的音响效果。戏台四面的石柱对联东联写春，柳眠兰笑；南联写夏，拳石争妍；西联写秋，花扫闲阶；北联写冬，夕阳暮

① 曹林娣：《中国古代园林美学思想史·上古三代秦汉魏晋南北朝卷》，同济大学出版社 2015 年版。

境。正符合中国传统的五行方位：东，五行属木，春；南，五行属火，夏；西，五行属金，秋；北，五行属水，冬。

另一豫园被誉为“江南第一古戏台”，坐南朝北，顶部呈穹隆形的藻井，上有 22 层圈和 20 道弧线相交，四周 28 只金鸟展翅欲飞，中间是一面圆形明镜。装饰华丽，且符合声学原理，即使没有扩音设备，也能取得良好音响效果。两边有双层坐北朝南的清式看廊（图 4-10）。

花园部分为杂式建筑：天性张扬的，自由布局，不对称，顺应自然，遵循四季五行，花间隐榭，水际安亭，建筑自然化。

环池建筑还是根据五行相生、四季四方相配置的原则。如苏州留园，“曲溪楼”“清风池馆”在池东，五行属木，对应春天，有曲溪楼、清风池馆，植紫藤以应“紫去东来”吉祥含义；涵碧山房在南，前临荷花池，五行属火，对应夏；闻木樨香轩高踞池西，五行属金，对应秋，桂花香动万山秋；池北原为半野草堂，植白皮松等。

图 4-10　江南第一古戏台（豫园）

## 二、造型之美　如翚斯飞

中国古建筑屋顶外观飞檐戗角，四宇飞张，周宣王的建筑《诗经·小雅·斯干》称之为“如鸟斯革，如翚斯飞”，已经像一只美丽的野鸡张开了双翅在飞翔，美学家宗白华先生在《中国建筑之美》称“可见中国的建筑很早就趋向于飞动之美了”。宗先生还说，《考工记》中已经讲到古代工匠喜欢把生气勃勃的动物形象用到艺术上去。汉代的绘画、雕刻，也无一不呈现一种飞舞的状态。图案画常常用云彩、雷纹和翻腾的龙构成，雕刻也常常是雄壮的动物，还要加上两个能飞的翅膀，充分反映了汉民族在当时的前进的活力。这种飞动之美，也成为中国古代建筑艺术的一个重要特点。

不仅“飞檐”如此，柱间微弯的吴王靠、状若飞动的廊桥、水廊，无不给人以飞动轻灵之美感。

古建筑墙体根据其在建筑中的位置与用途，可分为山墙、檐墙、隔墙、半墙、塞口墙、围墙等，有的墙体顶部作波浪形，状如云头（图 4-11）。底部依山起伏，墙身呈弧形，蜿蜒曲折，宛如轻罗玉带。

图 4-11　云墙（怡园）

## 三、韵律之美　旷如奥如

宅和园的建筑空间布局并无定式，遵循因地制宜原则，如苏州园林中有前宅后园的拙政园；有东宅西园者，如网师园；有西宅东园者，如退思园；也有住宅居中、双园傍宅的，如耦园。

中华宅园建筑是组群建筑，它不是以单个建筑物的体状形貌，而是以整体建筑群的结构布局、制约配合而取胜。非常简单的基本单位却组成了复杂的群体结构，形成在严格对称中仍有变化，在多样变化中又保持统一的风貌……小至宅院、大至宫苑均有核心部位，主次分明、照应周全，其理性秩序与逻辑有起落，由正门到最后一座庭院，都像戏曲音乐一样，显示出序幕、高潮和尾声，气韵生动、韵律和谐。本质上是时间进程的流动美……体现出一种情理协调、舒适实用、有鲜明节奏感的效果，而不同于欧洲或伊斯兰以及印度建筑。

伊东忠太也说："中国建筑之美，为群屋之联络美，非一屋之形状美也，主屋、从屋、门廊、楼阁、亭榭等大小高低各异，而形式亦不同，但于变化之中有一脉之统一，构成浑然雄大之规模。"

图 4-12　渐入佳境（豫园）

德国大诗人歌德的名言是“建筑是一种冻结的音乐”，这是因为“建筑所引起的心情很接近音乐的效果”，呈现出强烈的节奏感和乐律美。

中国的艺术都讲究含蓄美，避免直露，而是欲扬先抑，渐入佳境（图 4-12）。苏州文人山水园特别注意“蕴秀”，将秀丽的景色积聚、蓄藏起来，类似于《文心雕龙》所说的“隐秀”，十分含蓄。

园门都设在小巷，山水园门每每低矮，仿佛不让人见，绝无典雅堂皇的大牌坊。入口处理颇费匠心。

苏州留园入口是先抑后扬的典型实例。留园此门很小，高不过 2.8 米左右，宽不过 1.7 米左右，朴素典雅，体现了苏州园林含蓄不事张扬的个性特色。从石库门入口至园中部“长留天地间”腰门一段曲廊，长仅 50 余米，一路曲折，空间或敞或幽，敛放得宜，并利用“蟹眼天井”，明暗交替、廊引人随，渐入佳境、引人入胜。“开卷可千古，闭门即深山”，进入了中部山水园。

这里空间处理堪为佳绝：门宕前方长廊依然深邃北延，廊西侧漏窗光影写地。正北面一字六孔漏窗，孔为吉祥图案，挡住了中部山水美色，但“素壁写归来；青山遮不住”，从洞门洞窗望西，唯见庭园深深深几许。通过曲廊的开阖与庭院空间的流线布局，大小、明暗、起伏等对比手法的运用，起、承、转、合，犹如一部时而委婉动人，时而浅酌低唱、抑扬顿挫、引吭高歌的乐章，使游园者的视线不断变化、不断调整，到达山水园主景，构成一幅楼台参差，花树繁荫的园庭长卷。

同样，从“曲溪楼”到“林泉耆硕之馆”，也全为大小不同、景色各异的建筑庭院空间，彼此之间的联系有串联、并列、相套、变幻而又多样。以上建筑空间序列的变化特征，诸如变化大小、对比强烈等与音乐音素的强弱、高低、缓急、距离、间歇等确有着共同的韵律。

柳暗花明。园林着意追求“山重水复疑无路，柳暗花明又一村”的艺术效果，“安知清流转，忽与前山通”“青山缭绕疑无路，忽见千帆隐映来”使感觉的形象与视觉的形象有机结合在一起，构成一幅优美动人而又奇妙的画面。

苏州留园内虚实映带、层层相套的格局，常于似乎山穷水尽处，见柳暗花明又一村（图 4-13）。或见“别有天”小门，信步入内，曲折前行，果见偌大一处山林景区，产生了强烈的审美惊喜。景物奥旷交替，造成境界层深、若不可测。

英国建筑理论家查尔斯·詹克斯在《中国园林之意义》中说：“中国园林作为一种线性序列而被体验的、使人仿佛进入幻境的画卷，趣味无穷……内部的边界做成不确定和模糊，使时间凝固，而空间变成无限。显而易见，它远非是复杂和矛盾性的美学花招，而是取代仕宦生活，有其特殊意义的令人喜爱的天地——它是一个神秘自在、隐匿绝俗的场所。”

图 4-13　又一村（留园）

日本学者横山正在《中国园林》中描述："花园也是一进一进套匣式的建筑，一池碧水，回廊萦绕，似乎已至园林深处，可是峰回路转，有时一处胜景，又出现了一座新颖的中式中庭，忽又出人意料的出现一座大厦。推门而入，又有小小庭院。像这里已到了尽头，谁又知出现一座玲珑剔透的假山，其前又一座极为精致得厅堂。……这真好似在打开一层层的神秘的套匣。"

"神秘的套匣"靠的是巧妙的隔景。苏州园林讲究曲折藏露，用围墙、土岗、假山、树木、复廊等作为间隔，形成"曲径"。曲径长于直线，景的掩映、物的错综，增加了景象层次，扩展了空间深度，提高了空间利用率，使"步移景异"，增加了审美享受的时间。

所以，美学家认为，"径莫便于捷，而又莫妙于迂""景贵乎深，不曲不深"。"安知清流转，忽与前山通""青山缭绕疑无路，忽见千帆隐映来"，达到"山重水复疑无路，柳暗花明又一村"的艺术效果，有尽变奇穷之趣。所以沈复《浮生六记》卷二说：

若夫园亭楼阁，垒石成山，栽花取势，又在大中见小，虚中有实，或藏或露，或浅或深，不仅在周回曲折四字。

苏州园林还善于把景物美的魅力蕴含在强烈的对比之中，景物奥旷交替，造成境界层出、深不可测。奥是幽僻曲折，旷是平远疏朗。

拙政园中部，建筑系列主次分明，“远香堂”居中心主位，位于中园南北向主对应线和东西向对应线上，并以南北东西向的平行次对应线烘托，其他建筑香洲、荷风四面亭对之呈宾主揖拱之势。回廊曲桥，紧而不挤。远香堂北，山池开朗，池中三岛东西排开，展高下之姿，兼屏障之势。疏中有密、密中有疏，弛张启阖、两得其宜，给人旷远之感。

从远香堂西行通过倚玉轩曲廊折西，到达一个曲折变化的水院，有小飞虹、小沧浪、旱船。这是半开敞的小空间。

出拙政园旱船“香洲”后舱门，过西半亭，步上“柳阴路曲”，到“见山楼”，这是一个高视点的观赏点，“赖有高楼能聚远，一时收拾与闲人”，在此，可纳千顷之汪洋、收四时之烂漫，这也是一个开敞的大空间。

“见山楼”东侧，过一座三曲桥，来到北部后山花径，这里芦苇摇曳、溪水潺潺，具有水乡特色，是个封闭的小空间。

绕过溪水向南，从“梧竹幽居亭”渡桥西行，折入池中陡而高的北部假山主山“雪香云蔚”，居高临下，又一个高视点，中园景色一览无余。这又是一个开敞的大空间。

入“远香堂”东侧圆洞门，走进“枇杷园”，折进“听雨轩”“海棠春坞”等连续几个封闭式的小院空间，旷如奥如、交替相间，极富节奏感和抒情色彩。

明唐志契《绘事微言》云：

丘壑藏露，更能藏处多于露处，而趣味无 尽；盖一层之上，更有一层，层层之中，复藏一层。善藏者未始不露，善露者未始不藏，藏得妙时，便使观者不知山前山后、山左山右，有多少地步……若主露而不藏，便浅而薄。……景愈藏，景界愈大，景愈露，景界愈小。

网师园深得藏露之妙。进山水园“网师小筑”小门，曲廊轩馆，小山丛桂轩、蹈和馆和琴室、牡丹园一区，建筑体量都比较小，空间狭窄封闭，走廊蟠螭宛转，环境幽深曲折，是为藏景。

循廊北上，经一段低小晦暗的“樵风径”达中部，池水荡漾、顿然开朗，以暗衬明、欲歌先敛。

再从爬山廊北端进“潭西渔隐”，又见一封闭式“殿春簃”小园。循小园东侧边廊往东，逐一走进“看松读画轩”“集虚斋”“五峰书屋”，都为幽闭式的静谧空间。直到从五峰书屋循廊回到竹外一枝轩，中部之景再次凸现。

难怪清人钱大昕感叹：“地只数亩，而行迂回不尽之致；居虽近廛，而有云水相忘之乐。柳子厚所谓‘奥如旷如’者，殆兼得之矣。”

大型的皇家园林根据不同的需要及地形特点划分景区，“庭院深深深几许？杨柳堆烟，帘幕无重数”，通过隔景、障景、引景、对景等“无重数”的“帘幕”，园中有园、景中有景，湖中有岛、岛中有湖，虚虚实实，景色丰富多彩、空间变化多样。

已故的苏州构园名家沈炳春先生，在长期的构园实践中，创立了“一分钟游程”、1:2.5~1:3.5 理想画面和“构景曲线”等观点，掌握这些法则与技巧，环境布局则畅达自如，建筑虽多而不见拥塞，山池虽小而不觉局促。“一分钟游程”，就是游人经过一分钟或快到一分钟的游程，前面应该有另一个景点出现在游人眼前，如此则绝不会产生审美疲劳。

## 四、因借之巧　俯仰顾盼

园景布局在“引导、诱发、屏蔽、开合、隐显、藏露、有组织地进行景境的意匠和总体规划”[①]时，有效地运用“借景”原则至关重要。

借景，就是利用自然地形和环境的特点来组织空间，巧用匠心精心布局，以最少的人工和最小的改造来达到最大的效果和最高的意境，是园林突破空间的一种手法。避暑山庄等山庄园林和郊外园林，都是善于因借大自然的范本。

基本原则是“得景则无拘远近，晴峦耸秀，绀宇凌空。极目所至，俗则屏之，嘉则收之，不分町疃，尽为烟景”[②]。这就要有计成《园冶·借景》中说：

> 夫借景，园林之最要者也。如远借、邻借、仰借、俯借、应时而借。然物情所逗，目寄心期，似意在笔先，庶几描写之尽哉。
>
> ……园林巧于因借……因者：随基势高下，体形之端正，碍木删桠，泉流石注，互相借资……借者：园虽别内外，得景则无拘远近，晴峦耸秀，绀宇凌空；极目所至，俗则屏之，嘉则收之，不分町畽，尽为烟景，斯所谓‘巧而得体’者也。

① 张家骥：《中国园林艺术大辞典》，山西教育出版社 1997 年版，第 322 页。

② 《园冶・兴造论》，中国建筑工业出版社 1998 年版，第 47~48 页。

远借是借园外之景。园林中高视点的楼阁，都可借眺远景。网师园的“撷秀楼”，当年“凭槛而望，全园在目，即上方浮屠尖亦若在几案间，晋人所谓千崖竞秀者，俱见于此，因以撷秀名楼”[①]。晋人指顾恺之。《世说新语·言语》篇载：“顾长康（顾恺之字）从会稽还，人问山川之美，顾云：‘千岩竞秀，万壑争流，草木蒙笼其上，若云兴霞蔚’。”突出了远借之景。登楼西望，可见城西天平、灵岩诸山，秀色可揽，丰富了园景，增加了园趣。远借，可通过有限，看到“江流天地外，山色有无中”无限之景。清代苏州山塘冶芳浜内的清华园，“登清华阁，左右眺望，吴山在目，北为阳山，南为穹窿，浮屠隐见知为灵岩夫差之故宫也；虎阜峙后，参差殿阁，阖闾穿葬所也；其他天平、上方、五坞、尧峰诸属，俱可收之襟带。”[②]木渎羡园之危亭敞牖，玩灵岩于咫尺。

登高既可远借，也可近瞰，是谓俯借。如苏州常熟市的赵园，临池北望，可仰眺园外“青天一角见高山”，俯视槛前“一桁青山倒碧峰”，将远出高耸的峰峦、佛塔映显于园池之中，甚得俯借之妙谛。

当然，远借之景，必须遵循“俗则屏之，嘉则收之”的原则，这就需要在营构规划时的“巧”安排了。如果有有碍观瞻的“俗”景，必须设法用浓密的树丛等遮挡。

“倘嵌他人之胜，有一线相通，非为间绝，借景偏宜”，可称邻借。如补园“宜两亭”，把隔墙拙政园中部之景尽收眼底。园林中的漏窗、洞窗都是邻借原理的很好运用。声借、镜借等也是一种“邻借”，林荫莺歌、山曲樵唱、隔岸马嘶、邻庙晨钟、远刹暮鼓、墙外橹声等都是声借。

对景在园林中起联结作用，位于园林轴线及风景视线的端点。如苏州拙政园“枇杷园”云墙上的砖砌圆洞门与“嘉实亭”“雪香云蔚亭”三者同处在一条视线上，并通过圆洞门联系前后佳景而构成了极为成功的隐蔽对景，使枇杷园与其他景象组群之间紧密联系在一起。

借助某种空间景象在特定的时间里的审美特点和意趣，进行景境的创造，称“应时而借”。唐白居易的庐山草堂“春有‘锦绣谷’花，夏有‘石门涧’云，秋有‘虎溪’月，冬有‘炉峰’雪，阴晴显晦，昏旦含吐，千变万状。”[③]景物在时空中不断变化，随时可以造景成境。

其实，就如张家骥在《园冶全释》中所说：

任何一处景境的创作，都应是构成园林完美而和谐的整体部分，不论是由外望内，由内望外；自上瞰下，自下仰上；由远瞻近，由近眺远，无不具诗情而有画意。必须从人和人的视觉活动的审美要求，通过时空融合的整体环境，体现出自然山水的精神和意境，这就是“互相借资”的意义。

① （清）俞樾：撷秀楼跋。

② （清）沈德潜：《清华园记》民国《吴县志》卷39上载王稼句编著《苏州园林历代文钞》，上海三联出版社2008年版，第98页。

③ （唐）白居易：《庐山草堂记》。

## 五、意境之美　如坐春风

建筑是一种表现性抽象性象征性艺术，是用建筑特有的艺术语言表达境界。1932 年，梁思成、林徽因在《平郊建筑杂录》中首先提出了“建筑意”的概念，他们说，古建之美的存在，“在建筑审美者的眼里，都能引起特异的感觉，在‘诗意’和‘画意’之外，还使他感到一种‘建筑意’的愉快……”

真正杰出的建筑，是有思想的。它所渲染的，是一种感情、一种格调、一种思想、一种心灵的震颤。如果说，轮廓是建筑的形体，材料是建筑的生命，光影是建筑的表情，细节是建筑的品位，那么意境便是建筑的思想、建筑的灵魂。有风骨的建筑，往往具有鲜明的精神性和指向性，甚至会深刻地影响一个民族的精神内核和文化灵魂。

中华宅园建筑具有抒情写意的艺术个性，具有丰富的文化内涵，显得意境隽永，展示了一种理想美的人生境界。“意境”是对“意象”的一种哲学化或形上化。

如园林舫舟的“意境”。

《易》曰：“刳木为舟，剡木为楫，舟楫之利，以济不通。”舟楫济川造福于天下苍生，遂为儒家“入仕济民”的象征媒介。孟浩然以“欲济无舟楫”，委婉地希望得到丞相张九龄的援引；李白幻想着“长风破浪会有时，直挂云帆济沧海”。

文人园内的舟舫，表现最多的是回归江湖、洁身自好、心灵自由或廉洁自律的意境。

孔子在其道不通的时候，曾感叹要与子路一起“乘桴浮于海”。乘桴舟以沐清风，成为隐居象征。政治改革失败后的柳宗元，就想当“孤舟蓑笠翁”。苏州怡园“画舫斋”有集辛弃疾词联曰：“还我渔蓑，依然画舫清溪笛；急呼斗酒，换得东家种树书。”

园林旱船或名“不系舟”，取自《庄子・列御寇》，象征精神绝对自由、逍遥的人生，若漂浮不定没有拴系的小船，宣扬具有哲学意味的超功利的美的人生境界，它可以产生画舫荡漾、穿越于丛山野水之中的意境。绿蓑青笠的烟波钓徒，潇洒无拘，任情所为，举止随兴，那就是“雪夜归舟”的意境。东晋王子猷雪夜访戴，造门不前而返，兴之所至，放荡任性。明张宁在方洲草堂筑舫屋，“譬诸剡溪夜泛，苟未及门而遽回，则归与兴复不减，名之曰雪夜归舟。”

拙政园临水船舫“香洲”，“香飘杜若洲”，采而为佩，爱人骚经。偕芝与兰，移植中庭。取以名室，惟德之馨。畅园旱船“涤我尘襟”，也反映隐逸出世、洁身自好的清高意趣。

清李渔在南京构小园名“芥舟”，取《庄子・逍遥游》：“覆杯水于坳堂之上，则芥为之舟，置杯焉则胶，水浅而舟大也。”芥即小草，比喻“小舟”，极称园之小，反映出中华民族知足常乐、自我满足的心理。

所以作为在职官员教育基地的沧浪亭旱船名“陆舟水屋”、出于文人官员之手的拥翠山

图 4-14 月驾轩（拥翠山庄）

庄“月驾轩”（图 4-14），都化用晋张融舟的典故《南齐书·列传第二十二》：“融假东出，世祖问融住何处？融答曰：‘臣陆居无屋，舟居非水。’后日上以问融从兄绪，绪曰：‘融近东出，未有居止，权牵小船于岸上住。’”表示其清心寡欲，不求富贵。

书院园林可园旱船名“坐春舻”，坐落在水池西岸，建于道光七年（1827 年），如一小船浮于水上，船头朝东，船尾接廊，实为一间小轩（图 4-15）。“坐春”含义应该是“如坐春风”，如同沐浴在和煦的春风里，比喻遇到良师，得到教益或感化。见宋朱熹《伊洛渊源录》卷四：“朱公掞见明道于汝州，逾月而归。语人曰：‘光庭在春风中坐了一月。’”宋朝程颢的弟子朱光庭听老师讲课如痴如醉，因而回家逢人便夸老师讲学的精妙，他说：“光庭在春风中坐了一月。”比喻同品德高尚且有学识的人相处并受到熏陶，得到教益或感化，就像受到春风的吹拂一般。

寺庙园林中的旱船，则有超度众生到彼岸世界去的宗教意义。佛教称佛以慈悲之心度人，使人脱离苦海，犹如航船之济众，《摩诃般若波罗蜜多心经》：“佛方以宝筏渡迷津，超苦海。”所以往往喻称为“宝筏慈航”。明代安氏西林中的旱船称“一苇渡”，象征古代印度人禅师达摩以一苇为舟，渡江传教。

可见，“旱船”作为园林一个单体建筑，其形象及意境内涵都紧密地结合园林主题意境。

造型别致的扇亭，平面采用折扇形。折扇又名蝙蝠衫，是日本人见蝙蝠翅膀的开合发明的，所以具有“蝙蝠”符号的福寿德善美仁的象征，又具有“扇子”在中国文化中的“多施仁政，扬仁义之风”的含义，扇面亭的文化意境就十分丰富了。

图 4-15　坐春舻（苏州可园）

苏州补园（今拙政园西部）主人张履谦为纪念靠卖折扇起家的历史，在假山拐弯处筑“与谁同坐轩”折扇形亭，该亭面对一湾流水，轩后山顶一笠亭，真如天造地设一般。轩额取意宋苏轼《点绛唇・闲倚胡床》词：“闲倚胡床，庾公楼外峰千朵，与谁同坐？明月清风我。”只与明月清风为伍，表现出孤高的气质。周瘦鹃先生曾赋《苏州好・调寄望江南》一词，写出了超逸的韵致：“轩宇玲珑如展扇，与谁同坐有知音。于此可横琴。”意境灵动，但其原意表示不忘本。

皇家园林扇面亭如颐和园扬仁风，都取扇扬仁义之风，故突出扇骨（图 4-16）。

古猗园中傲然于山巅的方亭，飞翼凌空，色调柔和瑰美，三角高翘的戗角均塑有高举的拳头，独缺东北一角，名为缺角亭，建于 20 世纪 30 年代“九・一八”事变之后，以志不忘东北沦陷，并表示反抗侵略和收复失地的决心。今人瞻仰此亭，便能“居安思危励精图治，盘游有度好乐无荒”。

苏州光福香雪海梅花丛中的梅花亭，形如梅花，亭内所有装饰也尽是梅花，铺地为梅花纹、藻井为层层梅花，梅花石柱、石栏、屋瓦也全作梅花瓣形。亭高两丈有余，上下错采，如翚斯飞，玲珑典雅。亭顶是无数朵小梅花烘托着一朵大梅花，顶置一铜鹤，使人联想到宋代以“梅妻鹤子”闻名于世的高人林和靖的风采，意境尽出。鹤下置轴承，风吹鹤转、生机盎然，真假莫辨。

南浔小莲庄荷池西岸的“净香诗窟”，是主人与文人墨客吟诗酬唱之处，厅内以“升斗”为藻井（图 4-17、图 4-18），别具一格，称升斗厅，意在用谢灵运所称誉的曹植“才高八斗”衡量人之才华。宋无名氏《释常谈・八斗之才》：“文章多，谓之‘八斗之才’。谢灵运尝曰：

图 4-16　扬仁风（颐和园）

图 4-17　升藻井（南浔小莲庄）

图 4-18　斗藻井（南浔小莲庄）

‘天下才有一石，曹子建独占八斗，我得一斗，天下共分一斗。’”与此相应的是，净香诗窟厅屋顶垂脊上都有八仙堆塑，意味“八仙过海，各显神通”。不仅在建筑学上是“海内孤本”，而且正如陈从周先生所称，是“有性格的建筑，有品位的艺术”。

## 小结

作为“多元一体”的中国古代建筑中的主体——木构架建筑体系，成熟得最早的是南方，南方的原始初民为了生存的需要，最早采用了巢居基本居住方式。《庄子・盗跖篇》：“古者，禽兽多而人民少，于是民皆巢居以避之。昼拾橡栗，暮栖木上，故命之曰有巢氏之民。”“南越巢居，北朔穴居，避寒暑也。”[①] 南方潮湿的地区较早从巢居发展到干阑式建筑，促进了穿斗结构的诞生和发展。

园林是由山、水、建筑、植物和各种文学艺术等元素，构成的有机审美系统，营构成园林美的空间意象，进而使人领悟深度的美感即“美的哲学”境界，构成园林的美学意蕴。就园林总体而言，中华园林建筑与欧洲古典园林以建筑为中心、不惜使自然建筑化不同，它在园林中居于次要地位，往往表现出建筑自然化的特点。从局部讲，建筑又往往成为景域构图的中心。

中华宅园单体建筑，以其优美的造型、隽永的意境和体现中华礼乐文化的布局，成为中华文化的载体，形象地诠释了中华儒道释文化的基本内涵。

中国高度成熟的木构架建筑技艺的技术惯性和文化上的凝聚力向心力，在本质上始终保持自己固有的特色。历史上，西方建筑文化始终没有成为中国建筑文化的主流。

① （西晋）张华撰，范宁校注：《博物志・五方人民》，中华书局 1980 年版，第 12 页。

# 第五章

# 建筑小品　美丽符号

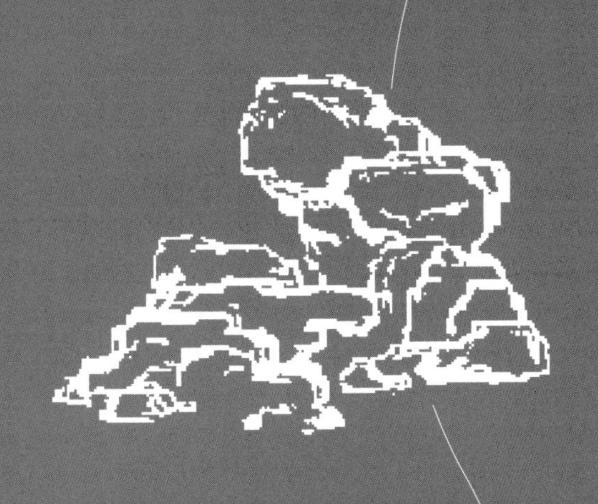

小品，原为一种文体的名称，凡属随笔、杂感、散文一类的小文章统称为小品。建筑中称之小品的就是指具有功能的小的艺术品。本章专指从属于宅园单体建筑既有功能要求，又具有点缀、装饰和美化作用的照壁、门枕石、宅门、墙门、花园门、门宕、窗（花窗、木窗）以及雕刻、堆塑、花街铺地等。它们都没有内部空间，体量小巧、功能简明、造型别致、富于神韵。既能美化环境，丰富园趣，为人们赏景休憩方便，又能使人从中获得美的感受和良好的教益。

## 第一节　建筑序言　门第符号

位于住宅的前导空间、装饰性与实用性兼备的照壁，我们称之为建筑的“序言”。照壁具有建筑学和人文学的重要意义，有很高的建筑与审美价值。

住宅大门两侧的门枕石和住宅大门，既是非富即贵的门第符号，又有防盗、防火等使用功能。

私家花园门则每每低矮，不让人见，内向含蓄、不事张扬。

### 一、避外隐内　祈福雅韵

中国式建筑布局中，一般要在庭院、府邸的门前加建照壁。何谓照壁？大门内外饰以浮雕的墙壁，也称影壁墙。照壁作为汉族建筑中重要的单元，它与房屋、院落建筑相辅相成，组合成一个不可分割的整体。

影壁的名称根据位置和平面形式而定，有座山影壁、一字影壁、八字影壁和撇山影壁之分。

位于大门内的内照壁，在院落一进门处的正对面，古称萧墙。萧墙本来是指古代国君宫殿大门内面对大门起屏障作用的矮墙，又称“塞门”“屏”。萧墙的作用，在于遮挡视线，防止外人向大门内窥视。《论语集解》转引郑玄的解释说道：“萧之言肃也；墙犹屏也，君臣相见之礼，至屏而加肃敬焉，是以谓之萧墙。”萧墙之内就是宫室，臣子进入宫室晋见君王首先要经过萧墙，在此需要整理仪范，换为严肃尊敬的态度，萧墙也因此借指内部。

成语“祸起萧墙”典出《论语·季氏》，当时的季孙氏是鲁国最有权势的贵族，把持国政、专横一时。季孙氏想要攻打小国颛臾，以扩大自己的势力。孔子听说后，认为季孙之忧不在外部，而在“萧墙之内”，即在鲁国国君鲁哀公的宫内，意思是鲁哀公不会坐视季孙氏的专横跋扈，会寻机惩治季孙氏的。因此，后世用祸起萧墙来比喻祸患起于内部。

外照壁，顾名思义位于大门外，也有与大门隔河相对的外照壁。外照壁平面呈“一”字形的，叫一字照壁（图 5-1）；平面呈梯形的，称雁翅照壁；平面呈“八”字形的，叫八字照壁。

图 5-1　一字照壁（义乌桃花源）

有的照壁将两边向内收进的部分壁顶降低，使整座照壁形成一主二从的形式。也有的干脆将照壁分成 3 段，中间大、两边小，有主有从，避免了照壁过长而缺乏变化的缺点。

还有一种位于大门的东西两侧，与大门槽口成 120° 或 135° 夹角，平面呈八字形，称作“反八字照壁”或“撇山照壁”，为进出大门的缓冲之地。在反八字照壁的烘托陪衬下，宅门显得更加深邃、开阔、富丽。

根据所用材料不同，影壁分为：

琉璃影壁，主要用在皇宫和寺庙建筑，最具代表的是故宫和北海的九龙壁。北海公园的九龙壁，原属明代离宫的一座影壁（图 5-2）。它由彩色琉璃砖砌成，两面各有蟠龙 9 条。影壁的正脊、垂脊、筒瓦等处还雕有许多小龙，大小龙共计 635 条，可谓洋洋大观。九龙壁的意义：数至九九，壁长为暗九。龙是中华民族的图腾，有消灾弭祸、镇宅、平安、吉祥、

图 5-2　九龙壁（北海）

财运等含义。九龙的形体有正龙、升龙、降龙，翻腾自如，九龙腾飞，神态各异。正龙威严、尊贵，降龙则温文尔雅，寓意群贤共济。

青砖影壁、砖雕影壁，大量出自民间建筑中，是中国传统影壁的最主要形式。其中一些影壁的须弥座采用石料雕制，但极其罕见。

石影壁很少见，北海公园的铁影壁完全用石头雕制的；

木制影壁，由于木制材料很难承受长久的风吹日晒，一般也比较少见。

砖瓦结构或土坯结构，壁身完全披盖麻灰，素面上色，有的还雕嵌砖材图案或文字，这一类影壁也不在少数。

照壁大多建有飞檐，具有飞动的美感，壁周绘有各种彩色图案。在照壁的中间区域称为照壁心的地方，绘制有各种式样的山水图画，或镶嵌精美的大理石图案，或题写寓意美好的诗词歌赋，象征吉祥的字样。内容主要以花草、动物、神话人物故事、文字、器物等相互组合，以谐音、象征、会意的方式，体现趋吉避邪、福禄寿喜财的吉祥寓意图案和体现士大夫琴、棋、书、画（四艺）和岁寒三友风骨的雅文化，使照壁显得高雅秀丽，文气盈盈。营造了一种和谐、安谧、幽静的环境。简单一点的影壁可能没有什么装饰，但也必须磨砖对缝非常整齐。

影壁彰显门第，是地位和身份的标志之一。据西周礼制规定，只有王家宫殿、诸侯宅第、寺庙建筑才能建筑影壁。随着时间的推移，影壁的使用范围被逐渐扩大，古代的官宦人家、富贾豪绅也纷纷在家中建置了影壁，但仍然是高下贵贱等级区分的标志。设置什么样的影壁，依然有着严格的等级区别，不可僭越。

照壁前面院落中，一般还用大理石砌成花台，内栽花木，花台上还要放置各种盆景。照壁花台内栽松、竹、梅、兰等花木，松、竹、梅为“岁寒三友”，“兰”之品性甚似君子，“雪霜凌厉而见杀，来岁不改其性”，成为失意文人和不愿与统治者同流合污者的人格象征。幽兰之慎独，又如山中隐士，名在山林处士家。

照壁所以称影壁，“隐”就是要挡住自己或外人的身影，避外隐内，避免外界直视，保证了私密性。风水讲究导气，认为曲吉直煞，气不能直冲厅堂或卧室，否则不吉，照墙呈不封闭状，为的就是阻挡“煞气”。藏风聚气，升聚院内人气，阻挡院外的鬼邪之气，并保持“气畅”。清风徐来，风柔气聚，缭绕有情。在建筑学上，照壁也增加了建筑本身的层次感。

网师园有前庭园，拙政园、艺圃、退思园等都有八字照墙，耦园门前原也有八字照墙。大门内往往置有屏风，屏风占地面积小又容易灵活移动，作为化解外煞的工具运用甚广。屏风可以用玻璃屏风、雕镂屏风、书画屏风等。

屏风有三大作用：改变门位、分割空间、保护隐私。大门如果正对走廊或通道，其形如利剑穿心欲入，这样的格局叫穿心剑。屏风可以收到改门之效，避其锋芒。

## 二、非富即贵　门望象征

门枕石俗称门墩、门座、门台、镇门石等。宋代的时候，一般称门砧。位置在大门正门两边垂直边框的底部，起到支撑门框、承受门轴作用的一个石质的构件。

门枕石一头在门外，一头在门内，中间一道凹槽供安置门的下槛，门内部分上面有一凹穴，学名“海窝”，有的为了更好地承受门下轴对石砧的磨损，在海窝中安一小块金属铁，在铁块上有一半圆形的凹穴以承托门轴，称“铁鹅台”。门内的部分稍短，供门轴转动之用，是承托构件。门外的部分相对较长，是平衡构件，被加工雕成方圆样式。古时候的门没有铰链、合页等，是靠门枕和连楹（宋代称鸡栖木）来固定门扇的，它不仅能承受和平衡门扉的重量，还具有强固门框、保证柱子不遭受腐蚀、不下沉等建筑功能。

门枕石构件不大，宋代《营造法式》（公元1103年出版）里也特别对门枕石作了具体规定："造门砧之制：长三尺五寸，每长一尺，则广四寸四分，厚三寸八分。"

《营造法式》还提供了两幅长条形的门砧的图像，各类建筑大门的门枕石都是这样的形式，所不同的在于大小的区别和门枕石上装饰的形态与多少。

后来为了区分门第，便加大门的面积，门外枕石部分也相应地扩大突出，头部越做越高，以致后来用料用工远远超过门枕的实际功能作用，并出现了箱型和类似鼓状的方圆两类。门枕石逐渐附加上社会等级语义，成为"非贵即富"的门第符号，是最能标志屋主等级差别和身份地位的外在标志和装饰艺术小品。

方形的石座门枕石，是最简单的一种门枕石形式，石座有高有低，也有做成两层石座相叠者，在石座表面多有雕饰装饰。圆形石鼓门枕石最为常见，这类门枕石常用花叶托抱，又称抱鼓石（图 5-3）。

门枕石为何雕刻成石鼓状，目前尚未发现古籍上的有关记载。流传在民间最多的一种说法是和尧舜有关。古人多把早期历史上的尧、舜时期作为政治上的开明时期，百姓安居乐业，信息传达通畅。《淮南子》卷九《主术训》载：

古者天子听朝，公卿正谏，博士诵诗，瞽箴师诵，庶人传语，史书其过，宰彻其膳。犹以为未足也，故尧置敢谏之鼓，舜立诽谤之木，汤有司直之人，武王立戒慎之鼗，过若豪氂，而既已备之也。

东汉高诱注："欲谏者击其鼓。"古代天子上朝听政，有公卿正面进谏，博士朗诵读歌，乐师规劝告诫，平民百姓的街市议论由有关官吏报告君主，史官记载天子的过失，宰臣减少天子膳食以示思过。尽管这样，天子对这些监督仍嫌不足。所以尧设置供进谏者敲击的鼓，舜树立了供人们书写意见的木柱，汤设立了监察官员，武王备用了警诫自己谨慎的摇鼓，哪怕出现细微的过失，他们都已做好了防备的措施。

《说文》："鼓，击鼓也。"谏鼓是指朝廷为听取百姓意见，在朝廷大门设一大鼓，百姓有事可击鼓要求进谏。中国古代击鼓升堂、击鼓定更等已经形成了官制的行为特征，鼓成了官衙的符号。后来把圆鼓立于门枕石上作装饰，依然存有官衙门前升堂击鼓遗意，象征官宦之家，同时也带有欢迎来客的象征意义。

捐官政策为商人扩充政治资本的同时，也为抱鼓石花落商家大户奠定了礼制基础。清亡之后，宅第建设等级限制取消，于是一般富贵人家也都置抱鼓石以彰显门第。

抱鼓门枕石分上下两部分，下面是须弥座，上面是石鼓。须弥座由上下枋、束腰和底下的圭角组成。座上对角铺着一块雕有花饰的方形布垫，讲究的还在座上用仰覆莲花瓣雕饰，座面的垫布上有一个鼓托，形如一张厚垫，中央凹下承托上面的圆鼓，两头反卷如小鼓，俗称小鼓。上面的圆鼓形象逼真，中间鼓肚外突，鼓皮钉在圆鼓上的钉头都表现得很清楚。

图 5-3　汉白玉门枕石（苏州天平山庄）

抱鼓石装饰雕刻部位可分为鼓座、鼓面、鼓顶 3 部分。门墩借助人物、草木、动物、工具、寓言、几何图案，表达了建筑者们希望长寿、富贵、驱魔、夫妻美满、家族兴旺等美好心愿。

人物用刘海戏金蟾的比较多。金蟾为三足大蟾蜍，得之者无不大富。外号海蟾子的仙人刘海，手执串钱绳子戏钓金蟾或刘海洒钱。明《六砚斋笔记》："黄越石携来四仙古像……为海蟾子，哆口蓬发，一蟾玉色者戏踞其顶，手执一桃，莲花叶，鲜活如生。"民间传说的刘海，原是个穷人家的孩子，靠打柴为生。他用计收服了修行多年的三脚金蟾，使其改邪归正，口吐金钱给需要帮助的人们，后来人们就把三脚金蟾当成旺财的瑞兽，刘海也因此得道成仙，成为全真道祖师。刘海戏金蟾，金蟾吐金钱，他走到哪里，就把钱撒到哪里，救济了无数穷人，人们敬奉他，称他为"活财神"。金钱代表富贵，蟾是多产多育的象征，含义为富贵多子。宋代词人柳永有"贪看海蟾狂戏，不道九关齐闭"的诗句，所以刘海戏金蟾也象征着财源茂盛、汲取不断。

抱鼓石的鼓面动物装饰中，狮子占有重要地位。有三狮戏球（三世戏酒）、四狮同堂（四世同堂）、五狮护栏（五世福禄）、九狮（世）同居等图案；鼓顶上面一般也雕成狮形，有站狮、蹲狮或卧狮。其他动物装饰纹样有白猿、麟、凤、鹿、猴、鹤、鹊、蝙蝠（福）、羊（祥）、鱼（富裕）等祥禽瑞兽（图 5-4）。

狮子生于非洲和亚洲的西部，它的吼声很大，有"兽王"之称。佛教中比喻佛说法时震慑一切外道邪说的神威叫"狮子吼"[①]。传说佛祖释迦牟尼诞生时，一手指天，一手指地，作狮子吼云："天上天下唯我独尊。"从此狮子被逐渐神化，成为佛教中的护法神兽和释迦牟尼左胁侍，文殊菩萨乘坐的神兽，佛教视狮子为"勇猛精进"，寓意神圣、吉祥。

随着佛教的中国化，衍为镇守宅门的神兽，与中国帝王时代最高官职太师和少师联系起来。

狮子滚绣球的造型据说渊源于南朝元嘉二十二年（445 年）与南方林邑国发生的一场战争。宗悫为先锋，他在战事连连受挫后想出了一条妙计，命令部下雕刻木块，制作成狮子头套，戴上面具，复披上黄衣，敌方以为是真狮子冲过来了，败阵而逃，宗悫大获全胜。这种作战方法流传民间，并逐渐增添了狮子舔毛、搔痒、打滚等可爱的动作，并演绎为狮子送祥瑞的习俗。

① 见《维摩经·佛国品》。

“狮”与“事”“嗣”谐音，雌雄双狮与幼狮三狮争球，象征“好事成双”“子嗣昌盛”，合家喜庆幸福。

图 5-4 三狮滚绣球门枕石（网师园）——抱鼓石一面饰三狮滚绣球浮雕，一面饰拟日纹

白猿偷桃的故事，基于原始的植物崇拜。古人认为桃有驱鬼辟邪的作用，因有桃符、桃人、桃汤、桃木剑等，以御凶鬼。桃为长寿的象征，桃子在神仙世界中，有仙桃、寿桃之称。《神农经》：“玉桃服之长生不死。若不得早服之，临死服之，其尸毕天地不朽。”寿桃之桃，为西王母的蟠桃，传说西王母瑶池所种蟠桃为桃中之最。蟠桃 3000 年一开花，3000 年一结实，食一枚可增寿 600 年。传说云蒙山中白猿之母患病想吃桃子，白猿十分孝敬母亲，偷偷去仙桃园中摘桃，不料被看守桃园的仙人孙真人捉住。白猿为了治母亲的病哀求孙真人，孙真人被他的一片孝心所感动，放走白猿。白猿之母病愈，让白猿将一部兵书赠送给孙真人。从此，“白猿偷桃”就成了祝愿老年人寿长万年的象征。

连年有余造型。“鱼”和“余”、富裕的“裕”谐音，象征吉祥富裕、美好。雕“莲”和“鱼”的图案象征着“连年有余”。雕鲤鱼跃于两山之间的流水之中，表示鲤鱼跳龙门，象征着仕途高升。

植物如：并蒂莲，象征并蒂同心、夫妻恩爱、形影不离、白头偕老；梅、兰、竹、菊“四君子”及灵芝、宝相花以及如意纹、卷草纹、祥云纹等纹样，表达着连生贵子、福寿吉祥的寓意，是花好富贵的象征。

## 三、门当户对 编竹为扉

住宅大门的形式林林总总、各有千秋。

“门虽设而常关”的大门，指住宅正门。传统的将军门，多见于南方官宦大户的宅门，于对称之中，透露着威严。门槛，又叫门挡、高门限，比普通门槛要高，门槛的高低代表的是一种身份，门槛越高表明该户主人的社会地位越高；来访的客人身份高，才开正门迎接，一般人员要走偏门，平时不开正门。

将军门上哪指“门当户对”？据姚承祖《营造法原》，南方的将军们的“门当户对”指的是两扇正门的边框，如图 5-5：

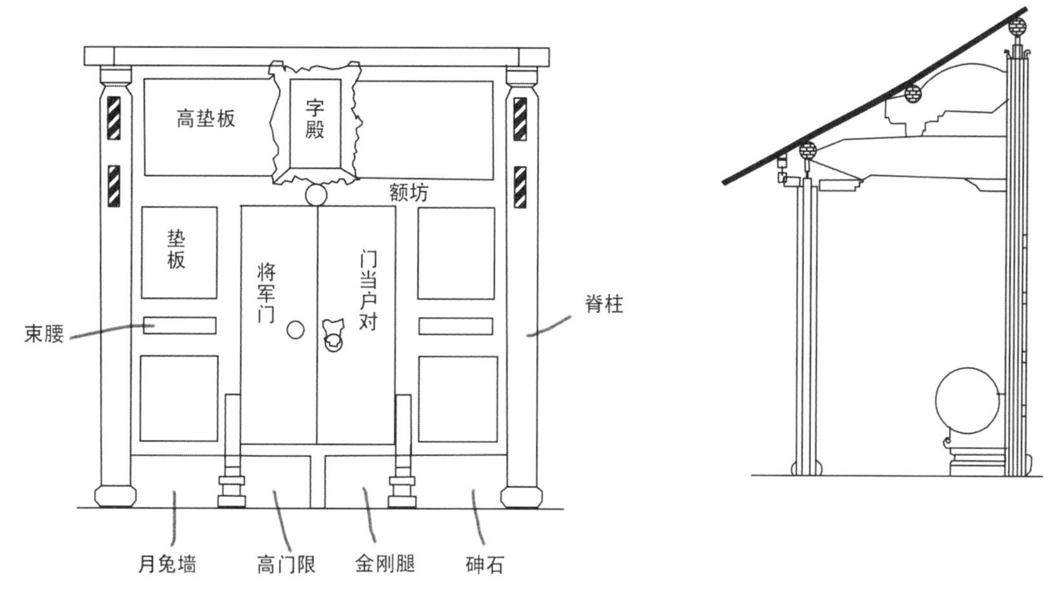

图 5-5　将军门及门第贴式图（《营造法原》插图八一一）

屋檐下枋库门系四方青砖拼砌在木板门上而成，嵌饰其上的梅花形铜质铆钉称鼓钉，俗称“浮沤钉”，“浮沤”。《义训》曰：饰金谓之铺，浮谓之沤，今俗谓之浮沤钉也，亦称“金钉浮瓯”。本义指水面上的泡沫，与水有关。发明者的灵感来自哪里？

一说春秋时为防止敌方火攻，在木构城门上包上铁板（一说涂上泥），并用戴帽的门钉固定。

《演繁露》载：公输班见水中蠡，遂象之立于门户，所谓钉也。“蠡”会意字，从彖（tuàn），从双虫。“彖”本义指猪嘴上吻部大于下吻部，并能半包住下吻部。引申为“包边”。“双虫”指很多木头蛀虫，如白蚁之类。“彖”与“双虫”联合起来表示“蛀虫群集在木柱上，像包边那样半包住木柱”。

一说与“椒图”即铺首同源，铺首，门扇上安装的兽面衔环。《后汉书·礼仪志》：“殷以水德王，故以螺着门上。则椒图之形似螺，信矣。”后世螺形演变为鼓状铜丁，即所谓“金沤浮钉”（图 5-6）。

门钉的数量有严格的等级规定。清代皇帝进出的大门均有纵九横九共 81 个门钉。取“九”这个数字；郡王、公侯等官府的门钉数则依次递减，清顺治九年（1652 年）规定“亲王府正门广五间，启门三……绿色琉璃瓦……每门金钉六十有三。”“世子府门钉减亲王九分之二”。九路门钉只有宫殿可以饰用，亲王府用七路，世子府用五路。因为“九”是最大的阳数，《易·乾》“九五，飞龙在天”，古代以“九五之尊”称指帝王之位。

图 5-6　金沤浮钉（乾清宫大门）

图 5-7　编竹为扉（苏州耦园）

可以看出，门钉数字都为奇数，奇数属“阳”，偶数属“阴”。紫禁城的四个城门中，午门、神武门、西华门的门钉均为纵九横九，只有东边的东华门门钉为纵九横八，共 72 颗，为偶数。清代大行皇帝、皇后、皇太后的梓宫皆由东华门出，故民间俗称“鬼门”“阴门”。

其实，真正的原因依然是基于五行相克，即以东华门与正殿太和殿的五行相生相克的关系：

故宫的宫墙四门与正殿太和殿的关系是一个正五行方位系统，它们之间存在着一定的生克关系，就宫殿来说，以吉为上，这是最重要的基本要求。南北轴线上是火克土、土克水的关系，即外生内，内克外，这样，生进克出为吉宅；而东西轴线是木克土、土生金的关系，即外克内、内生外，这样，克进生出则呈凶宅，而凶象中尤以木克土为甚。为了避凶化吉，我国古代建筑师运用阴阳五行相生相克的原理，将属木的东华门的门钉数变为纵八横九 72 颗，即把木化为阴木（偶数为阴），因为木能克土，然而阴木未必能克阳土。而横行还是九路，又不失帝王之尊。

苏州士夫宅第大门在清代往往喜欢用竹丝墙门，内敛而不张扬。建于晚清的耦园大门，前临码头，是六扇黑漆竹丝墙门，“编竹为扉，质任自然”，以表达竹篱茅舍心自甘的情愫，素朴雅致（图 5-7）。

北方皇家园林中经常采用垂花门式样，造型丰富、变化多样、彩绘装饰、雍容华贵，如颐和园长廊“邀月门”是其中的典型代表。

南方士大夫花园门则素雅简朴。明万历年，范仲淹第 17 代孙范允临为追念先祖，在天平山南麓傍山就水而建“天平山庄”，引泉为沼，架以石梁，馆阁亭榭随山势层叠面上，鳞次栉比，远望如画图中仙山楼阁，俗呼“范园”。据张岱《陶庵梦忆·范长白》记载：“园外有长堤，桃柳曲桥，蟠屈湖面，桥尽抵园，园门故作低小，进门则长廊复壁，直达山麓。其绘楼幔阁、秘室曲房，故故匿之，不使人见也。”

今留园山水园门为石库门式大门，门框以花岗石为材料，配上两扇乌漆实心厚木大门，这种用石条围束门的建筑被叫作“石箍门”，因“箍”与“库”音近，就被误认为“石库门”了。此门保持早期石库门样式，高不过2.8米左右，宽不过1.7米左右，门上不用三角形、半圆形、弧形成长方形的花饰，朴素典雅，体现了园林含蓄不事张扬的个性特色（图5-8）。

图5-8　石库门（留园）

## 第二节　门窗墙垣　祈福辟邪

门窗墙垣为宅园必备之建筑小品，门为住宅的呼吸器官，大门已如前述。在宅园中，可以称得上“呼吸器官”的还有千姿百态的各类门窗。园林门窗，形制特别，具有美学和丰富的文化内涵。谢灵运《山居赋》有“罗层崖于户里，列镜澜于窗前”，谢朓也诗曰“辟牖栖清旷，卷帘侯风景”。这是有史以来，世人对窗的功能所做的最全面精辟的解释了。

## 一、门窗图式　千姿百态

《营造法原》称“苏南凡走廊园庭之墙垣，辟有门宕，而不装门户者，谓之‘地穴’”。今习惯称之为“门洞”。门宕量墙厚薄，镶以细砖，边出墙面寸许，边缘起线，旁墙粉白，兼具装饰性与实用性。因此，形制特别，造型丰富。

《营造法原》称：“墙垣上开有空宕，而不装窗户者，谓之‘月洞’，凡门户框宕，全用细清水砖做者，则称‘门景’。”今习惯称“洞窗”。凡门户框宕，满嵌细砖者，则称窗景。

计成《园冶》卷三五“门窗”图式有：方门合角式、圈门式、上下圈式、莲花式、如意式、贝叶式，执圭式、葫芦式、莲瓣式、剑环式、汉瓶式一至四，花觚式、蓍草瓶式、月窗式、片月式、八角式、六方式、菱花式、梅花式、葵花式、海棠式、鹤子式、贝叶式、六方嵌栀子式、栀子花式、罐式等31幅常见的门洞和窗洞图式（图5-9）。还有宫式茶壶档、桃

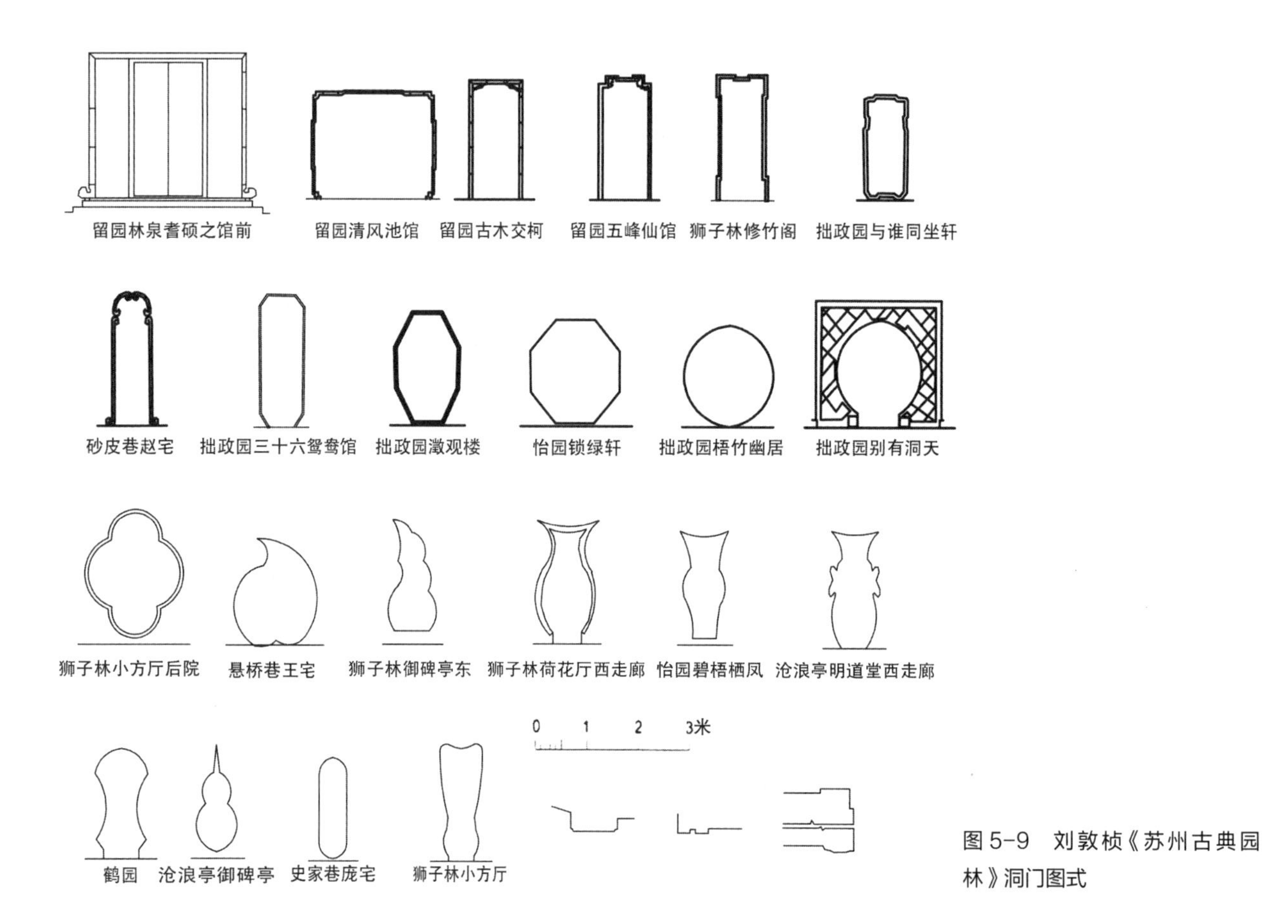

图5-9　刘敦桢《苏州古典园林》洞门图式

形、宝相花形、秋叶、定胜、书条等式。

漏窗是一种满格的装饰性透空窗，是构成园林风景的一种建筑艺术处理工艺，俗称为花墙头、花墙洞、花窗。计成在《园冶》一书中把它放在“墙垣”一目，称为“漏砖墙”或“漏明墙”“凡有观眺处筑斯，似避外隐内之义”，书中附漏砖墙16图式。

今漏窗式样不断翻新，仅仅苏州一地就有上千式样，沧浪亭一园就有108式。

洞门和景窗的边框多用灰青色方砖镶砌，与白色墙面、灰色瓦顶、建筑物上栗褐色门窗共同形成素净柔和、娴静淡雅的江南古典园林色调风格。

木窗有长窗、半窗、地坪窗、横风窗、和合窗等类型。窗棂遵时各式，古时以菱花式为巧，今以柳叶形为奇。由柳条变人字式，人字变六方式，柳条变井字式，井字变杂花式，玉砖街式、八方式、束腰式，然都不脱柳条式。风窗图案有冰裂式、梅花式、六方式和圆镜式等。

苏州园林窗棂图式更丰富。有书条、竹节、橄榄景、绦环、海棠芝花、席锦、万穿海棠、夔穿海棠、定胜、九子、球纹、套钱、波纹、破月、软脚万字、鱼鳞、软景海棠、秋叶等。

## 二、当窗如画　雅致可观

千姿百态的门窗，洞门、景窗、木窗和有芯和无芯景窗在园林中除用于采光通风外，重要的功能是作为一个个取景框，与外部花木建筑山水组成一幅幅立体的画面，增加景深，小中见大，极大地丰富了空间层次，使人在游览过程中产生步移景异的感觉（图5-10）。

图5-10　伟石迎人　别有一壶天地（狮子林）

得中国书画同源之助，窥窗如画。园林往往在洞门、空窗后面放置湖石、栽植丛竹芭蕉之类，恰似一幅幅小品图画。如计成所说：“刹宇隐环窗，仿佛片图小李；岩峦堆劈石，参差半壁大痴”，刹宇隐现于圆月窗，如小李将军李昭道的片图小景；壁石堆砌成岩峦，如元代大痴道人的半壁山水。

明末清初戏剧家李渔曾于浮日轩作“观山虚牖”，又名之为“尺幅画”“无心画”。浮日轩后有一座不大的小山，丹崖碧水、鸣禽响瀑、茅屋木桥，无所不备。李渔裁纸数幅，作画之头尾，镶上边，贴在窗之四周，这就是他所谓的“实其四面，独虚其中”。虚却非空，乃纳屋后之山景于其中。于是，窗外一丛修竹、一枝古梅、一棵芭蕉或几块山石、一湾小溪，乃至小山丛林、重崖复岭、深洞丘壑，配上窗框图案，皆可成为“尺幅画”“无心画”的题材（图 5-11）。

图 5-11　岩峦堆劈石，参差半壁大痴（网师园窗景）

网师园殿春簃北墙正中有一排长方形窗户，红木镶边，十分精巧。窗后小天井中有湖石几块，另有翠竹、芭蕉、蜡梅、天竺子，组成生机勃勃、色彩秀丽的画面。最妙的是以上画面，恰似镶嵌在红木窗框之中，横生趣味。装饰美和自然美交融成一幅天然画面。

同样，各种形态的洞门也可作取景框。如拙政园“梧竹幽居”方亭的四面白墙上，都有一个圆洞门，透过这些圆洞门望中部景物，通过不同的角度，可以得到无数不同的画面。

## 三、寓意造型　悦人神志

门窗丰富多彩的造型足以吸引游人视线，但诚如清人所言，一幅画“与其令人爱，不如使人思”，深蕴在门窗图式中的文化意义更悦人神志。

纵观门窗造型，题材丰富，熔文学、书画、雕刻、戏曲、民俗等于一炉，大多为寓意造型，是一种观念和情感符号。

有祈福消灾类，如海棠、定胜、桃、葫芦、汉瓶、回文等。

海棠，花形娇媚，李渔对它更是推崇备至，认为：“春海棠颜色极佳，凡有园亭者不可不备。”是春天的象征，宋刘子翚以为海棠集梅、柳的优点于一身：春海棠成为春天的象征，凡花窗、漏窗、洞门、铺地，常常是美好的海棠图案。海棠洞门，有春天永驻、春色满园的含义。海棠与“堂”谐音，有满堂、阖家的吉祥意义，满堂春色，喜气洋洋（图 5-12）。

图 5-12　如意十字海棠窗棂（网师园）

大量的暗八仙图案，是民间对八仙的简化，分别以八仙手中法器来代表，分别是：葫芦（李铁拐所持宝物，能炼丹制药，普救众生）、剑（吕洞宾所持，有天盾剑法，威镇群魔之能）、宝扇（汉钟离所持，玲珑宝扇，能起死回生）、渔鼓（张果老所持，能星相卦卜，灵验生命）、笛子（韩湘子的宝物，能使万物焕发生机。）、阴阳板（曹国舅手持，可以净化环境，让人心静神明。）、花篮（蓝采和所持，篮中装满仙品，能广通神明。）和荷花（何仙姑所持，能使人不染杂念，冰清玉洁。）。有笔绘者、有雕刻者，含有一种祝福与信仰、消灾灭害之意。

葫芦反映了中国哲学宇宙发生论的观念，是葫芦剖判创世神话的意象。中国古代宇宙论认为创世之前的混沌状态是以天地合为一体的有机整体为特征的，其物化形象是葫芦。葫芦与西方的诺亚方舟具有同等意义。

道教中的“壶”，不仅盛满仙药，而且是方外世界的意象。《园冶·装折》有：“板壁常空，隐出别壶之天地。”神话中将海中三神山称为“三壶”。南朝梁萧绮《拾遗记》载：“海上有三山，其形如壶，方丈曰方壶，蓬莱曰蓬壶，瀛洲曰瀛壶。”成为仙境模式。葫芦又演化为宝瓶，成为观音盛圣水的器皿，也成为海中八仙之一的铁拐李普救众生的宝葫芦，都有壶中仙境和上述多种吉祥含义（图 5-13）。

葫芦剖判神话有母性象征，含有新生、母爱等含义。葫芦多子，有子孙满堂的寓意。由

图 5-13　壶中天地（沧浪亭 · 葫芦门）

图 5-14　月亮门两侧的云雷纹（拙政园）

葫芦及其蔓带组成的图案可以象征家族的绵延无穷，因为蔓与万同音，蔓带与万代谐音，寓意子子孙孙、万代长春的吉祥含义。[1]“葫芦”与“福禄”谐音。

汉瓶，也称宝瓶、观音瓶，由葫芦形演化而来，是佛家“八吉祥”之一，表示智慧圆满不漏，也是传说中观音菩萨盛水的净水瓶，可装满神水而用之不完。在佛教的发源地印度，净瓶是用来洗涤罪恶污垢使心灵洁净的澡罐。中国民间，观音菩萨常常以左手拿瓶，右手微举杨柳枝的形象出现，菩萨把杨柳枝投入净瓶而遍撒甘露，可医治世间疾病，引导世人脱离苦难。瓶还与平同音，宝瓶就与太平、平安的美好寓意联系在一起。在传统吉祥图案中，瓶与月季寓意“四季平安”，与大象寓意“太平有象”，与三戟、笙寓意“平升三级”，与爆竹寓意“岁岁平安”，与牡丹寓意“富贵平安”，与如意寓意“平安如意”等。

回纹即云雷纹，渊源于原始先民的雷神崇拜（图 5-14）。汉王充《论衡 · 雷虚篇》：“图画之工，图雷之状，累累如连鼓之形，又图一人若力士之容，谓之雷公。使之左手引连鼓，右手推锥若击之状，其意以为雷声隆隆者，连鼓相叩击之意也。”人们把雷看作是起动万物苏生、主宰万物生长的神。由于雷是从春天经过夏天活动的，到秋冬雷声息止，人们把雷看作是“动万物”

① 曹林娣:《中国园林文化》，中国建筑工业出版社 2005 年版，第 201~202 页。

之神，雷"出则万物亦出"。雷声震天，古人以为乃上天发怒的标志。"喜致震霆，每震则叫呼射天而弃之移去。至来岁秋，马肥，复相率候于震所，埋没羊，燃火，拔刀，女巫祝说……时有震死，则为之祈福。"[①] 雷成为正义的代表和象征、难以驾驭的自然力，足以使人慑服。后来，因其形式都是盘曲连接、无首、无尾、无休止的，显示出绵延不断的连续性，所以人们以它来表达诸事深远、世代绵长、富贵不断头、长寿永康等等生活理想。

《园冶·门窗》云："莲瓣、如意、贝叶，斯宜供佛所用。"意思是说，莲瓣、如意、贝叶形的门窗造型都与佛教有关，可做信佛之家的门窗装饰。

贝叶树，常绿乔木，只开一次花，结果后即死亡。叶子阔大，用水沤泡后可以抄写经文。在古代的印度，人们将圣人的事迹及思想用铁笔记录在象征光明的贝多罗（梵文）树叶上，佛教徒也将最圣洁、最有智慧的经文刻写在贝多罗树叶上，后来人们将这种刻写在贝多罗叶上的文字装订成册，称为"贝叶书"。传说贝叶书虽经千年，其文字仍清晰如初，其所拥有的智慧是可以流传百世的。园林中的贝叶门洞，象征佛教经文（图 5-15）。

如意形门窗，晋唐时代的如意原柄端作手指状，用以搔痒可如人意，故而得名（图 5-16）。和尚宣讲佛经时，也持如意，记经文于上，以备遗忘，成为一佛具，佛教八宝之一。道教盛行后，指状如意的柄端改成灵芝形，其柄微曲，造型优美。祥云也呈灵芝形。《琅环记》："昔有贫士，多阴德，遇道士

① （北齐）魏收：《魏书》卷一百零三《高车传》，中华书局 1974 年版，第 2308 页。

图 5-15　贝叶门（畅园）

图 5-16　如意形门（陆巷·真适园）

赠一如意，凡心有所欲，一举之顷，随即如意，因即名之也。”表示做什么事情和要什么东西都能如愿以偿。明清以来，因其造型优美、寓意心想事成、称心如意，成为一种重要的装饰品。康熙年间，如意成为皇宫里皇上、后妃之玩物，并作为赏赐王公大臣之物。民国时代，如意成为贵重礼品，富有之家相互馈赠，祝愿称心如意。如意成为承载祈福禳灾的圣物。

狮子林有一洞门，位于充满禅理的山洞进出口，形如佛脚印（图 5-17）。佛脚印文化从西域传入，唐代以后逐渐替代了原始的大人脚印，并相沿袭而不衰。或许造门者的意图，正是要人沿着佛的脚印，在曲折的假山中去进入佛禅境界，体悟佛法，耐人寻味。

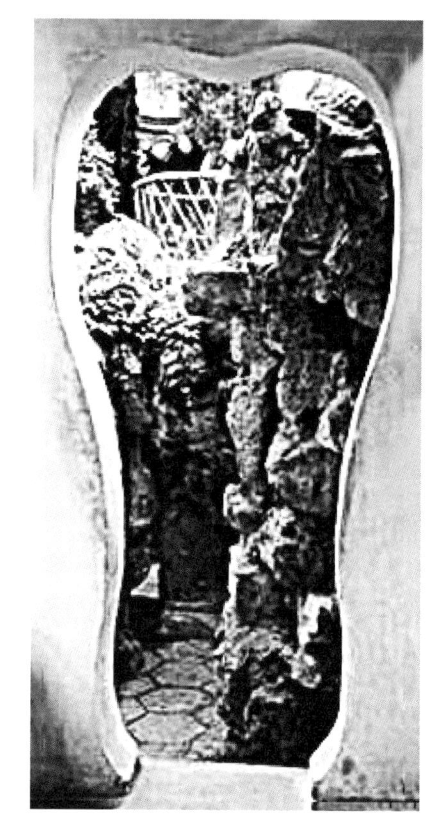

图 5–17 佛脚印门（狮子林）

有天体符号，如卍字、十字，分别象征旋转的太阳和静止的太阳，是原始先民太阳崇拜的标识，见于新石器时代和甲骨文、金文中。冰纹、六方、八方等，也渊源于天体崇拜，多边形图案源于“天圆”。

常见的月洞门、片月门是模仿月亮而筑，是月亮崇拜的物化。神话中的十日之母是月神常羲（或称羲和），《灵宪》曰：“月者，阴精之宗。”据《南部烟花记》记载，南朝陈后主为张贵妃丽华：

造桂宫于光明殿后，作圆门如月，障以水晶。后庭设素粉罘罳（网），庭中空洞无他物，惟植一桂树。树下置药杵臼，使丽华恒训一白兔。丽华被素袿裳，梳凌云髻，插白通草苏孕子，靸玉华飞头履。时独步于中，谓之月宫。帝每入宴乐，呼丽华为“张嫦娥”。

满月门洞，给人以饱满、充实、柔和、活泼动感和平衡感。中国人喜欢满月，满月在整个循环周期中代表完整或完美，因此人们总是把满月与团圆相结合。月亮在夜晚出现，月华如水，更符合中国人的诗意情结。

有芯景窗中出现的双喜图案、秋叶造型、灯笼等表现了爱情、婚姻、功名等喜庆的不倦主题。

门窗图案中还有许多文人风雅符号，如植物中的松、柏、竹、兰、菊、荷花、海棠、葵花、梅花、芭蕉以及表示高洁的冰纹等。

清物漏窗，营造出古色古香的文化氛围，如以博古器物诸如古瓶、玉器、鼎炉、书画和一些吉祥物配上盆景、花卉等各种优雅高贵的摆件组成的博古窗，琳琅满目，给人以艺术美的享受。

琴、棋、书、画是文人风雅的象征物。狮子林在九狮峰背面的粉墙上，将琴、棋、书、画塑成 4 幅花窗一字儿排开，依次为古琴、围棋棋盘、函装线书、画卷，每孔花窗外形和内部纹样都各不相似，线条简洁、独树一帜（图 5-18）。

漏窗常作连续排列，产生韵律感，大多是外框形状相同，但图案各异，于统一中求变化，如留园中部入口处的 6 扇漏窗。也有外框形状图案均不同，但等距离布置，在变化中有统一，如环秀山庄假山西侧廊壁上的一排形态各异的漏窗。

连续几孔漏窗图案寓意，可以组合成一句吉祥语言，如东山雕花大楼门楼两旁围墙高处

图 5-18　四雅（琴棋书画）漏窗（狮子林）

图 5-19　鹤寿轩（古猗园）

的四扇漏窗图案是纡丝、瑞芝、藤茎、祥云，以寓“福寿绵长”的愿望。

门窗图样往往和建筑主体呼应，如上海古猗园松鹤园内鹤寿轩的寿桃门洞，与寿桃宝顶、四周戗角上引颈长鸣的白鹤及轩周葱茏松柏、紫藤等景色十分协调，烘托了建筑主体（图 5-19）。

## 四、墙垣多姿　景象纷呈

传统建筑中的墙以不同的长短、高低、曲直、转折、虚实、断续等形态组合，通过围合、分隔、屏蔽、穿透、延伸、借托、映衬等展现方式，营造出千姿百态、景象纷呈的室内外空间环境。

墙垣可分为山墙、檐墙、隔墙、半墙、塞口墙、围墙等多种。

山墙，在硬山建筑中，位于房屋两端、沿进深方向依边贴而筑砌的墙。山墙根据其立面形式的不同，又分为营山墙、屏风墙、观音兜 3 种。

檐墙，沿房屋开间方向，位于檐柱处的墙，若其墙高至枋底或檐口，则称为檐墙。檐墙依其所处位置，有前后檐墙之分，若按屋面檐口做法不同，檐墙又可分出檐墙与包檐墙两种。

隔墙，用于分割屋内空间的墙。

半墙，位于窗下的矮墙。位于廊柱间，上至坐槛，供人凭坐休憩的矮墙，称坐槛半墙，位于将军门下槛以下的半墙，称月兔墙。

厅堂前后天井的两旁以及厅堂前后的墙，称为塞口墙。用于分割院落的墙，称为围墙。用于区分与邻里的墙，称为界墙。三者形制大致相同，墙体顶部出飞砖、做双落水瓦顶，瓦顶之上筑脊。

砖墙砌成高低起伏圆弧形墙称之为云墙，云墙既可以是山墙，也可以是院墙，适得其所便美。云墙的曲线给人以飞动自由的美感，亦称龙墙。

## 第三节　屋顶乾坤　凝固舞蹈

从汉代出现“人”字形大屋顶开始，屋顶式样越来越丰富，后来又衍化为等级。等级低者有硬山顶、悬山顶，等级高者有庑殿顶、歇山顶，还有攒尖顶、卷棚顶，以及扇形顶、盝顶、勾连搭顶、平顶、穹隆顶、十字顶等特殊的形式。

屋脊装饰也逐渐出现在古代建筑之上，并由最初的简易形状演变成明清时期繁复的装饰系统。

在此过程中，每一个脊饰部件在功能性之外都形成了各自丰富的文化象征意义。

古建堆塑又称灰塑，是以静态的造型表现运动的独特装饰艺术，是“凝固的舞蹈”“凝固的诗句”。苏州云岩寺塔（虎丘塔）发现北宋初年的彩绘堆塑图像，是我国迄今所知最早的堆塑图像遗存，有立轴画形式的堆塑图像、太湖石图、全株式牡丹图、如意形云头纹和花叶堆塑装饰图案等。

堆塑是以雕、刻、塑以及堆、焊等手段制作的三维空间形象艺术。制作材料主要是灰浆、纸筋，大型的则采用木质骨架。

技法和形式分圆雕、浮雕、透雕（镂空雕）和立体雕塑等类，色彩用黑白二色，简洁素雅。

堆塑造型制作于建筑物的屋脊、山花、门楼、垛头、墙檐、亭顶等处，有时和砖雕配合使用。

张喜平《苏州传统建筑中的香山帮泥塑》书介绍，泥塑工艺的基本流程是：（1）扎骨架：用钢筋、钢丝或木材，按图样扭成人物或飞禽走兽造型的骨架。主骨架需与屋脊或墙面结合牢固。（2）刮草坯：用水泥纸筋堆塑出人物的初步造型，打草用的水泥纸筋中的纸脚可粗一些，每堆一层须绕一层麻丝或钢丝，以免豁裂、脱壳，影响作品的寿命。（3）细塑：用铁皮条形溜子按图精心细塑，水泥纸筋中的纸脚可细一些，水泥纸筋一定要捣到本身具有黏性和可塑性才可使用。（4）压光：压实是关键，用黄杨木或牛骨制成的条形，头如大拇指的溜子把人物或动物表面压实抹光。

## 一、鸱尾筑脊　兴云召雨

屋顶正脊两端的兽形装饰物称鸱吻或鸱尾，具有轩昂、流畅的优美轮廓，处于正脊与垂脊的交叉节点，是对交叉节点进行美化处理的结果。汉代多用凤凰。南北朝至隋唐用鸱尾，形状为张口吞脊，头在下尾朝上，嘴含屋脊作吐水激浪状，至迟在唐代就变鸱尾为鸱吻了。至宋元时期，又蜷曲如鱼尾。明清时期则尾向外蜷曲似龙形，又称“吻兽”或“龙吻”。相传鸱吻是龙生九子中之一。形状像四脚蛇剪去了尾巴，这位龙子好在险要处东张西望，也喜欢吞火。

《营造法式》载《汉纪》，称汉代“柏梁殿灾后，越巫言，海中有鱼虬，尾似鸱，激浪即降雨，遂作其像于屋以厌火祥”，也见于《太平御览》记述。相传汉武帝建柏梁殿遭火灾后，方士上书说大海中有一种鱼，虬尾似海鸥、黑尾鸥，能喷浪降雨，可避火灾，驱除魑魅。北宋吴楚原《青箱杂记》记载：“海为鱼，虬尾似鸱，用以喷浪则降雨。”明朝以后鸱尾逐渐演变为螭吻，中国民间也称鳌龙。总之，鸱尾瓦件是镇降火灾的象征物。

这类能兴云召雨、克火灾于无形的怪兽逐渐衍生为建筑物的等级语义，造型就越来越多，像殿庭筑脊样式龙吻脊。厅堂正脊分哺鸡脊、哺龙脊、纹头脊、甘蔗脊、雌毛脊诸式。

龙这种想象的灵物起源于远古的图腾崇拜，原始先民将巨蟒、蛇、中华鳄、恐龙等形象又融汇了其他鳞甲类动物、角兽类动物或爬虫类动物的某些特征而成。先秦时期龙纹质朴粗犷，大多没有肢爪，近似爬行动物。秦汉时期多呈兽形，肢爪齐全，但无鳞甲，呈行走状。明代以后龙的形象逐步完善，形成了“九似”之身，即项似蛇、腹似蜃、鳞似鲤、爪似鹰、头似驼、掌似虎、耳似牛、眼似虾、角似鹿。成为“四灵”之一、也是“四象”中的青龙，为中央黄帝的保护神，它是“主水之神”，也是百姓心中神圣、吉祥、喜庆之神。

龙吻脊级别最高，最早出现在金代，明清时龙吻脊饰普遍见于皇家园林殿堂和寺观正殿，这时龙脊饰的象征意义除了厌火，还象征天、皇权和神权（图 5-20）。清代官式建筑的鸱尾身上还有把利剑，传说是仙人为了防止能降雨消灾的脊龙逃走因而将剑插入龙身。其实，龙吻背上需要开个口子以便倒入填充物，背上插着的剑靶，就是作为塞子用来塞紧开口的。

鱼龙吻脊品位较龙吻脊低，一般用于寺庙的副殿建筑以及大户宅第建筑。鱼为原始社会崇拜物之一，很早就被先民视为具有神秘再生力与变化力的神圣动物。鱼本来就是龙的原摹本之一，在上古神话中早就有鱼变龙的传说，《辛氏三秦记》："龙门山在河东界。禹凿山断门一里余，黄河自中流下，两岸不通车马。每暮春之际，有黄鲤鱼逆流而上，得者便化为龙。""鲤鱼跳龙门"便成为祝颂高升、幸运的吉祥符。

图 5-20　龙吻脊（故宫太和殿）（引自网络）

伴随着隋唐时期兴起的科举制度，龙首鱼身的半龙形象大量出现，寒士的"金榜题名"成为"跳龙门"的象征，科举落第者则"点额不成龙，归来伴凡鱼"①。龙头鱼身的鸱吻造型，既象征着"变龙"的期盼，又借龙首吐水，借以阻挡风雨雷电，确保屋宇永固。

哺龙脊，房屋正脊式样之一。筑脊的两端有龙首形饰物者，往往仅有龙头而不见尾巴，南方寺宇厅堂常用之脊饰，较清代官式之正吻简单，且龙首向外。在龙的神性中，"喜水"位居第一。龙本源于"水物"和"水相"。取龙吐水压火的神性，以保木构架建筑的平安。

哺鸡脊，房屋正脊式样之一。哺鸡脊两端饰物为鸡状物而不见尾巴，并有开口哺鸡与闭口哺鸡之别，形象古朴、抽象。

远在 3000 多年前，我国甲骨文中就出现了"鸡"字。实际上在古人的心目中，鸡是一种身世不凡的灵禽，《太平御览》载："黄帝之时，以凤为鸡"。鸡形凤为凤的原始形象，鸡与凤形象也有叠合。《韩诗外传》盛称鸡德："头带冠者，文也，足搏距者，武也；敌对在前敢斗者，勇也；见食相呼者，仁也；守夜不失时者，信也。"鸡是文武勇仁信兼备的至德象征。远古传说鸡为日中乌，鸡鸣日出，带来光明，能够驱逐妖魔鬼怪。南朝宗懔撰《荆楚岁时记》载："正月一日……贴画鸡户上，悬苇索于其上，插桃符其傍，百鬼畏之。"这里也是能吐水的神兽变体。

纹头脊是指脊头饰以回纹或乱纹为图案的屋脊，线条简洁，一般厅堂用纹头脊者为多。称为回纹、乱纹的"纹饰"，实际上都是从云雷纹变化而来。云雷纹是以连续的回形线条构成的几何图形，以圆形连续构图的单称为云纹，以方形连续构图的单称为雷纹。

屋脊两端部饰物形似甘蔗的称甘蔗脊。甘蔗乃多汁植物，也含有防火之意蕴。

苏州园林各类脊饰如图 5-21 所示。

① 李白:《赠崔侍卿》。

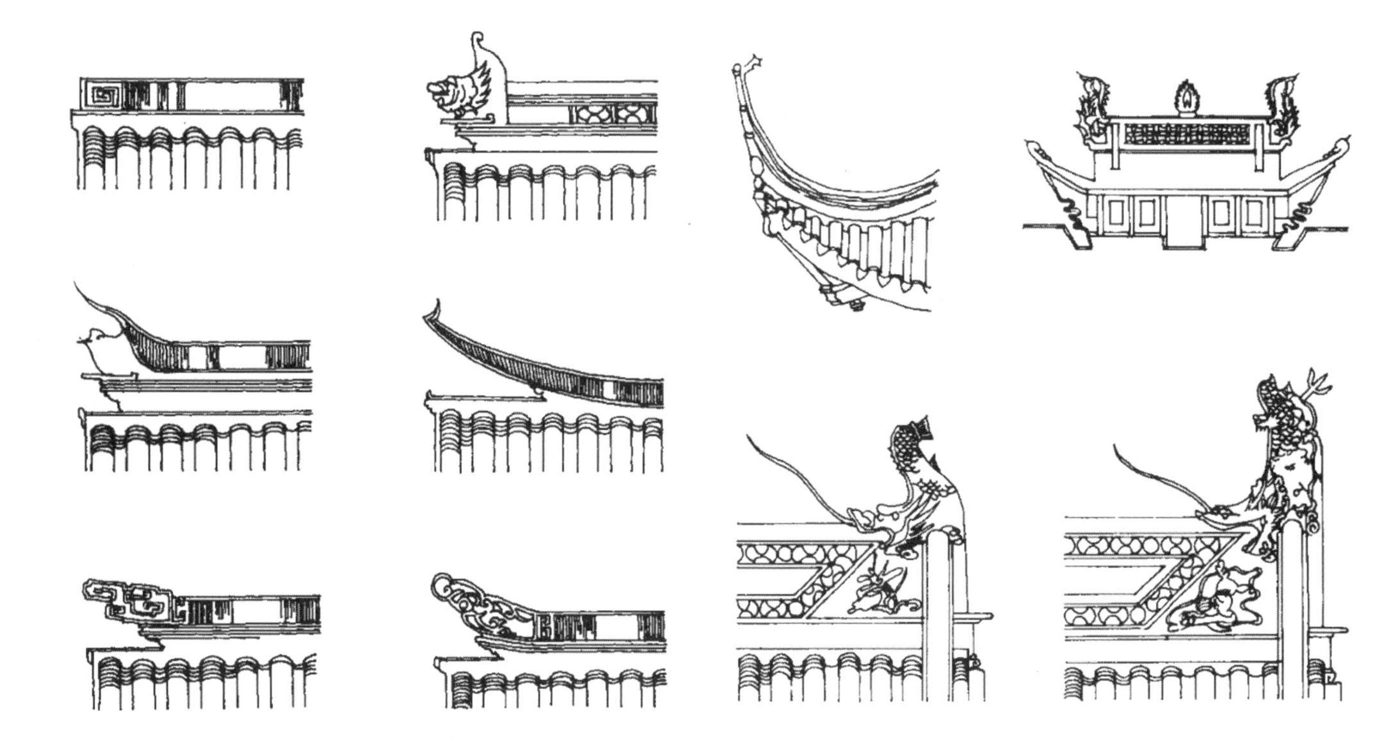

图 5-21　苏州园林各类脊饰

## 二、仙人走兽　反宇飞檐

清代官式建筑筑脊上出现了仙人走兽，数量和建筑的等级有关系，故宫太和殿是中国建筑当中唯一有 10 个走兽的建筑（图 5-22）。

仙人走兽各司其职，它们从物理和精神层面上保证建筑的安全稳固，寓意着生活的安定与美好。

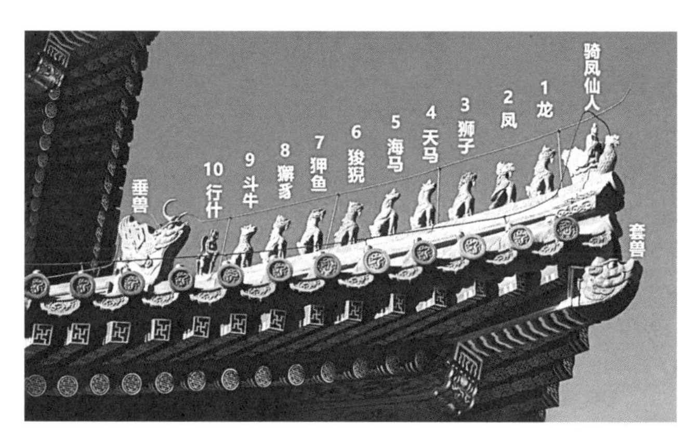


图 5-22　仙人走兽（故宫太和殿）（引自网络）

骑凤仙人称真人或冥王。据说是齐闵王的化身，东周列国时的齐闵王，被燕将乐毅所败，仓皇出逃四处碰壁，走投无路，危急之中一只凤凰飞到眼前，齐闵王骑上凤凰渡过大河，逢凶化吉。一说这位仙人是姜子牙的小舅子，一心想飞黄腾达，但被劝告要适可而止，不然就像站在檐边，不小心就会摔下去。

走兽从前到后依次为：龙、凤、狮子、天马、海马、狻猊（suān ní）、狎（xiá）鱼、獬豸（xiè zhì）、斗牛和行什（xíng shí）。

“主水之神”龙，最喜欢四处眺望，常饰于屋檐上。

凤凰是传说中的一种瑞鸟，《史记·日者列传》：“凤凰不与燕雀为群。”为鸟中之王。雄性叫“凤”，雌性称“凰”，总称叫“凤”或“凤凰”。凤和龙为中华两大图腾系统，凤凰也是原始先民太阳崇拜和鸟图腾的融合与神化。凤凰为“四灵”之一，也是“四象”中的朱雀，中央黄帝的保护神。

狮子，在佛教中为护法王，是勇猛威严的象征。佛教徒比喻佛祖讲经，如雷震天地，群兽慑伏。

天马、海马，前者追风逐日，凌空照地，后者入海入渊，逢凶化吉，在我国古代神话中都是忠勇之兽。

狻猊，是中国古代神话传说中龙生九子之一（一说是第五子，另说是第八子）。形状像狮子，古书记载是与狮子同类能食虎豹的猛兽，它头披长长的鬃毛，因此又名“披头”，凶猛残暴，亦是威武百兽率从之意。

狎鱼，是海中异兽，传说和狻猊都是兴云作雨、灭火防灾的神。

獬豸，我国古代传说中的猛兽，与狮子类同。《异物志》中说“东北荒中有兽，名獬豸”。一角，性忠，见人斗则不触直者，闻人论则咋不正者。它能辨曲直，又有“神羊”之称，它是勇猛、公正的象征。

斗牛，传说中是一种虬螭，据《宸垣识略》载：“西内海子中有斗牛，即虬螭之类，遇阴雨作云雾，常蜿蜒道路旁及金鳌玉栋坊之上。”它是一种除祸灭灾的吉祥雨镇物。

行什，造型像只猴子，但背有双翼，手持金刚杵有降魔功效，又因其形状很像传说中的雷公或雷震子，放在屋顶，是为了防雷。

这些仙人走兽实际上是建筑造型所需的构件。宋代屋顶坡度较之于前朝有所加大，因此，在庑殿顶、歇山顶和攒尖顶等屋顶形式中，正脊和垂脊内部都有一个贯串的铁链，两端固定在鸱尾或垂兽内部的大铁钉上，仙人走兽之所以排得比较密，是因为这一段没有铁链，不得不逐个把很重的脊瓦用铁钉钉在角梁或大椽木上，有效地加固了屋脊。这些用以固定屋顶的铁钉上的钉帽，塑成各司其职生动活泼的仙人和走兽，变成了很美的装饰品。

庑殿垂脊在兽前、兽后分别采用厚脊、薄脊的做法也是大有用心的。官式做法规定垂兽的位置应对准大木构架的正心桁。这样，在庑殿顶的正立面图上垂兽恰好对准角柱。兽后部位都在角柱以内，结构上便于支承，因此垂脊相应地做得厚重些。而兽前部位已悬挑于角柱之外，结构上属于悬臂受力，垂脊就不宜搞得过于厚重，因而在形象处理上就显著地减薄脊身，通过仙人走兽的点缀，使兽前垂脊显得较为轻巧。

由上可知，这里充分体现了建筑形式与结构逻辑的完美统一，从中可以领略古代匠师对屋顶程式的推敲达到何等细腻、何等精致的程度。这正是宋人想象力、诗情和细节并重的审美潮流、琉璃技术的成熟的美的结晶，是古代匠师的匠心巧构。仙人走兽兼容了实用功利、精神慰藉、审美功能和等级语义，是建筑真善美结合的又一例证。

## 三、悬鱼山花　吉星高照

位于悬山或者歇山建筑屋脊两端的博风板下鱼形装饰物，因为是从山面顶端悬垂，古建筑中将之称为“悬鱼”。典出《后汉书·羊续传》。羊续，后汉泰山平阳（今山东泰安）人，为官清廉奉法。羊续虽历任庐江、南阳两郡太守多年，但从不请托受贿、以权谋私。他到南阳郡上任不久，他属下的一位府丞给羊续送来一条当地有名的特产白河鲤鱼。羊续拒收，推让再三，这位府丞执意要太守收下。当这位府丞走后，羊续将这条大鲤鱼挂在屋外的柱子上，风吹日晒，成为鱼干。后来，这位府丞又送来一条更大的白河鲤鱼。羊续把他带到屋外的柱子前，指着柱上悬挂的鱼干说：“你上次送的鱼还挂着，已成了鱼干，请你一起都拿回去吧。”这位府丞甚感羞愧，悄悄地把鱼取走了。此事传开后，南阳郡百姓无不称赞，敬称其为“悬鱼太守”，也再无人敢给羊续送礼了。“羊续悬鱼”成为成语。“悬鱼”一词便有了居官清廉、拒绝受贿的意思。宋徐积有诗句云：“爱士主人新置榻，清身太守旧悬鱼。”明朝于谦有感此事曾赋诗曰：“剩喜门前无贺客，绝胜厨内有悬鱼。清风一枕南窗下，闲阅床头几卷书。”

悬鱼装饰在发展的过程中，鱼的形象渐渐变得抽象简单化了，出现了各种各样的装饰形式，有的甚至变成了蝙蝠、如意等意思。

在中国传统建筑中，歇山式屋顶侧面上部的正脊和两条垂脊形成一个三角形的垂直区域，称为“山花”，山花部分是装饰的重要部位。山花上堆塑各类图案，题材有三星高照、如意传代、仙道人物故事、松鹤、狮子滚绣球、松鼠、如意、梅花、万年青、寿桃等，采用象征、谐音等艺术手段，寓颂祝吉祥之意。山花堆塑内容能够紧扣建筑主题的为上乘之作，如苏州耦园山水间的山花堆塑造型，都能紧扣“山水间”爱情主题：东侧山花处，塑“柏鹿同春”（图 5-23）；西侧塑竹梅松鹤，表达夫妇恩爱、长寿的愿望。垂脊饰以松鼠吃葡萄雕塑，夫妇憧憬着子孙满堂的未来。

耦园中专为保镖护园长年居守的沿内城河的“听橹楼”，北面山花雕塑着勇猛的苍鹰，南面山花堆塑着气宇轩昂的雄鸡，均有以英雄雄劲之气震慑邪恶之意，与建筑物的功能巧妙结合，相得益彰。

图 5-23　柏鹿同春（耦园山水间）

# 第四节　剜凿生辉　凝固风雅

中华宅园，无论是恢宏的皇家宫殿还是士大夫宅园乃至晋商徽贾，无刻不成屋，无宅不雕花，有刻斯为贵。这些刻雕，指的是砖雕、石雕、木雕，精美绝伦、如诗如画、温婉内敛，是一幅幅历史的画卷、凝固的风雅和民族心态的具象。

带有明显的远古时代自然崇拜的胎记，这种胎记，经过数千年历史的熔炼，已经完全成为民族文化心理的物化符号。

## 一、南方之秀　砖雕门楼

中国在秦时就有花砖，上林苑白鹿观瓦当，图作鹿形，甘泉宫瓦，作飞鸟图，字曰“未央长生”。汉砖图案更丰富，有长袖对舞之舞人砖、飞鸟走兽之群兽砖、执弓骑御之纪功砖等[①]，这些画像砖采用了模印的方法，使砖坯上形成浮雕的图案，后演化为砖雕。

《营造法原》说：“南方房屋属于水作之装饰部分，其精美者，多以清水砖为之。”苏州陆墓镇、太平、大同、常熟、北桥及昆山锦溪镇（陈墓）是著名的优质青砖烧制地，其中陆慕地区的砖泥料上乘、工艺精湛，被称为“金砖”，明故宫“金砖”即产于陆慕御窑。

在清水砖上再进行切割、刨平、打磨，由此生成的砖料即为“砖细”。砖雕是用凿子和刨子在质地细腻的磨细清水砖复面上，采用线雕、平雕、平面雕、浮雕（包括浅浮雕、深浮雕和浑面浮雕）、透空雕和立体形多层次雕等技法，雕凿出各种图案，中部列横贯式砖雕兽额，以阳文刻出四字一组之题词。砖雕技艺分为窑前雕和窑后雕，窑前雕多用于模压或是雕刻层次不是很丰富的部件，而门楼等对砖雕技艺要求较高，人物、故事情节层次丰富的装饰部位多采用窑后雕，体现了匠人娴熟的精雕细琢的技巧工艺。

这门精湛的独特艺术俗称“硬花活”，在清代有“黑活”之称，即不受等级制度的拘囿，且比木雕更牢固耐水，因此运用广泛。宅园的门宕、洞窗、景窗、垛头、包檐墙、细照墙、墙门、门楼等处均有雕砖装饰。尤以砖雕门楼最为精工，是装修中“南方之秀”的代表作之一。仅苏州古城区尚存295座砖雕门楼，如果包括周边各乡镇，数量多达800余座。

砖雕门楼题材宽广，明代兜肚内多刻珍禽、瑞草、嘉卉，清代多取材于文学名著、传统戏文故事的图案，经匠师们的提炼加工，并以连环画的形式展现，使人浸润在文学和戏文的艺术氛围之中，产生文学戏曲艺术的联想，补充或扩充了建筑物的艺术意境，渲染了一种文学艺术氛围。如《三国演义》关羽故事，暗喻忠义，《西厢记》戏文象征真情以及宣扬褒善贬恶等情感。“杏花簪帽”“柳汁染衣”“文武状元”“状元游街”“麒麟送子”“郭子仪上寿”等，清新细腻秀雅，寓教于诗画之中，又为建筑增添了书香墨气，营造了氤氲的文化氛围，也反映了人们对传统文化的价值趋向，对忠义、真情、善美的倾情追求。

现存砖雕精品不少。如苏州大石头巷吴宅内的“四时读书乐”砖雕门楼，蔚为壮观（图5-24）。门楼高5.91米、宽3.26米、深0.95米。屋顶为硬山式，侧面山尖安砖细博风，是清初砖雕精品。门楼分上枋、中、下枋三部分。

上枋以福禄寿三星为主，是福、禄、寿“三星高照”和“八仙过海”，左右配以王母、鬼谷、麻姑、刘海、东方朔等神仙，以及猴、鹿、羊、蟾等动物，为传统吉祥图案；两端垂挂花篮柱头，挂牙为狮子戏球。定盘枋上出一斗三升斗栱六座，垫拱板雕寿桃和团寿。

中枋正中楷书题额“麐翔凤游”。麐为“麟”的繁体字，中国传统祥兽，神话传说是龙牛杂交品。麒麟，雄性称麒，雌性称麟，与凤、龟、龙共称为“四灵”、瑞兽。有时，麒麟简称麟。凤是凤凰的简称，古代传说中的鸟王，雄的叫凤，雌的叫凰，通称凤。在远古图腾时代被视为神鸟而予崇拜。麟凤

① 梁思成：《中国雕塑史》，百花文艺出版社1998年版，第25页。

都用来比喻有圣德之人。

中枋两侧，东兜肚为“柳汁染衣”：

“柳汁染衣”，典出旧题唐·冯贽《云仙杂记》卷一录《三峰集·柳神九烈君》：“李固言未第前，行古柳下，闻有弹指声，固言局之，应曰：‘吾柳神九烈君，已用柳汁染子衣矣，科第无疑。果得蓝袍，当以枣糕祠我。’固言许之。未几状元及第。”唐李固言，字仲枢，进士及第。唐文宗时为华州刺史，累官同平章事。宣宗时拜太子太傅。后因用“柳汁染衣”为将取得功名的典故。

西兜肚为“杏花簪帽”：新科进士要簪花于帽，游走街市。杏花也叫“及第花”。他们踌躇满志，溢于言表。头戴金花的官人，胡须花白的仆人和端庄而立的达官贵人都笑逐颜开，神采奕奕，喻义春风得意，前程似锦。

下枋自东而西有四组表现春夏秋冬“四时读书乐”的图案，突出“万般皆下品，唯有读书高”宗旨。

《四时读书乐》，歌咏了读书的情趣，是旧时很有影响且情致高尚的劝学诗。作者为宋末遗民翁森，字秀卿，号一飘，因不愿做元朝的官而隐居浙江仙居乡里办书院授徒，极盛时弟子达 800 人。

每一块砖雕上都刻有翁森《四时读书乐》诗的最末一句。

《春时读书乐》：

山光拂槛水绕廊，舞雩归咏春风香。
好鸟枝头亦朋友，落花水面皆文章。
蹉跎莫遣韶光老，人生唯有读书好。
读书之乐乐何如？绿满窗前草不除。

构图一幢船舫式的小轩，湖石峰壁，绿草滋长，一峰突兀，上刻“绿满窗前草不除”句。轩内有一素服书生，另一书生头戴方巾，仿佛吟诗状，西栽桃树一棵，叶绿花红，点出春意。

《夏时读书乐》：

修竹压檐桑四围，小斋幽敞明朱晖。
昼长吟罢蝉鸣树，夜深烬落萤入帏。
北窗高卧羲皇侣，只因素谂读书趣。
读书之乐乐无穷，瑶琴一曲来熏风。

曲墙漏窗，月洞门开，湖石假山，一方亭翼然，山峰突起，上雕“瑶琴一曲来熏风”句，池水曲桥，书童穿廊而来，厅前有榭，榭内有几，上陈弦琴，古书茶盏，一书生靠椅而坐，手持书本，一书童手执长柄羽扇为之拂暑，榭旁梧桐枝叶茂盛，显然夏意。

《秋时读书乐》：

昨夜前庭叶有声，篱豆花开蟋蟀鸣。

不觉商意满林薄，萧然万籁涵虚清。

近床赖有短檠在，对此读书功更倍。

读书之乐乐陶陶，起弄明月霜天高。

卷棚式堂榭，曲栏园林，轩边竹篱，菊花盛开，轩墙外沿刻有“起弄明月霜天高”句，一长者站立院中，一童仆折身采菊，轩前枫树叶丹，点出秋意。

《冬时读书乐》：

木落水尽千岩枯，迥然吾亦见真吾。

坐对韦编灯动壁，高歌夜半雪压庐。

地炉茶鼎烹活火，四壁图书中有我。

读书之乐何处寻？数点梅花天地心。

画面为一书斋，柴门虚掩，书生在内伏案苦读，丫鬟扇炉煮茶，上刻“数点梅花天地心”，墙外寒梅怒放，点出冬意。

四组画面，欣赏起来犹如在看山水人物画长卷，且浸淫明板书木刻插图的韵味。

整座砖雕门楼穷极工丽，雕刻深度达 7 厘米左右。画面采用传统的散点透视法，布局严谨，人物生动，景物丰富，意境深远。

网师园“藻耀高翔”门楼制成于清乾隆年间，顶部为一座飞角半亭，单檐歇山卷棚顶，筑哺鸡脊，戗角起翘，黛色小瓦覆盖，东西两侧为黛瓦盖顶的风火墙。造型轻巧别致，挺拔俊秀，富有灵气，有“江南第一门楼”之誉：砖细门楼的幅面广阔而庄重，高约 6 米，雕镂幅面 3.2 米，雕镂运用平雕、浮雕、镂雕和透空雕等技艺在细腻的青砖上精凿而成，为江南一绝（图 5-25）。

砖细鹅头两个一组，12 对精美鹅头依次排列有序，支撑在“寿”字形镂空砖雕上，鹅头底部两翼，点缀细腻轻巧的砖细花朵，几道精美的横条砖高低井然，依次向外延伸，鹅头上昂，气势伟岸，风雅秀丽，好一幅优美的立体画。

图 5-24　四时读书乐（苏州吴宅）

图 5-25　藻耀高翔门楼（网师园）

门楼上枋横匾是以牡丹为原型的实雕缠枝花草纹，泛称蔓草牡丹图案，蔓草又叫吉祥草、玉带草、观音草等。“蔓”谐音“万”，蔓蔓不断，形状如带；“带”又谐音“代”，蔓草由蔓延生长的形态和谐音引申出“万代”寓意，牡丹象征富贵，与牡丹在一起谓富贵万代。

横匾两端倒挂砖柱花篮头，雕有狮子滚绣球及双龙戏珠，飘带轻盈。横匾边缘外，挂落轻巧，整个雕刻玲珑剔透，细腻入微，令人称绝。

中枋正中砖额阳刻：“藻耀高翔”，取自《文心雕龙·风骨》篇。藻，水草之总称，藻是水草的总称。因其美丽文采，古时用作服饰。藻绘呈瑞，象征美丽的文采，文采飞扬，标志家、国的兴旺发达。

中枋东侧兜肚砖雕：周文王访姜子牙。

姜子牙长须披胸，时已 73 岁，庄重地端坐于渭河边，周文王单膝下跪求贤，文武大臣前呼后拥，有的牵着马，有的手持兵器，浩浩荡荡。这里描写文王备修道德，百姓爱戴，是个大德之君，而姜子牙文韬武略，多兵权与奇计，隐于渭水之畔的潘溪，他大智若愚，手执无钩垂杆，稳坐钓鱼台。有一次，周文王出猎之前，令人占卜，说他此次“所获非龙非彨，非虎非罴，所获霸王之辅”。文王出猎，果然遇姜子牙于渭河之滨，与语大悦，曰：“自吾先君太公曰：‘当有圣人适周，周以兴’，子真是邪？吾太公望久矣。”故号之曰“太公望”，载与俱归，立为师。奠定了伐纣兴周的统一大业。

姜尚在汉代已被立祠祭拜。公元 760 年，被唐肃宗封为武成王，祭典与文宣王（孔子）比，受万民敬仰！文王以大德著称，姜子牙以大贤著名，“文王访贤”，寓意为“德贤齐备”。

西侧兜肚砖雕：郭子仪拜寿。

郭子仪端坐正堂，胡须垂胸，慈祥可亲；文武官员依次站立，有的手捧贡品，有的手拿兵器，厅堂摆着盆花，门前石狮一对，好不气派。

郭子仪为唐玄宗时朔方节度使，安禄山、史思明造反，唐玄宗西走，唐祚若赘斿。郭子仪忠贯日月，单骑见回纥，压以至诚，再造王室，建回天之功。史载他“事上诚，御下恕，赏罚必信。与李光弼齐名，而宽厚得人过之”。以一身而系时局安危 20 年，封汾阳郡王，德宗赐号“尚父”，进位太尉、中书令。年 85 薨，帝悼痛，废朝 5 日，富贵寿考，哀荣始终，完名高节，烂然独着，福禄永终，虽齐桓、晋文比之为偏。《新唐书》卷 150 郭子仪本传称：“八子七婿，皆贵显朝廷。诸孙数十，不能尽识，至问安，但颔之而已。富贵寿考，哀荣终始，人臣之道无缺焉。子曜、旰、晞、昢、晤、暧、曙、映，而四子以才显。”[①] 三子为驸马郎：郭暧，以太常主簿尚升平公主，封驸马都尉，打金枝的故事就发生在他的身上，最后他的这位美丽而娇纵的妻子，成为贤妻良母，他们的女儿为广陵郡王妃，王即位，是为宪宗，妃生穆宗，穆宗立，升平公主被尊为皇太后，唐史臣裴垍称：“权倾天下而朝

① 郭子仪之子均讹传为“七子八婿”，考《新唐书》本传载实为“八子七婿”，八子名：曜、旰、晞、昢、晤、暧、曙、映，应以本传为准。

不忌，功盖一世而上不疑，侈穷人欲而议者不之贬。”

郭子仪拜寿戏文象征着大贤大德、大富贵，亦寿考和后嗣兴旺发达，故成为人臣艳羡不已的对象。

下枋横匾饰以祥云、卍字、蝙蝠、向日葵及 3 个团寿。古人常以云气占吉凶，若吉乐之事，则满室云起五色。

卍字，卍符号来自原始宗教符号，被认为是太阳或火的象征。卍字象征旋转的太阳，后来运用于佛教，作为一种护符和宗教标志，代表功德圆满的意思。印度的婆罗门教、佛教都采用了这个符号，遂成为释迦牟尼 32 相之一，即“吉祥海云相”。唐武则天天寿二年（公元 693 年），制定此吉祥符号读作万，象征万德吉祥之所集。

蝙蝠，象征长寿幸福。灵芝又有瑞芝、瑞草之称，乃为神话中的仙品。古传说食之可保长生不老，甚至入仙，因此它被视为吉祥之物。

“向日葵”，原产美洲，1510 年才输入西班牙，王象晋成书于 1621 年的《群芳谱》，附录一则《西番葵》，称之为迎阳花；向日葵之名最早见陈淏子 1688 年著的《花镜》一书，向日葵属菊科，象征向往渴慕之忱。

翩翩飞翔的蝙蝠、舒卷的灵芝形祥云、卍字和向日葵簇拥着3个圆形“寿”字。“寿”字，象征高寿。

## 二、刀锤钢凿　运笔如花

石雕是使用天然石材雕琢出优美图案。园林石雕建筑装饰，主要用在建筑物的基台、露台、柱础、磉石及砷石、桥梁、石幢、栏杆、牌坊等方面。

石雕根据雕刻的高低深浅可分为直线凿雕、花式平面线雕、阳雕、阴雕、浮雕、深雕、透雕等 7 类。

苏州金山石雕享有盛誉，以木渎金山及其附近出产的金山花岗石为材料，这类花岗石呈青灰色或青白色，晶粒细密、质地坚硬、不易风化，且耐酸耐腐蚀、抗压力强，为我国首屈一指的优质建筑石料。

艺人以金山、藏书、枫桥金山石三大产区的细石匠为主，是有悠久历史的吴中地方特色传统工艺，能工巧匠辈出。明代以来有与香山帮蒯祥齐名的陆祥。陆因擅于石雕和石料工程建筑而官至工部侍郎。

名石匠顾竹亭以擅长摩崖石刻而誉满吴中。“造桥王”许松斋、钱金生则以修建苏州宝带桥筑石亭和建造横塘彩云桥而著名。

近现代的著名金山石匠有顾竹亭、唐仲芳、盛水大、龚金木等，其中顾竹亭是摩崖石刻名匠，吴中名胜遍留手迹，章太炎曾亲书“班氏功名诗投笔，鲁公碑志有传人”对联相赠。唐仲芳是碑刻名匠，曾承接南京中山陵和灵谷寺烈士公墓两大建筑内的全部刻字工程而名闻全国。

龚金木则是新中国成立以来领衔金山石匠参加人民英雄纪念碑等全国著名石料工程的细石匠。

雕制的作品大的上千斤，小的似手指，石狮威严有加，石马引颈长嘶，石灯镂空剔透，观音笑容可掬，无不神情兼备，惟妙惟肖。其中石狮是金山石雕品的代表，形成苏州特色的艺术风格，称“苏狮”，与北京的“京狮”、广东的“粤狮”并称石狮三大流派。苏式石狮的特点为雌雄成对，雄者左足踩球，雌者右足抚幼狮，左右顾盼，笑脸相迎，造型古朴，温和可爱，具有浓郁的江南水乡特色。

石雕绝技名震华夏，如：

劈石绝技。一块八仙桌大小的大料石，只需选择一个平面，在平面上列作几个“库子”，放上“胀腨”，石匠高举24磅大锤，一锤下去，石料齐刷刷一断为俩。

左右开弓绝技。左右手分别握锤，右手雕凿雄狮，左手雕凿雌狮，达到雌雄狮一模一样的艺术效果。

“冰梅纹”石墙砌筑绝技。“冰梅纹”是指石块拼缝似碎冰状，有的呈梅花状，酷似天然，以不留拼接加工痕迹为最，非顶尖高手不敢问津。

“断柱接柱”绝技是石拱桥建筑绝技，不用任何支架，拱形石材拼接严合，所筑桥梁美观又坚固。

摩崖石刻和碑刻绝技。凿刻时以钢凿代笔，接刀处不留斧凿痕，刻凿深浅恰到好处，酷似书法运笔轻重，游丝枯笔均需反映原作风貌。图像碑刻必须精通画理，运刀如运笔，圆角转折处不露接刀痕迹。

金山石雕的艺术效果令人惊叹，但这却是一门艰苦的技艺，包含着众多的工序，不但需要创作者有较高的审美观和艺术价值观，而且也是一门艰苦的体力活，塑、刻、凿、雕、磨、钻、镂、削、切、接等技法无所不用。

## 三、刻削磨砻　文采生光

江南建筑木雕的起源很早，苏州草鞋山出土文物中，有3000年前木刻件遗物。2500多年前，伍子胥筑苏州古城，“欲东并大越，越在东南，故立蛇门以制敌国。吴在辰，其位龙也，故小城南门上反羽为两鲵鱙，以象龙角。越在巳地，其位蛇也，故南大门上有木蛇，北向首内，示越属于吴也。”同书还记载，姑苏台的木材是越王勾践所献，木材上都经过“巧工施校，制以规绳。雕治圆转，刻削磨砻。分以丹青，错画文章。婴以白璧，缕以黄金。状类龙蛇，文采生光”，姑苏台建筑雕镂之精工，可见一斑。

两汉时期的建筑木雕得到了进一步的发展，南北朝时期建筑木柱上已经使用压地隐起木雕技艺。到了五代两宋时期，建筑木雕已发展到相当成熟的阶段，特别是宋代《营造法式》对建筑木雕做了专门记述，并附有图样。

园林建筑物上的木雕构件主要有：山雾云、抱梁云、梁垫、棹木、梁两侧雕刻封拱板、垫拱板、鞋麻板、水浪机、花机以及偷步柱花篮厅的花篮头、插件等雕花件。

木雕设计通常由花作师傅和大木师傅筹划，决定布局和比例。根据师徒或父子相承的“花样”作为雕刻的“粉本”，有一定绘图功底的“把作师傅”会迎合房主的喜好及当地的风俗来进行设计，使之更生动传神、深入人心，再通过放样、分层打坯、细部雕刻、修磨打光、揩油上漆等多道工序，方告完成。为了体现木材本色和纹理之美，也可只上一层透明的桐油，既起到防腐蚀的作用又显得朴实无华。

## 四、心灵陈词　崇文风雅

建筑必有图，有图必有意，有意必吉祥。园林雕刻，以其姿态各异的优美造型给予人们美的视觉冲击，而且广泛采用比喻、象征、谐音等艺术手段，激发人们对生活美的憧憬，艺术手法和文学艺术并无二致。这些雕刻图案之“意”，表达了对生活美的憧憬、对人格美的追求、对历代文化名人的膜拜，是一种特殊的心灵陈词。

如耦园“平泉小筑”砖雕门楼上开屏的美丽凤鸟，在翩翩祥云的衬托下令人想起“凤求凰”的优美琴曲，与耦园“佳耦”主题相得益彰。

虹饮山房山墙上的嫦娥奔月雕塑，反映了人们对美好生活的向往（图 5-26）。

文王访贤、郭子仪庆寿、薛仁贵衣锦回乡等雕刻图案，是人们对明君贤臣的期盼。

豫园游廊西侧墙上有“武举夺魁”砖雕武举跃马弯弓，英姿勃发，志在夺魁。“梅妻鹤子”泥塑，刻画北宋诗人林和靖隐居杭州西湖孤山，20 年不到城市，终生不仕，植梅养鹤，终身不娶，人称“梅妻鹤子”。博取功名与淡泊名利，反映了儒道互补的中国士大夫文化心态和仕隐的矛盾心理。

豫园听涛阁西墙上嵌有清代绿豆石雕《渔樵耕读图》，渔樵耕读分别指捕鱼的渔夫、砍柴的樵夫、耕田的农夫和读书的书生，四业中以渔为首。渔樵耕读是以农立国的中国基本的经济生产形态和生活内容，一向为人们所尊崇。

渔夫以东汉严子陵为历史原型，严子陵一生不愿为官，多次拒绝曾经是同学的汉光武帝刘秀的邀请，隐居于浙江桐庐，垂钓终老。宋代范仲淹在《严先生祠堂记》赞扬严子陵能够

图 5-26　嫦娥奔月（木渎虹饮山房）

独全高洁，归乐江湖并歌之曰："云山苍苍。江水泱泱。先生之风，山高水长。"一翁手持钓竿蹲于水边，渔夫们摇船撒网捕鱼。

樵夫以汉武帝时的朱买臣为历史原型，班固《汉书》记载朱买臣原出身贫寒，常常上山砍柴，卖钱给食。朱买臣热爱读书，数讴歌道中，妻子止之不听。深山老林里，樵夫肩挑柴火在桥头相遇相互招呼。

耕者以舜耕历山为原型。舜至孝不容于父母，被逐出家门于历山妫水边垦荒。相传舜耕时有象为之耕，有鸟为之耘。《墨子・尚贤下》载：昔者，舜耕于历山，陶于河濒，渔于雷泽，灰于常阳，尧得之服泽之阳，立为天子，使接天下之政，而治天下之民。农夫扬鞭扶犁，耕作于田畈之中。

读者以战国苏秦刺股埋头苦读为基本原型。苏秦字季子，东周洛阳人，在齐国受业于鬼谷先生。苏秦第一次入秦游说，但未被重用。后得发愤研读，以至于"头悬梁，锥刺股"。再次出游时，苏秦获得了成功，任六国之相，成为战国时期著名纵横家。此幅刻一老翁手牵小孙儿前来上学，孩子似乎怕生，朝后退缩，私塾老先生笑吟吟地迎接祖孙俩。

“渔樵耕读”是中国传统农业社会的生活方式，它浸润到人们的深层意识之中，并用各种方式表现出来，作为一种大同理想来追求。

三星高照、荫被子孙独特的造型以及如意传代的意象特征，厚寄希望于未来，洋溢着一种浓烈的热爱生活的喜庆色彩。

至于触目可见的松竹梅兰等著名的人文花卉和灵芝、寿桃、蝙蝠图案，还有凤栖牡丹、松鹤长寿、万象更新、(鹿)六(鹤)合(桐)同春吉祥动植物，铸合着人类共同的幸福、长寿、富贵的愿望，象征着人们强烈的生命意识，是其最基本最稳定的文化母题。

狮子林真趣亭内六扇长窗上下各刻有6幅吉祥图案，出自苏州桃花坞木刻名家之手，上面6幅为：“和睦延年、富贵双全、节节高升、喜上眉梢、锦上添花、鸳鸯嬉水”，下面6幅为：“三阳开泰、马上封侯、威震山河、太师少师、欢天喜地、万象更新”。

春在楼下前天井门窗上，装仿古币铜质搭钮，双桃形插销；下槛用安抚形锁眼；沿后天井的门窗，装双龙抢珠铜质搭钮，北瓜形插销，下槛用海棠形锁眼。整个门窗图案寓意为“手执金币，脚踏福地，如意传代，万年永昌”。

明清以后，中华文化名人成为园林雕刻和堆塑最基本最稳定的文化母题之一。文人是文化的载体，他们的艺术形象背后都有其深刻的社会内容。园林厅堂裙板、垂脊、山墙堆塑中每每能见到上古逸士贤人、晋人风流、诗仙风采、宋人雅赏、云林逸韵，成为园林凝固的风雅。

“大抵南朝皆旷达，可怜东晋最风流”[①]，“可怜”是可爱的意思，而“风流”指的是人的举止、情性、言谈等，是那一代新人所追求的那种具有魅力和影响力的人格美，即魏晋风流，是在乱世的环境中对汉儒为人准则的一种否定，也是“玄”的心灵世界的外化，是乱世之下痛苦内心的折射。对个性的张扬，对真善美的追求，对天然之美的欣赏，对文学、琴棋书画的妙赏，加上“腹有诗书气自华”，如此种种，构成了魏晋名士的真风流。

陶渊明穷到向人乞食，饿得好几天不能起床，他将悲情化解到“美”“善”一体的桃花源里，在这个心造的农耕社会的“伊甸园”中陶醉，“神游于黄、农之代”[②]，被称为“古今隐逸诗人之祖”。

菊花是中国传统名花。菊花不仅有飘逸的清雅、华润多姿的外观，幽幽袭人的清香，而且具有“擢颖凌寒飙”“秋霜不改条”的内质，其风姿神采，成为温文尔雅的中华民族精神的象征，也成为陶渊明精神的象征。

辞官归田后的陶渊明嗜菊，宋檀道鸾《续晋阳秋》载：“陶潜尝九月九日无酒，宅边东篱下菊丛中，采摘盈把，坐其侧。未几，望见白衣人至，乃王弘送酒也。即便就酌，醉而后归。”陶渊明的这种生命史，已经如一幅中国名画一样不朽，人们也把其当作一幅图画去惊赞，因为它就是一种艺术的杰作。[③]

---

① (唐)杜牧:《润州二首》之一。《全唐诗》卷五百二十二。

② 丘嘉惠:《东山草堂陶诗笺》卷五。参见曹林娣:《中国园林文化》，中国建筑工业出版社2005年版，第271~276页。

③ 朱光潜:《谈美书简二种》，上海文艺出版社1999年版，第8页。

陶渊明写下了“采菊东篱下，悠然见南山”的千古名句，采菊东篱，在闲适与宁静中偶然抬起头见到南山，人与自然的和谐交融，达到了王国维所说的“不知何者为我，何者为物”的无我之境。菊花的品性，已经和陶渊明的人格交融为一，真如《红楼梦》中林黛玉咏菊诗所云：“一从陶令平章后，千古高风说到今。”菊花也被称为“花之隐逸者”，成为陶的形象特征，遂获“陶菊”雅称。“陶菊”象征着陶渊明不为五斗米折腰的傲岸骨气；东篱，则成为菊花圃的代称。陶渊明与陶菊成为印在人们心里的美的意象（图 5-27）。

出身世族高门、“清贵有鉴裁”的大名士书圣王羲之，“书肇自然”，王羲之善于摄取自然界事物的某种形态化入字体之中，纵横有象，尤喜“观鹅以取其势，落笔以摩其形”，从鹅的优雅形姿上悟出了书法之道：执笔时食指须如鹅头昂扬微曲，运笔时要像鹅掌拨水，方能使精神贯注于笔端。王羲之模仿着鹅的形态，挥毫转腕，所写的字雄厚飘逸，刚中带柔，既像飞龙又似卧虎。

狮子林一幅“王羲之爱鹅”雕刻，王羲之坐在亭边的椅子上，亭边竹影摇曳，椅边三鹅姿态各异，小童弯腰逗鹅，王羲之则侧身全神贯注地观察着鹅的神态。留园的“王羲之爱鹅”雕刻，小童在喂鹅以食，一鹅伸脖向天鸣叫，柳下树畔，王羲之正倾身观看（图 5-28）。严家花园的王羲之爱鹅雕刻也很生动，双鹅在王羲之坐的椅子前，一鹅安闲自如，似乎在与王羲之对话，另一鹅则伸脖觅食。

大唐统一大帝国的勃勃生命力，不仅铸合了南秀北雄的文风，而且兼容了世界的辉煌文化，诗歌、绘画、书法、音乐、舞蹈等灿烂辉煌，造就了中华大帝国的鼎盛时代。环视世界，

图 5-27　陶渊明爱菊（陈御史花园）

图 5-28　王羲之爱鹅（狮子林）

大唐首都长安城比罗马城大了6倍，当长安城人口多达百万的时候，罗马的人口才不足5万。

盛唐之盛，盛在精神；大唐之大，大在视“华夷如一”的心态。诗仙李白就是盛唐文化孕育出来的天才诗人，李白非凡的自负和自信，狂傲的独立人格，豪放洒脱的气度和自由创造的浪漫情怀，充分体现了盛唐士人的时代性格和精神风貌。他抱着政治幻想当了翰林院待诏。唐玄宗李隆基与宠妃杨玉环在沉香亭赏花，召翰林李白吟诗助兴，李白即席写就《清平调》三首。李隆基大喜，赐饮。大太监高力士地位显赫，天子称他为兄，诸王称他为翁，驸马、宰相还要称他一声公公，何等神气！但李白借着醉酒，竟令高力士为他脱靴！高力士为报此脱靴之辱，借《清平调》中“可怜飞燕倚新妆”句所用赵飞燕一典，说是暗喻杨贵妃，赵飞燕因貌美受宠于汉成帝，立为皇后，后因淫乱后宫被废为庶人，自杀。李白因此罢官而去，彻底粉碎了政治幻想。后来文人用“力士脱靴”来形容文人任性饮酒，不畏权贵，不受拘束。陈御史花园裙板上的高力士为李白脱靴图中，高力士脱靴，杨贵妃捧砚，李白醉态可掬（图5-29）。

李白性情旷达，嗜酒成癖，史载其“每醉为文章，未少差错，与不醉之人相对议事，皆不出其所见”。杜甫《饮中八仙歌》赞道：“李白斗酒诗百篇，长安市上酒家眠。天子呼来不上船，自称臣是酒中仙。”忠王府有两幅李白醉酒雕刻图：画面上的李白醉卧在一口大酒坛旁，豪饮和醉态表现得淋漓尽致。另一幅“李白醉饮”图中，李白举杯似在邀月同饮。陈御史花园的李白醉酒图，喝得酩酊大醉的李白，正扶着小童的肩膀回屋休息。

图5-29　李白“醉酒戏权贵”（陈御史花园）

宋代“以儒立国，而儒道之振，独优于前代”[①]，故宋代文化达到中国文化之最，“天水一朝，人智之活动，与文化之多方面，前之汉唐，后之元明，皆所不逮”[②]。文人皆具全才型文化品格，琴棋书画诗酒茶、雅玩清赏构园，成为他们的生活内容和生活方式，文化艺术各门类互融互通，诗画渗融为一，所谓“画者，文之极也”[③]，“诗中有画”“画中有诗”[④]的王维画作为苏轼所激赏。宋人将诗情画意巧妙地融入园林，“诗

① 《宋史·陈亮传》。

② 王国维：《宋代之金石学》，见《静庵文集》。

③ （宋）邓椿：《画继》，中国古籍大全，卷八。

④ （北宋）苏轼：《经进东坡文集事略·书摩诘蓝田烟雨图》。

扬心造化，笔发性园林”，在审美品位上更崇尚“莫可楷模”的“逸格”和“意韵”，形成以“逸”为主体审美内涵，进一步光大完善了唐人“意境”说和“韵味”说，标志了中国园林美学理论体系的建立。

宋代理学大兴，理学是十分精致的哲学、思理见性的理学，形成了“濂洛风雅”。“洛下五子”之一的周敦颐是其中的代表人物之一。

周敦颐“雅好佳山水，复喜吟咏”，酷爱雅丽端庄、清幽玉洁的莲花，曾筑室庐山莲花峰下小溪上。知南康军时，在府署东侧挖池种莲，名为爱莲池，池宽十余丈，中间有一石台，台上有六角亭，两侧有“之”字桥。盛夏周敦颐双手背在后面，漫步濂溪池畔，欣赏着清香缕缕、随风飘逸的莲花，口诵《爱莲说》，小童紧随其后，为他打扇，这是狮子林裙板上和陈御史花园裙板上雕刻的“周敦颐爱莲”图画面；狮子林裙板上另一幅爱莲图上，周敦颐坐在濂溪边枫树下的石岩上，手持葵扇，濂溪中的荷花亭亭玉立，小童采了一枝美丽的荷花给周敦颐看（图 5-30）。留园的周敦颐爱莲图，小童在濂溪边兴奋地指画着，周敦颐坐在溪边岩石上，手持葵扇朝荷花池指画着，似乎和小童在交谈。陈御史花园也有多幅周敦颐爱莲图。

图 5-30 周敦颐爱莲图（狮子林）

宋人已经从消极避世的“隐于园”的观念，转向珍重人生的“娱于园”“悟于园”。

林和靖是北宋著名的隐逸诗人，隐于杭州西湖孤山，足不及城市近 20 年，不娶妻不生子，唯在居室周围种梅养鹤，人称他“妻梅子鹤”。

梅花的神清骨爽，娴静优雅，与遗世独立的隐士姿态颇为相契，深合崇雅绌俗的宋人时代心理，宋文人爱梅赏梅，蔚为风尚，他们托梅寄志，以梅花在凄风苦雨中孤寂而顽强地开放，执着、机敏、坚韧，孤芳自赏，象征不改初衷的赤诚之心。文人雅客赏其醉人心目的风韵美和独特的神姿。林和靖的《山园小梅》诗：“群芳摇落独暄妍，占尽风情向小园。疏影横斜水清浅，暗香浮动月黄昏。霜禽欲下先偷眼，粉蝶如知合断魂。幸有微吟可相狎，不须檀板共金樽。”尤其是“疏影横斜水清浅，暗香浮动月黄昏”两句，写尽了梅花的风韵，成为咏梅绝唱。

天平山垂脊上“林和靖爱梅”堆塑，林和靖手持拐杖，旁有枝干虬曲的梅花，怀里拥一个笑吟吟的天真可爱的孩子（图5-31）。留园的“林和靖爱梅”图上，一小童肩扛一枝梅花，林和靖在梅花树下。

忠王府和陈御史花园裙板上“苏轼夜游赤壁”图，明月当空，山腰祥云舒卷、梅枝倒垂、松树挺立，山崖下，浪花拍岸，苏轼坐在船上，面对摇桨的人，再现了苏轼《赤壁赋》的意境：

图 5-31 林和靖爱梅堆塑（天平山庄）

壬戌之秋，七月既望，苏子与客泛舟游于赤壁之下。清风徐来，水波不兴。举酒属客，诵明月之诗，歌窈窕之章。少焉，月出于东山之上，徘徊于斗牛之间。白露横江，水光接天。纵一苇之所如，凌万顷之茫然。浩浩乎如冯虚御风，而不知其所止；飘飘乎如遗世独立，羽化而登仙。

文房四宝之一的砚，为文人宝爱，苏轼平生爱玩砚，对砚颇有研究，自称平生以“字画为业，砚为田”。曾在徽州获歙砚，誉之为涩不留笔，滑不拒墨。对龙尾砚也情有所钟，写有《眉子砚歌》《张几仲有龙尾子砚以铜剑易之》《龙尾石砚寄犹子远》等诗歌。忠王府和陈御史花园的裙板上都刻有“苏轼玩砚”图：松石下，小童持砚，苏轼俯身细看；另一幅竹下、篱边，小童和苏轼各持一砚，苏轼神情专注地欣赏着砚台（图5-32）。

石崇拜是地景崇拜的产物，但将崇拜之石作为审美对象点缀的园林中盛行在唐，至宋达到巅峰。文人给天然奇石涂抹了浓浓的人文色彩，开创了中国赏石文化的全新时代。

宋徽宗的书画学博士米芾，米芾性格乖僻，极爱清洁，人称“米颠”，爱石成癖。据《梁溪漫志》等笔记小说记载，米芾在担任无为军守的时候，见到一奇石，大喜过望，特令人给石头穿上衣服，摆上香案，自己则恭恭敬敬地对石头一拜至地，口称“石兄”“石丈”，被时人传为美谈。陈御史花园“米芾拜石”图，米芾对着奇石弯腰几近90°，拱手下拜，一童侍立在侧（图5-33）。

有“九儒十丐”之说的元代，文人有的隐逸于山林，有的寄情于书画，表达自己“超凡脱俗”的情趣，抒发抑郁苦闷的心境。其中以毕生精力从事绘画，取得了卓越的成就“元四家”，受元初画家赵孟頫的复古理论影响，师法五代、北宋山水画传统，又各具独特风貌，给后世以深远的影响。

图 5-32　苏轼玩砚（忠王府）

图 5-33　米芾拜石（陈御史花园）

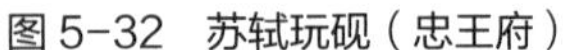

“元四家”中的佼佼者倪瓒（1306—1374），字元镇，号云林，江苏无锡人。倪瓒在长兄的关怀和宠爱下，过着优裕闲适的生活。家中有秀雅的园林，园中有清閟阁，阁内藏有经史子集、佛经道藏和钟鼎彝器等古玩，还有云林堂、萧闲仙亭、朱阳宾馆、海岳翁书画轩等。倪瓒有营构园林的艺术实践，也有陶醉于园林的闲适体验。他的绘画体现了元画“高逸”的最高峰，而他的“逸笔草草”“聊以写胸中逸气”，也最能道出元代绘画的精神。因此，倪瓒在意识史上具有至高地位，明代中期“云林戏墨，江东之家以有无为清浊”[①]，富贵人家以有云林画作为炫耀资本。清王原祁称其为“四家第一逸品”，乾隆皇帝也说：“元四大家，独云林格韵尤超，世称逸品。”董其昌激赏道：“迂翁画在胜国时可称逸品。昔人以逸品置神品之上，历代惟张志和、卢鸿可无愧色。宋人中米襄阳在蹊径之外，馀皆从陶铸而成。元之能者虽多，然秉承宗法，稍加萧散耳。吴仲老大有神气，黄子久特妙风格，王叔明奄有前规，而三家皆有纵横习气。独云林古淡天真，米痴后一人而已。”倪云林一生不愿为官，“屏虑释累，黄冠野服，浮游湖山间”。

倪瓒爱洁如癖，甚至“一盥颒（洗手洗脸）易水数十次，冠服数十次振拂”，“斋阁前植杂色花卉，下以白乳甃其隙，时加汛濯。花叶坠下，则以长竿黐（粘）取之，恐人足侵污也”。据明人王锜《寓圃杂记・云林遗事》记载：“倪云林洁病，自古所无。晚年避地光福徐氏……云林归，徐往谒，慕其清秘

① （明）孙克弘：《题云林画》引沈周语。

阁，恳之得入。偶出一唾，云林命仆遶阁觅其唾处，不得，因自觅，得于桐树之根，遽命扛水洗其树不已。徐大惭而出。”梧桐，又名青桐。青，清也，澄也，与心境澄澈、一无尘俗气的名士的人格精神同构。自此，洗桐成为文人洁身自好的象征。狮子林和留园都有“倪云林洗桐”雕刻。留园的倪云林洗桐图上，水桶放在梧桐树下，倪云林站在一旁，一小童用勺子舀水正往梧桐树上浇水（图 5-34）。

图 5-34 倪云林洗桐（留园）

文人所爱，经过数千年历史的熔炼沉淀至今，积淀着的历代文人的风雅：

无论是王羲之嬉鹅的潇洒、“俯仰之间皆为陈迹”的咏叹，还是陶渊明“采菊东篱下，悠然见南山”的闲适，都掩藏不住魏晋时代的悲凉。

无论是“谪仙”李白醉酒的狂傲、竹溪六逸的放逸，都映射出盛唐自信、自傲的风采；无论是周敦颐独具只眼赏莲、林和靖爱梅的痴情、苏东坡观砚植梅的细腻、遨游赤壁的豪情，还是米元章拜石的癫狂，都是大宋孕育的文化奇葩；倪云林的洁癖，亦是汉族知识分子在民族压榨下的自尊。

## 第五节　吟花席地　醉月铺毡

以砖瓦石片、各色卵石以及碎瓷缸片等废旧材料，铺砌于庭园路径、岩边崖边、花间林下、台岩堂侧，或盘山腰，或穷水际，蜿蜒无尽，组成精美的各式图案，形如织锦，称为花街铺地。构成园林意境的赏心悦目的风景线，形成独具魅力的地面艺术，这是一种化腐朽为神奇的艺术。

铺地图案具有材料美、形式美、内容美、意境美和生态美的意义。

美化地面的艺术源远流长，从考古发现和现代保存的古代文物来看，我国园林铺地（含园路）无论从结构还是地面的图案纹样来看，都是丰富多彩的。

春秋时期的吴王宫苑中就发明过用楩梓木铺设在瓮头上的响屧廊，“西子行则有声”。战国有米字纹、几何纹铺地砖，秦咸阳宫出土的有太阳纹铺地砖，西汉有印石路面，东汉有席纹铺地，唐时有各式“宝相纹”铺地，其中晚唐时期的胡人引驼纹、胡人牵马纹等，不仅做工精美，它还从一个侧面反映了唐代不同民族的商旅们，来往于丝绸之路上繁忙的情景。西夏出现火焰宝珠纹铺地，明清时有雕砖印石嵌花路等，把丰富多彩的寓言故事和吉祥语言等都做成图案精美的地纹，绘出了一幅幅美丽的石子画。江南的花街铺地，由砖、瓦、碎石、卵石等组成的色彩丰富、地纹精美、做工讲究的“地毯”已成为中国园林特别是江南园林的特色之一。在施工技术方面也积累了丰富的经验，使路面的铺筑平平整整。

其中特别是苏州“金砖”的烧制，其质地细密、坚硬如石。

## 一、用材得宜　随宜铺砌

铺地材料有石板、石块、鹅卵石、砖、青瓦、石板、卵石、砖瓦碎片、碎瓷砖、弹片石、黄石片、碎青石、黄道砖等。

用材得宜，不同的材质采取不同做法。计成在《园冶》中讲得很清楚，如“花环窄路偏宜石，堂回空庭须用砖”，花木中间的窄路，最好铺石；厅堂周围的空庭，应当漫砖；“鹅子石，宜铺于不常走处，大小间砌者佳”[①]“乱青版石，斸冰裂纹，宜于山堂、水坡、台端、亭际”[②]；意随人活，砌法似无拘格，“诸砖砌地：屋内，或磨、扁铺；庭下，宜仄砌”[③]。具体操作中，各类材质的铺地运用如下：

石材铺地，采用石板、石块、鹅卵石等材料铺设。大致有：

石地坪：石地坪是规格一致的石板面，适用于主建筑路面、主入口处等部位，以示稳重。石地坪常以硬基础，在基础面铺设一定厚度的砂，使石地坪均衡受力。南方匠人习惯将粗犷的冰裂纹称为“虎皮石”，这类石材适用于面积不太大的假山周、路面和曲径。铺设方法以硬基作基础，以水泥砂浆填充，稳定石块。弹街石铺地，以花岗石碎块铺设，因其来源有限，色泽及人工痕迹较多，常用少量铺设路面或搭配卵石铺设花街，也有使用两种以上颜色的卵石并辅以青石碎块、缸片等材料组合铺设的花街铺地等，琳琅满目。

砖材铺地，用破损青砖、方砖等砖材为主铺设的乱砖街、席纹、回纹、人字、斗纹、间方等，侧铺，属废物利用，且比较自然，但不适宜在阴暗、潮湿地使用。

① （明）计成:《园冶》第196页。

② 同上，第197页。

③ 同上，第198页。

因用于铺设御道而得名皇道砖，常用于走廊、侧铺。其厚度与长度尺寸为整倍数，可铺成席纹、回纹、人字、斗纹、间方等形式。

方砖常用于室内铺设，铺设方法以硬基础面铺 30~50 毫米厚砂，砖之间缝隙传统做法以油灰黏结。

使用两种以上颜色的卵石并辅以如青石碎块、缸片等材料组合成各种图案，俗称花街铺地，这是苏式造园中运用最广泛的路面铺设方法。

铺地分硬景、软景、硬软景混合型 3 类。

以望砖与石片、卵石搭配的图案成为硬景。

用瓦片与卵石、石片等材料搭配的图案称软景，特点是图案全部由弧线与曲线组成，常见的有：芝花海棠、卍字海棠、软景卍字等。

将砖、瓦与卵石、石片等材料搭配在一起所构成的图案更多，称软硬景。

形似鹅卵石的天然石材，光润圆滑，具有阴柔之美的质感，又坚固耐磨。

以卵石与瓦混砌的图案有套钱、球门、芝花等；以砖石、石瓦、卵石混砌的有海棠、冰裂纹、十字灯锦；以各种碎瓷片、碎陶片尾材料，辅以微型卵石，可铺出各种有趣的动物、植物和器物图案。

铺地体现了人工技艺之美，铺地遵循的是“各式方圆，随宜铺砌”[①]的原则：

惟厅堂广厦中铺，一概磨砖，如路径盘蹊，长砌多般乱石。中庭或宜叠胜，近砌亦可回文。八角嵌方，选鹅子铺成蜀锦；层楼山步，就花稍琢秦台。锦线瓦条，台全石版：吟花席地，醉月铺毡。[②]

## 二、纹饰多样　悦目和谐

铺地图案随设计者匠心构成。计成《园冶》以方、圆、人字纹和曲线波纹及其变体为基本图式，列四式用砖仄砌的图案有：人字、席纹、间方、斗纹。八式用砖嵌鹅子式：六方式、攒六方式、八方间六方式、套六方式、长八方式、八方式、海棠式、四方间十字式；还有香草边式，用砖边、瓦砌、香草，中或铺砖，或铺鹅子；毬门式，鹅子嵌瓦；波纹式等数种。名称有方胜、叠胜、步步胜、回文、冰裂、波纹、蜀锦等。

计成十分反感嵌鹤、鹿、狮毬之类的花街铺地，后世则大大发展了[③]。

利用材料本身具有的质感与色彩，组合构筑出各种吉祥图案，如用砖加碎石组合成长八方式、砖与鹅卵石组合成六方式、瓦和鹅卵石组合成球门式、

① （明）计成:《园冶》第192页。

② 同上。

③ （明）计成《园冶》总结了自古至其成书时间的构园技艺，此后在大陆失传300多年，工匠们在构园实践中又不断有了新的创造。

软锦式，砖瓦加卵石和碎石组合成“冰裂梅花式”。仅以海棠题材为例，常见的就有：芝花海棠、卍字海棠、菱花海棠、十字海棠、十字芝花海棠等多种。根据其形、音或特征，若构图合理、紧凑，砌筑精美细致、谐音合理、寓意吉祥，当属花街铺地中的精品，如“五福捧寿”“鹤鹿同春”“六合同春”“平升三级”“梅开五福”等（图 5-35）。

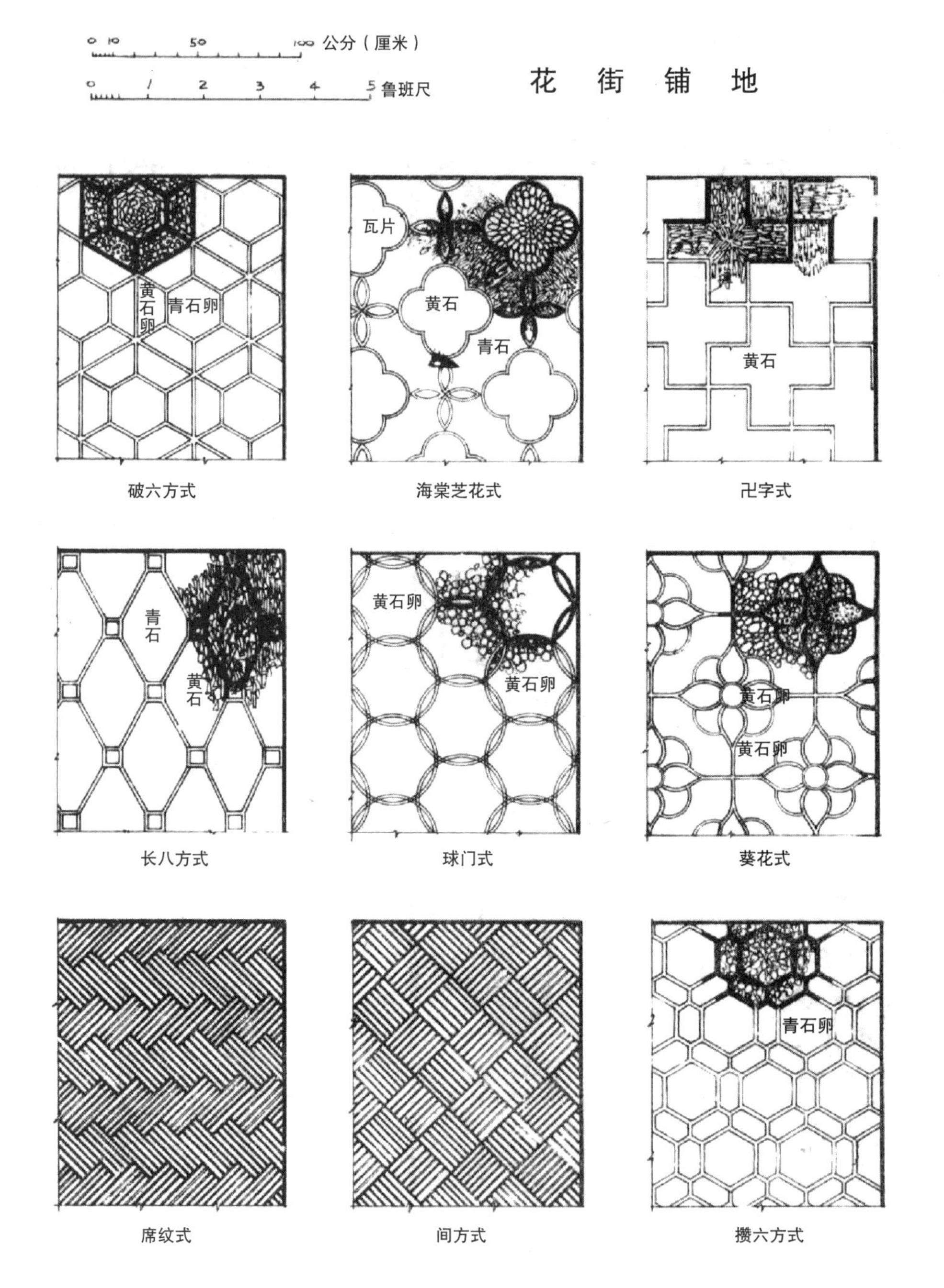


图 5-35　各式铺地花样图案（引自《营造法原》）（一）

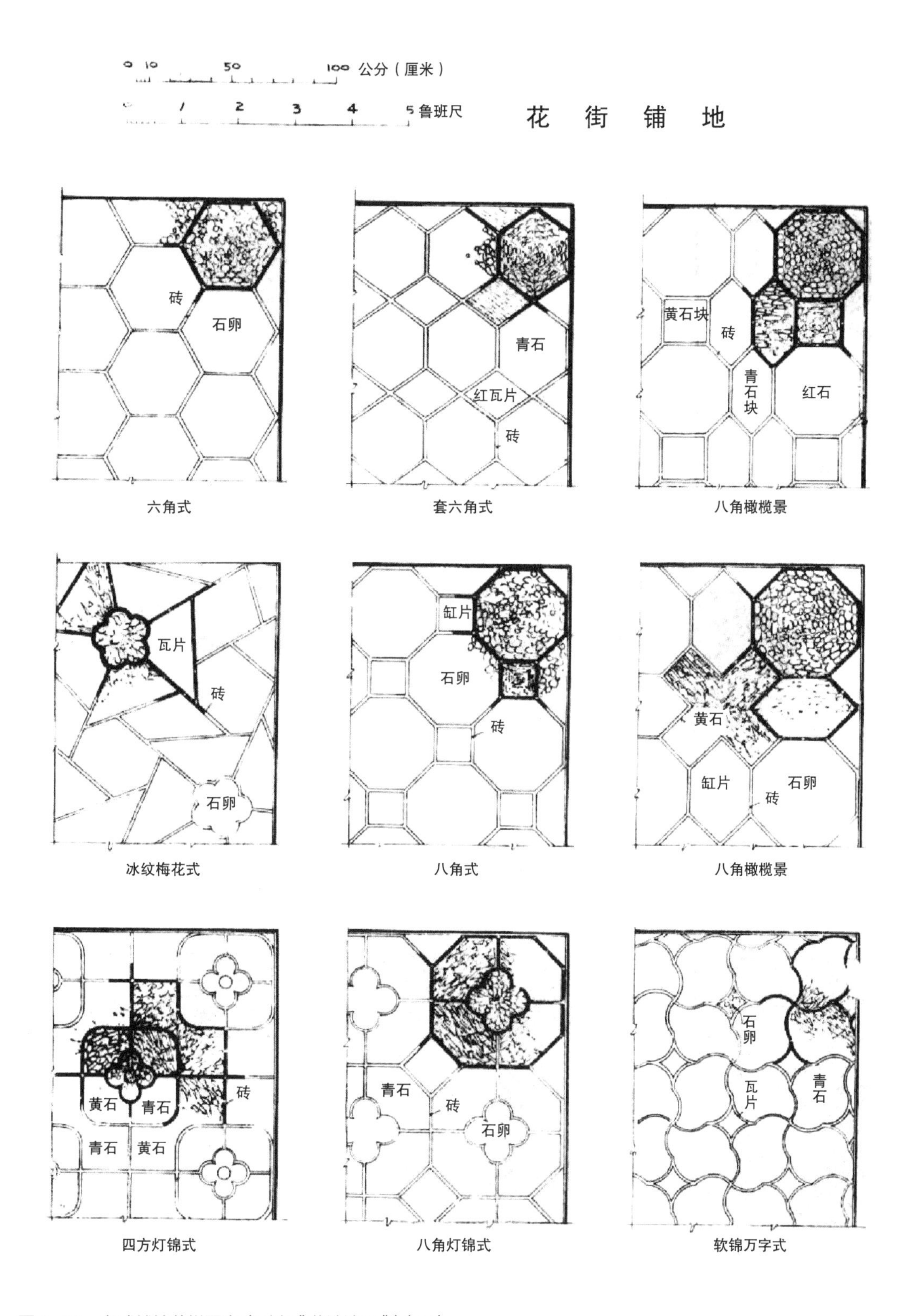


图 5-35 各式铺地花样图案（引自《营造法原》）（二）

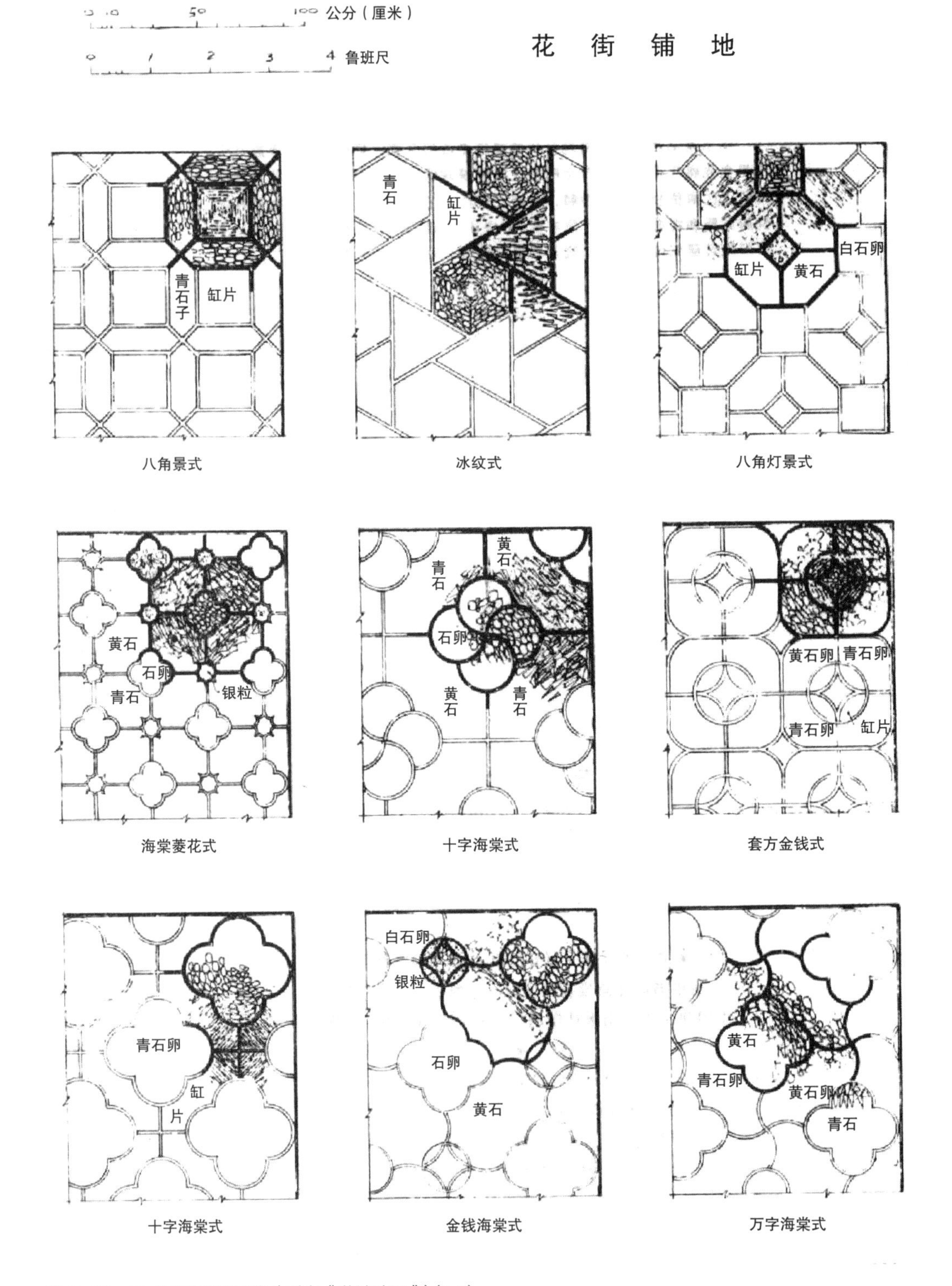


图 5-35　各式铺地花样图案（引自《营造法原》）（三）

铺地花纹细致匀齐，如太极图的一阴一阳，有爱力和动力是为内容美。太极和八卦的哲学与造型，以最简单的 3 条直线，或断或续，可解释宇宙的一切现象，足见其想象的丰富。[①]

太极图的一黑一白，两形相抱成为一圆，表示圆满的性格，色调雅洁，形式和谐，显示了铺地的图案美。

## 三、纳福避邪　意境营造

铺地纹饰的文化蕴含十分丰富，中华文士血管里流淌着的乃是儒道释三教合一的血液，所以，园林铺地内涵中，既有传统士人之清雅、帝皇之跋扈、商家之铜臭及释道之妙谛，也有迎合了世俗“福禄寿喜财”愿望的吉祥图案，雅俗兼存、儒道互补、凡圣渗融。

如春在楼庭院铺地有凤穿牡丹、元宝、百吉等。其中有一方铺地毯，其回纹镶边四角图案为吉祥如意、五福上寿，中间是双钱、暗八仙、聚宝盆、鲤鱼跳龙门、松鹤延年以及神通广大、能震慑邪恶的太极图、八卦图等，代表了人们的生活愿望和美好的祝愿。

优美的铺地纹饰，不但自身具备各式图案，还以其丰富的象征意义创造出图案之外的深永的意境和韵味，共同作用于造园或某一区域的主题，计成对之有一段生动的描述：

“废瓦片也有行时，当湖石削铺，波纹汹涌。破方砖可留大用，绕梅花磨斗，冰裂纷纭。路径寻常，阶除脱俗。莲生袜底，步出个中来。翠拾林深，春从何处是。”[②]

砌纹如波涛汹涌，产生行舟江湖的遐想。用破方砖磨斗成冰裂纹地面，老梅似傲寒于“冰裂纷纭”之中，给人以晶莹高洁之感，造成冷艳幽香的境界。平凡的路径，阶庭脱尘俗之气，犹如足下生莲，美人从景中走出。林间拾翠羽，春情自何处而来？与风景主题吻合的铺地图案意象，无疑能强化景点主题、深化意境，获得令人回味无穷的审美快感。

在园林假山边铺冰裂纹。冰裂，意味着春天快到了，冰裂快开化成水了，有了水意，山水结合，水围山绕，意境顿出，且水属阴、山属阳，阴阳组合。

拙政园“玉壶冰”前庭院铺地用的是冰雪纹，与馆冰裂格扇花纹以及题额丝丝入扣。

网师园“潭西渔隐”庭院铺地为渔网形，与“网师”主题相恰。踩着一朵朵莲花，似乎有步步生莲的圣洁之感。满院的芝花，也足可涤俗洗心，并创造出浪漫的诗意空间。

值得注意的是，季相特征鲜明的铺地图案，在以水池为中心的较大园林空间，应该遵循五行与四季相配的原则，如海棠花是春天的花卉，应该铺在水池东侧；冰裂纹或冰梅纹，铺在水池北侧。同样原则，桂花盆景图案镶嵌在池西侧，而碗莲等盆景图案镶嵌在水池南侧。当然，园林都设有四季看花的园中园，每个小庭园铺地图案都要和季相吻合，如拙政园海棠春坞，满庭

① 吴振声：《中国建筑装饰艺术》，台北文史出版社 1980 年版，第 3 页。

② （明）计成著，刘乾先校注：《园林说译注》，吉林文史出版社 1998 年版，第 192 页。

卍字海棠地纹，虽然小庭院中仅有两株垂丝海棠，但置身其中，犹如处于海棠花丛之中，即使在凛冽的寒冬，也会唤起海棠花开烂漫的春意。

## 小结

艺术，往往美在细节。门窗、雕刻、铺地等多姿多彩的建筑小品是中华宅园所以美轮美奂的重要内容。这些装饰艺术不仅美观，还都具有透风漏月等生态意义，有的还有保健作用。

如以碎石铺地，适当留缝，注意地表的生态性，还可以增强路面的抗滑性，并有助于排水。街径庭除铺地，“雨久生苔，自然古色”[①]。糅合进自然元素，使建筑与自然有机结合，增加了建筑的自然感和亲切感。

现代医学证明，用鹅卵石铺成的“蜀锦”，高低错落有致，具有良好的保健作用，如果穿着软底鞋或干脆赤足缓步在卵石小径上，能起到按摩足底穴位、活血舒筋、消除疲劳的作用，比大理石碎片铺地优越得多。

① （明）文震亨:《长物志》卷一《街径庭除》。

# 第六章

# 建筑装修　道蕴于器

建筑装修指建筑的木装修，木装修是指形成建筑总体形象、在建筑中受力、起着骨架作用以外的那部分木作工程。

具体表现为门、窗和接触的相关构件。木装修制作精细、用材上乘，使建筑增加了艺术效果和文化韵味。

《易》曰：“形而上者为之道（伦理纲常），形而下者为之器（有形器物）。”然《老子》以为“朴（道）散则为器”，“道”蕴于“器”，“器物有魂魄”。

陈设主要指用诗书画等艺术因子，进一步对建筑物的装饰和家具陈设。清供，包括屏挂、书画、书条石和、古玩等，它们是园林不可或缺的艺术成分。

《荀子·礼论》说：“雕琢刻镂，黼黻文章，所以养目也；钟鼓管磬，琴瑟竽笙，所以养耳也。”

明末出身于“簪缨世族”“冠冕吴趋”的贵胄子弟文震亨写有《长物志》，称园林陈设、家具等为“长物”，即“身外余物”之意，但还是为“长物”写了“志”，范围极广，旁及花草树木、鸟兽虫鱼、金石书画、服饰器皿，识别名物、通彻雅俗。

文震亨主要讲室庐有制，花木、水石、禽鱼有经，书画有目，几榻有度，器具有式，位置有定，衣饰有王、谢之风，舟车有武陵蜀道之想，蔬果有仙家瓜枣之味，香茗有荀令、玉川之癖等，是明代文人的生活写照。

本章集中就以上问题进行讨论。

## 第一节　内外装修　实用典雅

中国宅园木装修主要指建筑的外檐装修和内檐装修两类。

建筑屋檐下部外表的各种装饰的做法和形式，称为外檐装修，诸如库门、将军门、墙门、长窗（隔扇）、半窗半墙、地坪窗（勾栏槛窗）、和合窗、砖框花窗、栏杆、鹅颈椅、雀宿檐、门景、挂落、插角等。

室内装修则称为内檐装修，包括板壁、纱隔、屏门、挂落、帐幔、博古架或多宝格、飞罩、落地罩等，以装饰代墙，隔出大小不一的空间；把空间竖向分隔为多层，虚实互借、轻便灵活，体现建筑艺术的精美典雅和丰富深厚的文化蕴含。

## 一、窗棂栏杆　各得其所

门与窗形式上没有明显区别，门实际就是落地窗，门窗可全部开启甚至拆卸，从而室内与庭院进一步融合，体现了内外空间的连续与中介。

长窗又称落地长窗，俗称槅扇、檐口窗，布置在明间，设于步柱之间，有 4 扇、6 扇、8 扇，视开间大小而定，而以 6 扇居多。框内分：上夹堂、内心仔、中夹堂、裙板和下夹堂 5 部，所有的夹宕都由木板填实，木板雕刻成各式图样，图案的内容视建筑的主题而定，常以花卉、古器皿、吉祥物、典故等形式表现在裙板上，其刀法常为浅浮雕。当窗扇是装在廊柱部位时应做外裙板，以利排水及保护窗的夹宕板。

半窗是相对长窗而言的，其长度仅为半窗的半截，而得其名。常用于次间，窗下砌有半墙，上设坐槛，以供憩息。一般情况，半窗与长窗在同一建筑立面，其安装位置常在左右两次间。半窗也适用于建筑的通风、采光需要的部位。半窗是长窗的“半截”，因此其上夹宕、芯子的长度、图案、做法必须于统一建筑相应的长窗完全一致，半窗的下夹宕则与相对应的长窗的中夹宕完全一致。

半窗的固定方式与长窗基本相似，与长窗不同的是其下槛坐在半墙上的，下槛的做法与长窗下槛有区别。

短窗，也称地坪窗，是装在木栏杆上的半窗，多用于厅堂次间步柱之间，通常 6 扇。窗下多半是裙板栏杆或半墙。框内分：上夹堂、内心仔和下夹堂 3 部。地坪窗与半窗的区别仅在于地坪窗是安装在木栏杆上，而半窗是安装在半墙上。

横风窗是宽度大于高度的窗，长度一般为长窗宽度的两倍，因其外形像横放的窗而得名。横风窗用于较高房屋，装在上槛、中槛之间或围屏地罩之上，以开间匀分为 3 扇或每间一场，隔以短枕（枕为窗框的上下横木），成扇长方形。常使用的部位是有内走廊的厅堂类建筑的步柱位置。横风窗一般都不能开启，必要时可以脱卸。横风窗的功能在于室内采光和装修立面上能与长窗匹配，而使建筑观赏效果完美。

和合窗又称支摘窗，前者以其组合形式而得名，后者是其开启方式而得名。和合窗常设在亭、阁、旱船或轩榭的次间步柱之间。和合窗每间排列 3 组，每组分上、中、下 3 扇，上下两扇以固定式不能开启，但能脱卸，中间一扇能向外掀开，并以两金属长构支撑。

景窗常用于建筑的山墙、后包檐墙，且墙外有一定的风景，通过景窗可以看到室外景色，能增加室内的宽敞感和艺术感。景窗的尺度较大，其宽度常在 1.5m 左右，高度也在 1m 以上，其外形有扁方形、八角形、六角形、长方形等。景窗的组成由外框、边条、芯子等。在景窗的中心部位都设有一棚子，棚子的形式可以是方形的，也可以随其外形而变化。景窗与砖墙面之间以砖细窗框相隔。

景窗芯子的图案也像其他形式的窗扇一样繁多，常用的图案有回纹、冰纹、腾景等，其中的腾景为雕刻做法。通常景窗都以固定形式与砖细窗框联结，窗的外侧配以整块玻璃，以挡风雨。当景窗朝外的一面有防雨条件，并有观赏要求时，景窗的芯子可以做成双层，即夹芯子。

栏杆以构造形式分：平栏（扶手栏杆、花栏杆）、坐凳栏杆（半栏），又可分为高、矮两种。前者称栏杆，后者称半栏或矮栏。在厅、堂、轩、榭、楼、阁、亭、廊及台前崖侧、池岸桥边装置，具有标志及围护双重功能的木装修构件。当栏杆用于廊柱部位时，是区分室内外的标志；栏杆用于室内时，是分隔建筑内部区域的标志。当栏杆安装在敞开式走廊时，因走廊的室内外地坪差一般在 15cm 左右，栏杆的围护功能要求不高，栏杆做成半栏以供人倚坐，可凭倚观景，增添景色。栏杆由脚、挺、花吉子、芯子等杆件组成，其中的芯子式样较多，常见的为卍字，制作比较方便。

吴王靠，“吴王”是“鹅项”的吴语谐音，系安装在半墙面的形似鹅颈形的靠背的矮栏，供人们憩息时扶手及围护作用，常用于亭、榭、轩、阁等小型建筑的外围，视各建筑平面的不同，用于在建筑的一面或多面。

吴王靠的芯子形式比较单一，常用的为竹节状或方芯浑圆。复杂的芯子做法有回纹、美字等，施工复杂程度比一般栏杆大，但属少见。

## 二、似隔非隔　虚实互借

内檐装修的特点是布置灵活，式样多变，用以区别使用性质不同的空间和烘托出建筑物的性质。大致分纱屏门、隔和罩 3 种。

屏门是用于分隔厅堂类柱建筑的门类构件，置厅堂正中，以间隔前后。屏门以 6 扇为一组，面阔 3 间的仅装正间 6 扇，亦有 3 间全装。面阔 5 间的，在正间和两边次间都装置，如留园的“林泉耆硕之馆”屏门，双面刻有“冠云峰赞有序”及“冠云峰图”。屏门的使用，使厅堂内部具有比原来更高爽、气派的感觉。

纱隔，俗称隔扇、围屏纱窗，是分隔小型建筑内部空间的装修构件。装置在厅、榭、斋、馆、楼、阁等建筑中，分隔前后或左右。纱隔形似长窗，但不做芯子，而用高档木材做成棚子，棚子雕刻花纹。纱隔的正反两面都属近观之列，故应做两面正。在两棚子之间填满木板或配双层玻璃，正面雕刻书画，或两面糊裱字画，或订以纱绢，或配玻璃。裙板上精细雕刻花鸟、人物、暗八仙、博古、案头供物等图案，也有用黄杨木雕镶嵌，以增室内文化艺术气息。

纱隔的组合排列形式有两种：其一为连续排列，就是将所有要分隔的部位安装整宕纱窗，一宕纱窗数量约在六扇以内，确定其中两扇可经常开关，以供人员出入；其二为间隔排列，即在整宕纱窗中，中间留两扇纱窗宽度的门洞，供人员出入，纱窗的安装位置应在木构架或桁条中心线位置上。连续排列的纱隔的安装方法与外装修中的长窗安装相同，仅下槛略低于外装修。间隔排列形式的纱隔其下槛分为两节短木，长度略大于纱窗宽度，形状也与槛不同，称作须弥坐。间隔式纱隔不能开启，仅能脱卸。

屏风窗，式样同纱隔，但较阔，用于旱船中舱正中。

罩是用于通道和分隔的装饰构件，并起着门洞作用。从罩的外形可分为地罩和飞罩两类。

所谓地罩是指从地坪起的罩，其宽度达两抱柱之边，其高度自地坪（含须弥座）至上槛或枋子底，又称落地罩，适用于主要厅堂类建筑前后分隔或进入建筑内部的入口。飞罩的外形尺寸比地罩小，显得轻巧，与地罩对比最显著的特征是两端不落而“飞”在空中，不适用建筑体量大的主要部位，比较适用于主建筑次间、轩、榭等小型建筑的出入口及内部。

罩的构造大致和挂落相同，但飞罩和落地罩（图 6-1）有用整块或两三块木料雕空而成者，一般用银杏、花梨木等优质材料，便于雕琢花纹。罩的制作形式可分为雕刻罩和拷芯子罩两类，雕刻罩是在整块组合好的木板上按设计要求放足尺大样后精心雕刻而成的，此类罩实质上就是一幅大型雕刻件。

图 6-1　喜鹊登梅落地罩（网师园）

博古架是摆放古器皿、花瓶之类古玩的支架，是一对穿的有几何图案组成的木格，适用于小型接待建筑。博古架常置于大片墙面之旁，以改变墙面的单调形象，又可以安置在建筑需要分隔的部位，以达到似隔非隔的效果，使建筑能保持原有大空间，又区分了使用功能，增强了艺术性，不失为一举多得的分隔形式。博古架用材都较高档，如银杏木之类，做工要求考究。

## 三、装修构件　儒雅吉祥

雀替、窗棂和挂落是最能体现江南风格的建筑装饰构件。

雀替，是指置于梁枋下与立柱相交的短木类点缀物，为中国古建筑的特色构件之一。宋代称角替，于明代后才广为运用，至清时即成为一种风格独特的构件，称为雀替，又称为插角或托木。

雀替可以减少梁与柱相接处的向下剪力，防止横竖构材间的角度之倾斜，是结构与美学相结合的产物。

雀替制作材料由该建筑所用的主要建材所决定，如木建筑上用木雀替，石建筑上用石雀替，室内外都可用。按其形式，可分 7 类：大雀替、龙门雀替、雀替、小雀替、通雀替、骑马雀替和花牙子等。雀替有龙、凤、仙鹤、花鸟、花篮、金蟾等各种形式，雕法则有圆雕、浮雕、透雕（图 6-2）。

图 6-2　草龙雀替（网师园）

传统门窗窗棂极富韵律的图案与屋顶的韵律共同组成传统庭院的建筑立面，并能取舍日光月影、朝晖斜阳、雾雪霜露、芭蕉夜雨，又可透过窗棂一赏花色木荣杨柳依依、池波荡桥光影迷离的庭院情致。

窗棂图案吉祥寓意又给予人们美好的心灵慰藉。如：

上古时代开始，人类对天的崇拜符号往往用永恒不变的太阳来表示，而亚字图形、十字形图和卐字形都是太阳的标识符号。早在我国新石器时代的众多文化遗址中，“亚”（“十”）纹形状十分普遍，包含了多种象征含义：标志居世界之中心，亦为至上神权与俗权之象征，源于太阳崇拜；“亚”（“十”）也象征着生命之肇始、本根，生命循环创造的过程，是沟通天地人之工具，也即沟通天堂、地狱、人间之世界轴心所在。

太阳为古代少皞太皞族的图腾，以卍形纹或十字纹象征。卍纹亦见于我国古代岩画所绘的太阳神或象征太阳神的画像中，象征着太阳每天从东到西的旋转运行。一曰卐乃巫的变体，最早的巫是太阳的信使，卐还是太阳。

后来印度的婆罗门教、佛教都采用了这个符号，象征慧根开启、觉悟光明和吉祥如意的护符。佛教著作说佛祖再生，胸前隐起卍字纹，遂成为释迦牟尼32相之一，即“吉祥海云相”，也是西藏雍仲苯教的密语之一，代表了“永生”“永恒”“长存”的含义。卍字纹样有向左旋和向右旋两种形式，唐代慧琳《一切经音义》有关卍之述认为应以右旋卍为准，民间流传的卍两种形式都通用。

由陶器青铜器上的云雷纹衍化而来的回纹图案，除了有压火的心理抚慰功能外，其图文特点为横竖短线组成方形或圆形的回环状的花纹，形如“回”字，线条永无交合，有安全回归、吉祥无限的心理暗示。

门窗格心棂花中的点缀图案棂花，在棂花中起连接作用，它与其他棂花图案一起组成一幅多样式的门窗格心棂花图案。

工字样式的心棂花，除有象形文字的效果外，有精巧、美丽、规矩等美好的寓意与象征。

“井”字棂花，既有压火的象征，又对应天空中二十八星宿中南方第一宿名井宿的星座，是吉祥的象征。

回环转折的云纹：云是一种自然天象，因富于变化又常与雨相联系，有利于农业活动，被视作吉兆物，与日、月、星同列，有极其重要的地位。《河图帝纪》：“云者天地之本也”；《春秋元命苞》：“阴阳聚为云”；《礼统》：“云者运气布恩普也。”在古代文献中，云的名称有卿云、景云等称。孔稚圭《北山移文》：“度白雪以方絜，干青云以直上”，后以青云直上为步步高升。美丽而富有动感，祥云翩翩，寓意高升，被视为文人八宝之一。

六角形图案，像乌龟背部上的龟纹状，故被称龟背锦，寓意长寿。六角形的“六”和代表钱财的“禄”谐音，引起丰衣足食、家财万贯的联想。

“花结”心棂花，既有四季如春、姹紫嫣红的象征含义，又能引起有吉（结）利、团结等联想。

三根横棂条组成一组，共3组分别与直棂条的上、中、下3处相交，而组成的几何图案，由于直棂条、横棂条均细而长，似长箭一样，故称一码三箭。中国道家称“道生一，一生二，二生三，三生万物”，即指一代表了天，二代表了地，三代表了人，只要有天地人这三种的存在就会造就出万事万物。无穷无尽的长箭悬在门窗上，一则可以避除邪恶的侵扰；二则显示有取之不尽的、象征天的力量的武器在此；三则是箭可以捕取很多猎物，是谋取财富的保证。

方胜，是两个方形（菱形）相套的一种图案。方胜因由两个菱形压角相叠又称为同心方胜，表示心连心，象征男女之间坚贞的爱情，又象征同心就能协力。胜是古代妇女优美首饰。《山海经·西山经》：“西王母其状如人，豹尾虎齿而善啸，蓬发戴胜。”郭璞注：“胜，玉胜也。”又，《汉书·司马相如传》：“（西王母）皓然白首戴胜而穴处兮。”颜师古注：“胜，妇人首饰也，汉代谓之华胜。”

方胜图案取不死药的所有者西王母吉意，含有长寿、辟邪及同心同意，优胜吉祥之意。与珠、锭、如意、犀角、珊瑚、磬、书、笔、艾叶组成八宝。

盘长图案是佛教八种吉祥物之一，佛说回环贯彻一切通明之谓；又以其无穷无尽的盘绕象征连绵不断、长生，民间也叫盘长为百吉，认为是一种幸运盘。有福寿延绵，永无休止的意思。

如意原为一佛具，前文已述及，佛教八宝之一。

灯笼框（又名灯笼锦）是又一种常见的传统窗格图案，它是简单化、抽象化了的灯笼形象，以八边形为基本骨架，中间留有较大面积的空白，周围点缀折枝花等雕饰，图案简洁舒朗。在古代，灯笼是光明和喜庆的象征，也是生殖崇拜的符号。

书条纹是一种以竖形隔心为主的简单隔条图案。园林主人多为文人士大夫，以卷中岁月为最大乐趣，故模仿古代书籍的页面条纹做书条式窗格。

冰裂纹形模仿自然界的冰裂纹样，或为直线条化成三角状，并有规律地延展。冰，是士大夫文人追求人格完善的象征符号，所谓“怀冰握瑜”，象征人品的高洁无暇。姚崇《冰壶诫序》曰：“冰壶者，清洁之至也，君子对之，不忘乎清，夫洞澈无暇，澄空见底，当官明白者有类是乎！故内怀冰清，外涵玉润，此君子冰壶之德也。”[①] 唐王昌龄用“一片冰心在玉壶”，证明自己人格的高洁、为人的清白。冰裂纹又象征坚冰出现裂纹开始消融，寒冬已过，大地回春，万物开始复苏，一切不如意、不愉快的事情即将过去，美好的、如意的愿望立即会到来（图6-3）。

① 《全唐文》卷二百零六，中华书局1983年版，第2085页。

图 6-3　冰裂纹窗棂（拙政园玉壶冰）

“梅花”心棂花，是一种规整的五瓣梅花图锦，象征冬去春来，因梅品高洁，象征君子品行。花开五瓣，谓“梅开五福”，寓意吉祥。冰裂纷纭中镶嵌一朵五瓣梅花，更具有报春及凌寒独自开放的高洁人格。

柳条式样的窗格在园林中较为常见，有柳条变人字式、人字变六方式、柳条变井字式、井字变杂花式、玉砖街式、八方式、束腰式，然都不脱柳条式，这是因为“柳”本身蕴含着深厚的文化内涵。

“杨柳依依”，柳积淀着“家”的情感因子。“柳”与“留”谐音，也成为寄寓留恋、依恋的情感载体。陶渊明写《五柳先生传》以自况，“宅边有五柳树，因以为号焉”，后泛指具有情致高雅脱俗的隐士居处环境。杨柳枝在中国文化中还具有治疗疾病、驱除鬼魅和澄净人心和环境的功能。

方格纹，民间俗称豆腐格。网络纹图案在 5000 年前出现，从早期陶器上发展到建筑门窗扇上，说明它有很强的生命力。网，是渔猎社会获取食物的重要工具。网者，网罗众财，民间以为吉祥。网格纹的各个正方形孔洞又代表了处处正直之意。

“步步锦”，是横线和竖线按一定的规律组合在一起，周围嵌以简单雕饰的一种线条图案，就如人走的阶梯。将这种装修花纹冠以“步步锦”的美称，反映出人们渴望不断进取，一步步走上锦绣前程的美好愿望。

菱形图纹。菱，《中文形音义综合大字典》称菱角之水竹名，菱含有超越之意义。菱乃结实之菱角，是一种可食用的水生植物，是大自然所赐予的丰硕果实的象征符号。菱形纹状又是原始先民捕鱼等的网形状，网是进财的象征。菱形在中国的传统吉祥图案中为文人的八宝之一。

“风车纹”心棂花是一种象征风车轮形状的图案。是天地之间的流动空气的象征符号。风车接受风力并转换成动力，供人们生产之用，也就成为人们得到财富的一种具象物体，象征着上天恩赐的力量财富源泉是无有终止的。

门窗格心棂花中有八角形图案。不等边八角样式棂花可以使房内得到较大的采光面积，等边八角形样式棂花可使门窗格心上得到一片规则的八角锦效果。八字有很多吉祥喜庆的内涵和寓意，并含有很多神秘的大自然现象的象征，又有美丽实用的装饰效果。

“海棠”心棂花，色彩艳美、春天象征。

“卧蚕”格心，是将蚕卧睡之形状图案用作门窗格心棂花，有透雕效果，蚕桑为中华重要的经济手段，故也有财源不断、丰衣足食的意味。

……

挂落是位于廊柱上部的连机或枋子底面的装饰构件，因其安装在檐下呈悬挂状，因此得名“挂落”。在室内的挂落称挂落飞罩，但不等于飞罩，挂落飞罩与挂落很接近，只是与柱相连的两端稍向下垂；而飞罩的两端下垂更低，使两柱门形成拱门状。挂落常用镂空的木格或雕花板做成，也可由细小的木条搭接而成，用作装饰或阻隔空间。

挂落常做透雕或彩绘，为装饰的重点。装饰题材有卍字、缠枝纹、藤茎纹等，藤茎式挂落是雕刻形式的挂落。

藤茎、藤，《说文》解释为“藟”。《名医别录》曰：“藟，千岁藟。”《方伎传》称：“姜抚服常春藤，使白发还鬒。常春藤者，千岁藟也。”图案常以藤蔓的形象出现，有世代长寿的寓意。

装饰纹饰中，出于福禄寿喜财及安全防护等内涵的，属于生理本能等低层次需要，这类纹饰最多，如卍字纹、回纹、六角纹等。曾遭到士林清流们的反对，认为“俗”。如明文震亨和计成都厌卍字纹俗，士林清流的代表文震亨主张“宁古无时，宁朴无巧，宁俭无俗”，颇忌卍字，《长物志》中列其为“俗”。卍字者，宜闺阁中，不甚古雅、板桥须三折，一木为栏，忌平板作卍字栏、回文、万字，一概屏去，而雕镂花鸟仙兽、画禽卉者，一概视为下品。

出于审美需要的纹饰，还有松竹梅“岁寒三友”、冰梅纹等。

## 第二节　家具魂魄　雅陈有式

中国园林家具，主要有“苏作”“广作”“京作”和“海作”之别。“苏作”，传承了明式家具的风格，造型轻巧雅丽；“广作”家具是西洋家具与清式家具的结合，中西合璧；“京作”主要指宫廷家具，将苏作和广作融合，雍容华贵；“海作”，海纳百川，西洋家具与明式家具的结合，摩登时尚。园林家具称“屋肚肠”。

# 一、传统家具　神韵魂魄

传统家具是中华传统文化的艺术瑰宝，早就超越了它的功能价值，而进入精神审美领域，是蕴含着独特意趣的文化精粹。

中华古代家具发展经历了以下几个历史阶段：

史前至汉代，以席地而坐为起居方式，因此家具均属低矮型，陈设多帐幔几案之属。至汉代达到其最高成就，形成了彩漆家具体系。

自魏晋至唐代，席地起居习俗逐渐被垂足高坐取代，为适应生活的需要，家具形体出现了由低向高发展的趋势，最后形成新式高足家具的完整组合。这一时期是中国古代家具发展史上的重要转折时期。考古说明唐已经有了椅子，见诸高力士哥哥高元珪墓壁画。《唐语林》记载颜鲁公 75 岁能“立两藤倚子背，以两手握其倚处，悬足点空，不至地二三寸，数千百下”[①]。敦煌千佛洞唐石窟壁画图 196 窟“劳度叉斗圣”，有椅子，也有矮方凳。

宋元是我国家具史上承上启下的时期。河北巨鹿宋城遗址中出土了木制桌椅，现藏南京博物馆，高 1.13 米、宽 0.59 米，椅子上有墨书铭记，知道造于北宋崇宁三年（1104 年）。总的来说垂足而坐完全取代席地而坐的古风在宋代。这一时期垂足坐姿已普及到民间，高型家具得到普遍发展。宋代经济繁荣，达官贵人营造府邸和建造园林成风，促进了与之配套的家具业的繁荣兴旺。

元代立国时间短暂，在家具品类和制作上主要沿袭宋代风格。

明永乐年间，郑和七下西洋，曾到过越南、印度尼西亚的爪哇和苏门答腊、斯里兰卡、印度和非洲东海岸，这些南洋诸国（现东南亚）盛产高级木材，郑和给这些国家带去了中国的丝绸和瓷器，运回了大量的花梨木、紫檀木、红木等家具原材料，这些材料分量重，正好做压舱之用。

明中期以后，以花梨、紫檀木材制作的家具得到了充分的发展。明代，中国古代家具进入了完备、成熟时期，形成了独特风格。明代以来传统的木作技术和丰富的木材资源，为清式家具的形成奠定了基础。

明清家具进入艺术高峰，具有极高的美学价值，已成为两个独立的家具风格流派，后人纷纷仿制，即是明式、清式家具，在世界上享有盛誉。

明清家具的共性是：优质的硬木作为家具的用材。其材质坚硬、密度大、多沉水，容易保存，以黄花梨、紫檀、红木为主。明代多用花梨，清代多用紫檀、红木。

由于木质坚硬、花纹美丽，古人说：“丹漆不文，白玉不雕，宝珠不饰，何也，质有余者不受饰也。”还说：“何氏之壁不饰以五彩，隋侯之珠不饰以银黄，其质甚美。”所以明清的硬木家具大都是不上漆，不上色，以天然面目示人，经几百年的使

① 《唐语林》卷六。

用和流传，家具表面呈现出一种自然光泽的协调、沉静的肌理质感，而且手感特别柔和，俗称“喷浆”或“包浆亮”。在世界家具的古今历史上是独树一帜的。

明清家具设计风格的差异：

明代家具，到明万历后才大量流行，特点是具有文人气质。文人直接参与家具设计，使明式家具附带上了浓厚的中国文人的审美情趣。

明代有一大批文化名人，热衷于家具工艺的研究和家具审美的探求，为历代所不及。万历间王圻、王思义的《三才图会》、高濂的《遵生八笺》、屠隆的《考槃余事》、文震亨的《长物志》、曹明仲著有《格物要论》、谷应泰著有《博物要览》等著作中都对明代的家具形制、审美以及室内陈设作了精要论述，体现了文人的审美意识。

明代家具的美学特色是实用、造型大方、线条流畅、纹饰天然，古朴典雅，表现出浓厚的东方文化韵味。这正代表了明文人崇尚古雅美的主流美学风尚。

黄花梨纹理如行云流水，尤受明文人青睐。文震亨《长物志》中对家具风格的“古朴”“精雅”“天然”“高逸”都有着详尽的论述。

《长物志》将家具“古制”写得尤为周详，主张“几榻有度，器具有式，位置有定，贵其精而便，简而裁，巧而自然也”。

文人要使用方便，如方桌“须取极方大古朴，列坐可十数人，以供展玩书画”，“坐卧依凭，无不便适，燕衎之暇，以之展经史，阅书画，陈鼎彝……何施不可”，“藏书橱须可容万卷，愈阔愈古”。文人对家具设计的热衷，既是出于审美的爱好，也是出于实际使用的需要。

明文人欣赏材质的本色之美，反对雕镂繁俗。文震亨以简约、古朴为雅，而“徒取雕绘文饰，以悦俗眼，而古制荡然，令人慨叹实深”。天然几只可“略雕云头、如意之类，不可用龙凤、花草诸俗式，近时所制狭而长者最可厌”；主张保持原木本色，反对油漆。

书桌应该“中心取阔大，四周厢边阔仅半寸许，足稍矮而细，则其制自古，凡狭长、混角诸俗式俱不可用，漆者尤俗”，认为交床若是“金漆折迭者俗不堪用”等。

纹饰与雕刻在明式家具中无所不在，即使被列入光素家具的一类，也充满着奇异的装饰色彩。其主要表现在：

优美的造型即是完整的雕塑杰作。我国传统家具造型，把建筑艺术的连接有序、穿插有度，以及须弥座的稳定牢固、平衡和谐、美观通透的东方美学神韵发挥到极致，无一不体现出方正凝重的三维造型。

曲线结构是明式家具雕刻艺术的灵魂。明式家具中的罗锅枨、三弯腿、透光、彭牙、鼓腿、内翻马蹄、云纹牙头、鼓钉等，既具备了加固、支撑、实用的功能，又起到了点缀美化的作用，体现了雕刻工艺的特征。

明代家具线脚的走势产生极富动感的韵律。根据不同的家具风格，采用不同的线脚，会产生截然不同的装饰效果。通过自然畅达的线脚走势，我们完全可以品味到明式家具雕刻艺术中富于流动感的美妙韵律。

精美的雕刻是明代家具中主要的装饰手法，其雕刻技法包括圆雕、浮雕、透雕、半浮雕、半透雕等。圆雕，多用在家具的搭脑上。浮雕，有高浅之分。高浮雕纹面凸起，多层交叠；浅浮雕以刀代笔，如同线描。透雕，是把图案以外的部分剔除镂空，造成虚实相间、玲珑剔透的美感，它有一面作和两面作之别，两面雕在平面上追求类似于圆雕的效果。透雕多用于隔扇、屏风、架子床、衣架、镜台等。半浮雕、半透雕，主要用在桌案的牙板与牙头上，展示出一种扑朔迷离的美感。

明代家具中的精品雕刻，把紫檀木纹路中细若游丝的精微、凝重沉穆的圆润、劲健浑厚的质地发挥得淋漓尽致，又把黄花梨木温润似玉的情调、行云流水的纹理、不翘不裂的特性运用得炉火纯青。明式家具雕刻珍品历经几百年的风化，在器物表层形成了厚厚的包浆，宛如剔透莹润的美玉。

明代家具雕刻是我国雕刻艺术的集大成，就雕刻内容而言，山水人物、飞禽走兽、花卉虫鱼、博古器物、西洋纹样、喜庆吉祥等无所不包，丰富多彩。倘仔细推敲，其中颇有一些规律可循。比如：

明代家具雕刻中常见的飞禽走兽纹明显带有先秦及魏晋南北朝造像的遗风，雄浑而博大，使人不由得想起汉代宫阙的深厚拙朴，六朝陵墓石兽那般奔放劲健的风姿；花卉人物吉祥图案，继承并弘扬了唐代的遗风，充分体现出一种强烈的雍容华贵、饱满豪放的审美追求；山水人物则往往是带有情节性和故事性的画面；博古纹案雕工细致，意境高古，俨然有金石拓本之美；

明代椅子遵循力学原理，不同的部位分别承担身体重量，按人体结构合理设计椅子的各部位的结构，体现了以人为本的制作理念（图 6-4）。不仅如此，明代椅子还追求表现人本身坐在椅子上的美好形象和自信、自尊的意境，椅子成了完美人的品性和人格的重要载体。

万历进士王士性《广志绎》记载：

> 姑苏人聪慧好古，亦善仿古法为之……斋头清玩，几案床榻，近皆以紫檀、花梨为尚，尚古朴不尚雕镂，即物有雕镂，亦皆商周秦汉之式，海内僻远皆效尤之，此亦嘉、隆、万三朝为始盛。

苏式家具的制作始终沿着明代的风格、特征。外形质朴舒畅、简练秀拔，线条雄劲流利，雕刻精美，又自然流利。

清代雍正、乾隆以后制作的硬木家具，材质优良，作工细腻，尤以装饰见长，多种材料并用，多种工艺结合，充分展示了盛世的国势与民风。这些盛世家具风格，与前代截然不同，代表着清代的主流，被后世称为“清式风格”。

突出特点是用材厚重，装饰华丽，造型稳重，一反明代家具用料合理、简明、古朴、清雅、文秀的“书卷气”，多采用夸张手法，不惜耗费工料，剖用大材。采用各种精湛的工艺，加强对形体的装饰，通体装饰，没有空白，追求富丽华贵、繁缛雕琢，精雕细刻，镶嵌大理石、宝石、珐琅和螺钿等，注重陈设功能。有着高度的工艺美，反映出清代追求奢侈华贵的审美倾向，但不免争奇斗富之嫌。

图 6-4　明代椅子（美国明轩）

太师椅的造型，最能体现清式风格的特点，它座面加大，后背饱满，腿子粗壮。整体造型像宝座一样雄伟、庄重。清代，椅子的基本框架依然是明朝样式，但适合人体结构的曲线已不再准确，靠背也变得不舒适，椅背上增加了分段并且满背雕饰人物、花鸟、山水等内容，牙板、券口也镂雕精致，角牙开始花哨，犹如建筑上的牛腿承托，椅子被装饰得繁花似锦。

清代家具用材，推紫檀为第一。清廷的紫檀木家具，用料最宽绰巨大，雕刻华丽，表现出雄伟、稳重、强悍的气势。

道光以后，经历了鸦片战争等一连串的丧权辱国事件，国势衰微。外来家具不断输入，中国传统家具的风格受到了冲击。

## 二、书画诗铭　文气盈盈

中国文化崇文特点在家具欣赏上也不例外，不少家具上刻有书画、诗、铭文。南京博物院收藏的一件明万历年间制造的黄花梨书案上，刻有“材美而坚，工朴而妍，假而为凭，逸我百年”的诗铭款。

吴地大书法家周公瑕，在他使用的一件紫檀木文椅上，刻了一首“无事此静坐，一日如两日，若活七十年，便是百四十”的座右铭。

书画家文徵明在椅背上题文刻字：“门无剥啄，松影参差，禽声上下，煮苦茗啜之，弄笔窗间，随大小作数十字，展所藏法帖笔迹画卷纵观之。”（图 6-5）

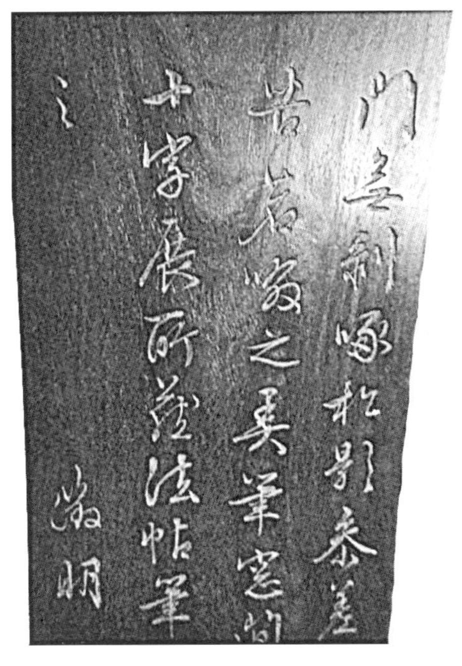


图 6-5　文徵明椅背题刻（美国明轩）

董其昌在官帽椅上题文：“公退之暇，披鹤氅衣，带华阳巾，手执《周易》一卷，焚香默坐，消遣世虑。江山之外，第见风帆沙鸟，烟云竹树而已。”

苏州留园明瑟楼内有 4 只红木藤面靠背椅子，靠背上分别刻有梅、兰、竹、菊 4 种图案，象征“四君子”，椅子上有仁卿所刻“香谷幽芳”“岁寒清品”“青霜坚挺挺，玉露壮森森”等题款。

留园“活泼泼地”内 4 只藤面靠背椅子均刻有题款，饶有雅趣，给人以意境联想。分别为：

1. “直上青云，仿六如居士法。仁卿刻。”

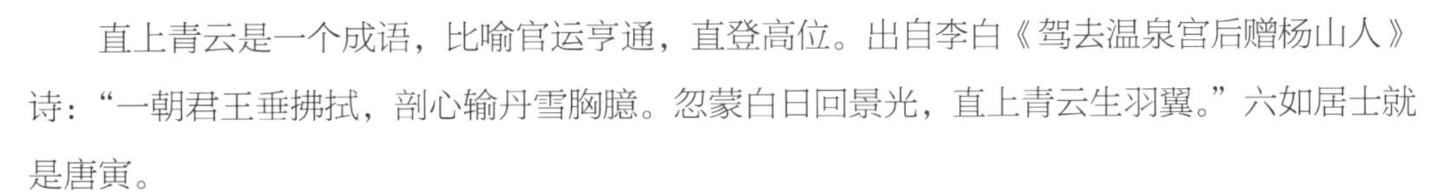

直上青云是一个成语，比喻官运亨通，直登高位。出自李白《驾去温泉宫后赠杨山人》诗：“一朝君王垂拂拭，剖心输丹雪胸臆。忽蒙白日回景光，直上青云生羽翼。”六如居士就是唐寅。

2. “傍水香花种，梅报早春来。壬申夏月芸轩。”

水边香花，梅花报春。梅花，报春花使；梅花又名“五福花”。梅花与兰竹菊尊称“四君子”。

3. “桃花浅深处，似匀深浅妆。仁卿刻。”

诗句出唐元稹《桃花》：“桃花浅深处，似匀深浅妆。春风助肠断，吹落白衣裳。”桃花朵朵盛开，那或深或浅的颜色，好似美貌姑娘面容上浓淡相宜的薄妆，让人心怡。可无情的春风却将那美丽的花瓣吹落于我的白衣之上，元稹眼中桃花，是浓妆淡抹总相宜的美人。

4. “三径秋风，吴中仁卿刻。”

“三径”。晋赵岐《三辅决录 · 逃名》：“蒋诩归乡里，荆棘塞门，舍中有三径，不出，唯求仲、羊仲从之游。”后因以“三径”指归隐者的家园。晋陶潜《归去来辞》：“三径就荒，松竹犹存。”秋风，秋季的风。汉武帝《秋风辞》：“秋风起兮白云飞，草木黄落兮雁南归。”

## 三、几榻有度 位置有定

家具陈设，被称为“屋肚肠”，如果没有家具，就“胸无点墨”。家具陈设，凝聚了丰富完美的中国精雅文化艺术体系，充分展示了中华民族的审美心理、文化素质和文化传统精神。

家具的使用最初主要是祭祀神灵和祖先，后来逐渐普及到日常使用。中国古典园林家具的陈设和使用，早在宋代就有一定的陈设内容与格式。明代大厅陈设简洁，仅正中一座屏风，地面是空的。根据婚丧喜事的需要，随时调动桌椅及其他使用器物。随着晚明人欲大张带来的“奢侈风气大抵始于城市，而后及于郊外；始于衣冠之家，而后及于城市（市民）”，逐渐形成了自己独特的风格，并迅速流行起来。家具的造型、质地、装饰题材，与严格的传统礼制风俗和尊卑等级观念紧密结合，反映了浓厚的儒家礼教思想。现存的江南私家园林的大厅陈设，实际上都是清代的陈设。

古代的桌案几案依照其形制的不同、功能的不同，使用场地的不同，种类繁多。但文人要求“几榻有度，器具有式，位置有定”[①]。

厅堂在古代居宅中占地显要，空间最大，装饰最为讲究。它集多功能用途于一体，重要礼仪活动如家庭祭祀、婚丧礼仪、亲朋交往大多在此举行。为了适应高大宽敞的厅堂建筑，家具形体比较高大厚实，一般布局遵循儒家礼仪规范。

明式正厅的陈设大部用黄花梨木制成。两边的立柜以棂格作门，体现了“贵其精而便、简而裁、巧而自然”[②]的玲珑剔透明式风格。

清代正厅中使用的家具较规整、厚重、典雅，家具多为沿房间中轴线对称式陈设，对称摆放是家具陈设的重要原则，这样可显示流露出庄重的气氛，使整个室内环境显得庄严肃穆。

这种严谨的陈设格式，到了民国时期，被自由随和的风格打破，追求无拘无束的格局。

今天大厅陈设以清式为多：

正厅迎面墙壁设屏门，上方正中常常挂有中堂和对联，下方多为长条几案，或翘头，或平头，几案上置放有瓷器大花瓶、大理石插牌等，数量不多，一般为两件，于简捷中显示出典雅和气派。几案前为大八仙方桌，略低于长条案面。两边各放一把圈椅或官帽椅，显得庄重严肃。

厅堂的两边放置较高的花几，用来摆放花瓶或花盆以作装饰。

这种陈设形式，礼仪性很强。通常情况下，有贵客来访，主人至门外迎接，引至正厅，主人以手势相配合请客人入座，客人亦以手势相配合请主人另一侧入座，以示谦恭，然后双方相揖入座。

---

① 《长物志·序》。

② 同上。

正厅东西对称地布置椅、茶几等，主客以外的人按长幼次序分别坐在两旁。《礼经释例》中载“室中以东向为尊，堂上以南向为尊”，在椅凳类家具陈设方面“文左武右”“以东为左、为上”“男左女右”等，充分反映了礼的规范。亲朋聚话以级别或长幼之序排列，始终突出其布局严谨、气度严正的气氛。

清代的太师椅，靠背、扶手与椅面呈 90° 直角，符合“正襟危坐”的礼仪要求，使人们自觉成为克己复礼的实践者，也是符合中国文化精神和审美取向的一种姿态。

厅堂东西两面山墙处，有的人家为“博古架”（又叫“多宝架”），架上陈列有各种各样的古玩小件。有的人家为“靠山摆”，“靠山摆”也是一张长条几案，因紧靠山墙置放，故叫作“靠山摆”，这“靠山摆”上也置放古玩，只是比“博古架”上的大得多。主人将其展示在厅堂里，虽是富有的显示，但也表现出风雅和脱俗。

此外，宫殿建筑中家具也应属于厅堂家具，一般在这些主殿的中央高台上，都设有一件精雕细琢的御座，其后立着一件大屏风，两旁则依次对称摆着工艺精良的桌子和架子，以供陈列礼仪用具。沿着两侧墙摆放的长案上，放置有装饰用品或装满庆典礼仪用品的大箱子。

庭园客厅家具虽归属于厅堂家具，但造型上没有厅堂家具表现得那么大气，陈设根据空间大小及主人的喜好来决定，注重舒适、自在和简朴，追求雅致而又随和，以反映士大夫文人“无事忧心，自乐逍遥”的超然心态和文人闲趣。客厅空间大，可以在东西两侧纵向陈设各式椅类。

常见的客厅家具有：长条案、官帽椅、太师椅、扶手椅、八仙桌、茶几、花几、博古架、挂屏、插屏、围屏、绣墩等。

交椅、官帽椅、圈椅则多为男性主人或重要的男性客人使用，一般人是不能随便使用的。明及清中期以前椅类一般配方桌、半桌。

客厅角落，一般会陈设雅致适用的高花几或香几，但其风格也要与客厅其他家具协调，主要起点缀之用。花几或香几上可放置瓷器或兰草、盆景，也是整个客厅鲜活的点睛之作。与明亮的窗台平齐，可置尺寸适中的平头案，案面可置深绿色的兰草或主人喜爱的其他植物，微风透过窗户摇曳象征生命与高雅情操的兰草以熏染整个客厅的美好氛围。

墙面的布置应遵守疏朗有致的原则，可以垂挂自己喜爱的字画、条幅或挂屏，也有的一面墙不挂字画而以一幅传统的木质平雕或透雕窗花置于白色墙面而显得十分古朴、典雅。

如拙政园中部主厅“远香堂”，为四面厅形式，四周是透空的长窗，可环视观景。堂内只在中央地位配置座椅和茶几，四角设置花几作点缀，花几随季节供设鲜花和盆景，与室外山水花木融合。室内空间透空、明净、疏朗。

书房是吟诗作画、读书写字的场所，家具大多是文人亲自设计的，然后再交给能工巧匠来制作，要求品位很高，工艺上更是精益求精，使书房内充满古朴而高雅的情调。

陈设更是精致，注重简洁、明净。文震亨赞美“云林清秘，高梧古石中仅一几一榻，令人想见其风致，真令神骨俱冷，故韵士所居，入门便有一种高雅绝俗之趣。”①

为便于文友相互切磋、啜茗弈棋、看书弹琴，书架、八仙桌、太师椅、棋桌、古琴等必具，还有体现“汉柏秦松骨气，商彝夏鼎精神”的“韵物”。

常见的书房家具有：琴桌、画桌、棋桌、书橱、书架、博古架、古董架、玫瑰椅、扶手椅、圈椅等。

书房中间放一张大书桌或画案，讲究宽大，桌案上置笔筒、书架、砚台、笔洗、镇纸等文房四宝文具。桌子下面，椅子前常放置一脚踏，那种带有按摩滚轴的脚踏，可促进血液循环，激发主人的创造力。

周围点缀博古柜格以及罗汉床等，附以其他小型家具、字画、古玩等物，简洁典雅。箱子也是书房常见的家具，箱里装书、卷轴和书写用具。

靠墙放置一长案或几，上摆放文玩，案或几的上方墙上挂书法或绘画。长椅或榻放在墙边以供休息，另一案用来弹琴悦友。配合弹奏古琴的家具有“琴桌”或“琴几”，琴桌一般在桌面底部另镶挡板，并镂孔，目的在于使得琴声在桌面下产生共鸣。古人对音乐的热爱不仅本于修身养性的需要，更是追求艺术美的途径。琴桌多造型简素、清雅，呈现明显的文人气质。

明代文人在书房焚香，人们通常将香炉放置于专门的小几上，称为“香几”。形态婉转美妙，制作精良，装饰丰富，连同“焚香”一起，构成了明代文人闲赏生活中重要的一项。还有趣意盎然的棋桌、古雅的酒桌等，无不体现着文人优雅的闲情逸趣，更能增添书房中的书卷气息。

书房陈设的家具与环境统一和谐，突出了其浓郁的文人韵味。

豫园玉华堂内的红木家具均由明代保存至今，是明代家具中难得的珍品，也是豫园千余件（套）明清家具中的最珍贵者（图 6-6）。按照明代文人书房方式陈列：厅堂中间放着明紫檀素牙板长案，案面长 228.5 厘米、宽 73.5 厘米、高 89.5 厘米。案面由两块宽幅紫檀木板拼成，长方的圈口使案面结构更加牢固、顺畅和简洁，边下的素牙板结构在同类家具中也较为少见。长案后是紫檀藤屉官帽椅，其背板呈“S”形曲线，背板上部刻团龙浮雕，由于紫檀藤屉官帽椅实用功能和造型特色兼备，被西方科学家誉为东方最美好、最科学的“明代曲线”。堂西侧放紫檀木画案，画案长 110 厘米、宽 76.5 厘米，面板由 3 块紫檀板拼成，最阔的一块为 33 厘米。紫檀画案的左后方为黄花梨书架，右后方为红木束腰长桌，临池北窗下一对红木躺椅，造型古朴、线条流畅。两侧有花梨木琴桌、红木书几。

这套家具用料考究、造型简洁，稳重中见活泼、简约中有变化，给人以典雅脱俗之感，与文人书斋的内涵极为协调。尤其是制作过程中，尊重硬木的自然纹理，讲究“质有余不受饰”：紫檀木色棕紫，表面明丽光泽；黄花梨呈琥珀色，纹理稠密，净莹光洁；红木则为深红色，光洁纯顺。

① 《长物志·位置》第347页。

图 6-6　玉华堂家具（豫园）

玉华堂这套家具的“大木梁结构”与架体虚实方面相得益彰，给人的感觉是方正、安定、大气。明代独创的榫卯结构又使这套红木家具结构牢固，历数百年不易，完好如初。充裕的用材，使其身价不凡，尤其是紫檀长案，其大边之长、板材之阔，在沪上无出其右者。

## 第三节　雅藏清玩　韵物清供

明清时代文人喜好室内补壁和在斋头陈设清玩，诸如书画、古琴、香炉、臂搁、镇纸、茶具等，都是必备之物。

韵物指文化含量高、文化积淀深厚的古董与清供等。装饰构成因子主要指字画陈设，包括匾额、楹联、挂屏、字画、书条石等士大夫精雅文化艺术体系。这些是园林鲜活的必备条件，既反映了礼乐文化，亦凸显园主胸中文墨。

## 一、世藏珍秘　摩挲钟鼎

集古器、鉴赏文玩作为普遍的崇尚在士大夫阶层中风行。《晋书·张华传》载，早在西晋，士林领袖张华“（张华）雅爱书籍，身死之日，家无余财，惟有文史溢于机箧。尝徙居，载书三十乘。秘书监挚虞撰定官书，皆资华之本以取正焉。天下奇秘，世所希有者，悉在华所。由是博物洽闻，世无与匹”。

宋元明清更为风行，收藏诸如书画、古玩、大理石挂屏、插屏、古化石、古铜鼓、手工艺品、砚台等，所谓王谢长物多，或作为园林厅堂的高雅陈设，罗列布置在室内博古架上，得以摩玩舒卷，旨在汲取文化之源，体察精神之变，探其古意堂奥。或如宋代书画家米芾的宝晋斋、倪云林珍藏法书名画的清閟阁、文徵明之父文林停云馆、顾子山过云楼等，专为宝藏文物名品所筑。

据秀水沈德符《万历野获编》卷二十六载：

嘉靖末年，海内宴安。士大夫富厚者，以治园亭，教歌舞之隙，间及古玩。如吴中吴文恪之孙、溧阳史尚宝之子，皆世藏珍秘，不假外索。

苏州怡园主人顾文彬，一生殚精竭虑，多方搜求，积累书画墨迹达到数百件之多，自晋唐至明清，有不少为传世的赫赫名迹。晚年精选所藏书画 250 件，编纂成《过云楼书画记》10 卷。世有“江南收藏甲天下，过云楼收藏甲江南”之称，自清同治以来，已超过 6 代，历经百余年清芬世守、递藏有绪，在中国收藏史上罕有其匹（图 6-7）。

私家园林除少数贵戚富贾外，更注重“高雅绝俗之趣”，看重的是王思任《季叔房诗序》说的，

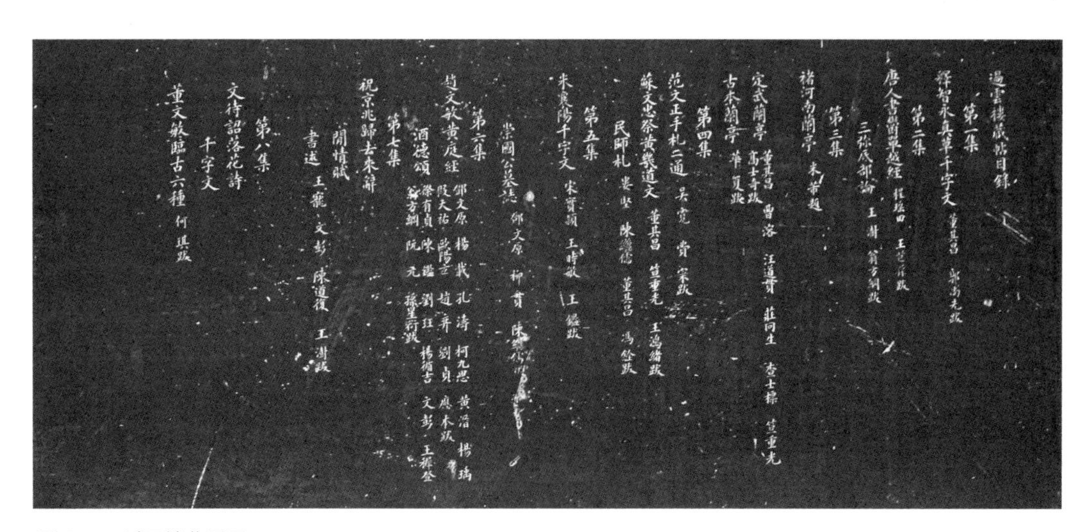
過雲樓藏帖目錄
第一集
釋智永真草千字文　董其昌　郭尚先跋
第二集
唐人書尊勝經
第三集
褚河南蘭亭　米芾題
定武蘭亭　董其昌　曹溶　汪道貫　莊同生　查士標　笪重光
古本蘭亭　高士奇跋
第四集
范文正手札二通　吳寬
蘇文忠祭黃幾道文　董其昌　笪重光　王鴻緒跋
民師札　婁堅　陳繼儒　董其昌　馮銓跋
第五集
米襄陽千字文　王時敏　王鑑跋
崇國公墓誌　鄧文原　柳貫
第六集
趙文敏黃庭經　鄧文原　楊載　孔濤　柯九思　黃溍　楊瑀
酒德頌
第七集
祝京兆歸去來辭
閒情賦
書述　王寵　文彭　陳道復
第八集
文待詔落花詩
千字文
董文敏臨古六種

图 6-7　过云楼藏目录

“不斧凿而工，不橐箭而化，动以天机，鸣以天籁，此其趣胜也，趣盎味流，不啻镜花盐水”，即使小斋仅能容膝，“广袤逾寻丈，孤石修竹”，只要“屋角春风多杏花”，也觉得悠然尘外。

所谓古物，诸如秦铜汉玉、周鼎商彝、哥窑倭漆、厂盒宣炉、法书名画、晋帖唐琴等。宋赵希鹄《洞天清禄集》记载宋文人日常生活情趣：

明窗净几，罗列布置；篆香居中，佳客玉立相映。时取古人妙迹，以观鸟篆蜗书、奇峰远水；摩挲钟鼎，亲见周商。端研涌岩泉，焦桐鸣玉佩，不知身居人世，所谓受用清福，孰有逾此者乎？是境也，阆苑瑶池未必是过。

皇家园林陈设既有稀世文物，也有该时代的时尚珍品，集中体现了该时代最高的科技工艺水平。

王羲之《快雪时晴帖》、怀素的《自叙帖》、颜真卿的《刘中使帖》、苏东坡的《寒食帖》、黄公望的《富春山居图》后部长卷等，皆旷世名作。王羲之的书法精品《快雪时晴帖》，笔法圆劲古雅、意态闲逸，在优美的姿态中流露出潇洒的意蕴，清代乾隆皇帝非常喜欢此手迹，誉之为“天下无双，古今鲜对”。乾隆四十四年（1779 年）在北海增建“快雪堂”，贮存石刻法书。首列为王羲之的《快雪时晴帖》，遂命名为快雪堂。

乾隆将《快雪时晴帖》与王献之的《中秋帖》、王珣的《伯远帖》合称“三稀”，藏于养心殿西暖阁据说仅 8 平方米的书房中，房中悬挂着乾隆手书的“三希堂”匾，两侧对联：“怀抱观古今；深心托豪素。”墙壁上嵌着五颜六色的瓷壁瓶，瓷壁瓶下楠木《三希堂法帖》木匣；隔扇横眉装裱的乾隆御笔《三希堂记》，墙壁张贴的宫廷画家金廷标的《王羲之学书图》、沈德潜作的《三希堂歌》以及董邦达的山水画等。优雅古朴，文气氤氲。法帖原刻石嵌于北京北海公园阅古楼墙间（图 6-8）。

古代宗庙常用礼器的总名称彝，如钟、鼎、尊、罍、俎、豆之属，其中鼎是青铜器之王。传说夏王大禹划分天下为九州岛，令九州岛州牧贡献青铜，铸造九鼎，将全国九州岛的名山大川、奇异之物镌刻于九鼎之身，以一鼎象征一州，并将九鼎集中于夏王朝都城。九州岛就成为中国的代名词。九鼎成了王权至高无上、国家统一昌盛的象征。商代时，对表示王室贵族身份的鼎，曾有严格的规定：士用一鼎或三鼎，大夫用五鼎，而天子才能用九鼎，祭祀天地祖先时行九鼎大礼。因此，“鼎”很自然地成为国家拥有政权的象征，进而成为国家传国宝器。据说，秦始皇灭六国时，九鼎已不知下落。也有史学家认为，九鼎只有一个，代表九州岛，也叫九州岛鼎，简称九鼎。

台北故宫博物院共收藏铜器 1 万多件，其中有商周到春秋战国时期的青铜器 4300 多件，如商代蟠龙纹盘、兽面纹壶、战国牺尊、西周毛公鼎等。西周毛公鼎与今藏于国家博物馆、

图 6-8　阅古楼（北海）

上海博物馆大盂鼎和大克鼎并誉为“海内三宝”。

毛公鼎的铭文有32行499字，是迄今出土的7000多件铭文青器中最长的铭文，乃周宣王时代的完整的册命。造型浑厚而凝重，饰纹简洁有力、古雅朴素，标志着西周晚期，青铜器已经从浓重的神秘色彩中摆脱出来，淡化了宗教意识而增强了生活气息（图6-9）。鼎身铭文的书法是成熟的西周金文风格，奇逸飞动，气象浑穆笔意圆劲茂隽，结体方长，较散氏盘稍端整。李瑞清题跋鼎时说：“毛公鼎为周庙堂文字，其文则尚书也，学书不学毛公鼎，犹儒生不读尚书也。”费声骞在《古代

图 6-9　毛公鼎（台北故宫博物院）

碑帖鉴赏》这样介绍毛文：笔致谨严，字形整齐有致。相异于一般金文的豪放逸纵，结字略带长形，显得劲挺瘦劲，全文布局气象温和，历来被视为周代篆文的正宗，金文的瑰宝。

大盂鼎，又称廿三祀盂鼎，造于西周周康王时期。鼎身为立耳，圆腹，三柱足，腹下略鼓，口沿下饰以饕餮纹带，三足上饰以兽面纹，并饰以扉棱，下加两道弦纹，使整个造型显得雄伟凝重，威仪万端，为世间瑰宝，是现存西周青铜器中的大型器。内壁有铭文 291 字，属于西周早期的金文中瑰异凝重类，字体庄严凝重而美观，故在成、康时代金文中，以书法的成就而言，当以大盂鼎居首位。

大克鼎又名克鼎和膳夫克鼎，与该鼎同出的还有小鼎 7 件、盨 2 件、钟 6 件、镈 1 件，都是膳夫克所作之器。因此，称此鼎为大克鼎，小鼎为小克鼎，为西周孝王时期名叫克的大贵族为祭祀祖父而铸造。造型宏伟古朴，鼎口之上竖立双耳，底部三足已开始向西周晚期的兽蹄形演化，显得沉稳坚实。纹饰是 3 组对称的变体夔纹和宽阔的窃曲纹，线条雄浑流畅。由于窃曲纹如同浪峰波谷环绕器身，因此又叫波曲纹。

苏州听枫园主人、金石学家吴云笃学考古，精通书法，好古精鉴，性喜金石彝鼎，法书名画，汉印晋砖，宋元书籍，一一罗致。所藏齐侯罍和齐侯中罍，前者又称“阮罍”，为阮元“积古斋”曾收藏的珍品，在听枫园内筑“两罍轩”以藏之。著《两罍轩彝器图释》（图 6-10）和《虢季子白盘铭考》等金石书。

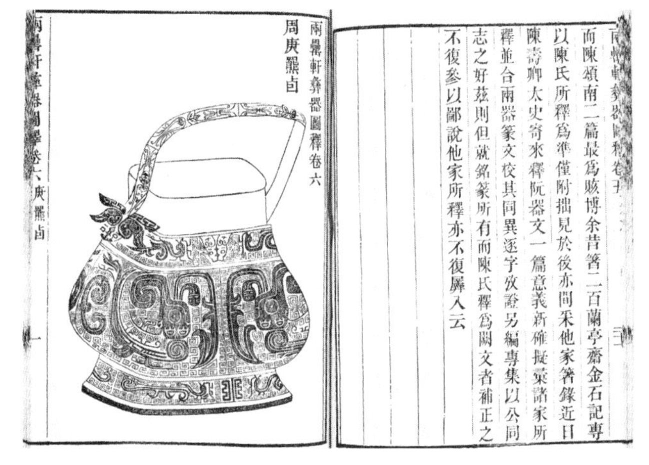
兩罍軒彝器圖釋卷六
周庚羆卣
兩罍軒彝器圖釋卷六 庚羆卣

而陳碩南二篇最爲賅博余昔箸二百蘭亭齋金石記專
以陳氏所釋爲準僅附拙見於後亦間采他家箸錄近日
陳壽卿太史寄來釋阮器文一篇意義新確擬彙諸家所
釋並合兩器篆文校其同異逐字攷證另編專集以公同
志之好茲則但就銘篆所有而陳氏釋爲闕文者補正之
不復參以鄙說他家所釋亦不復羼入云

图 6-10 《两罍轩彝器图释》书影

中国向有“瓷国”之称。故宫的陶瓷藏品涵盖 8000 年前至现代名家作品，时代色彩鲜明：唐之圆润丰满，宋之秀丽典雅，元之雄浑朴拙，明宣德之端庄稳重，成化之隽秀典雅，嘉靖复杂多变，清康熙代刚劲挺拔，雍正代文雅精细，乾隆则猎奇新颖。

## 二、斋头清玩　时尚珍赏

斋头清玩饱含知识含量，不外乎镇纸、笔筒、碧玉笔格、砚台、砚盒、笔洗、笔掭、水丞、墨床、石章、棋盘、蜡盏、扇骨、摆件之类文房器具。明道光十五年（1835 年）奉旨清查的圆明园有玉砚、笔洗 337 件。

道光年间内务府一份奏折，详尽载明道光十五年奉旨清查的圆明园库贮物件情况：圆明园存各式如意450款、头等瓷炉、瓶、罐等291件……

园林主人既尚古也追新，所谓“时玩”，就是时尚的玩物，与古玩相对而言。自明代中叶以后，晚明尤甚，明沈德符《万历野获编·时玩》载：“玩好之物。以古为贵。惟本朝则不然。永乐之剔红、宣德之铜、成化之窑，其价遂与古敌。”沈周、唐寅之画，可与荆浩、关仝同价；文徵明、祝枝山之书，价参苏轼、米芾。缙绅士大夫可以倾囊相酬，甚至真假莫辨。又曰：“本朝瓷器，用白地青花，间装五色，为古今之冠，如宣窑品，最贵！近日又贵成窑，出宣窑之上。”

“苏样”产品成为时髦的代名词。明中叶以后，日本、韩国工艺品及清同光时代，西学东渐，西洋时钟、彩色玻璃都成为时髦货。

明文学家袁宏道称誉“苏郡文物，甲于一时。至弘、正间，才艺代出，斌斌称极盛”，直至清咸丰十年前（1860年），吴地号为“天下第一都会”，甚至如王士性《广志绎》所言：“善操海内上下进退之权，苏人以为雅者，则四方随之而雅，俗者，则随而俗之。”“苏意”商品成为时髦的代名词，人们以拥有为荣。

明朝上层人士刻意追求精、尖的工艺品，波及士大夫，遂浸淫成风，但这些器具确实精良，名不虚传。当时，“良工虽集京师，工巧则推吴郡”。

袁宏道《时尚》：“古今好尚不同，薄技小器，皆得著名”，“铸铜如王吉、姜娘子；琢琴如雷文、张越；窑器如哥窑、董窑；漆器如张成、杨茂、彭君宝，经历几世；士大夫宝玩欣赏与诗画并重；当时文人墨士名公巨卿煊赫一时者，不知湮没多少，而诸匠之名，顾得不朽……近日小技著名尤多，然皆吴人。瓦瓶如龚春、时大彬，价至二三千钱，龚春尤称难得，黄质而腻光华若玉；铜炉称胡四、苏松，人有效铸者皆不能及；扇面称何得之，锡器称赵良璧，一瓶可值千钱，敲之作金石声，一时好事家争购之，如恐不及。”

另外精细器物有：刘永晖精造文具、鲍天成之治犀，周柱之治嵌镶，赵良璧之治梳，朱碧山之治金银，马勋、荷叶李之治扇，张寄修之治琴，范昆白之治三弦子，俱可上下百年保无敌手。

明清被誉为“吴中绝技”的还有“苏琢”“苏雕”，时刘谂善琢晶、玉、玛瑙，仿古之作，可以乱真；贺四、李文甫和王小溪等，都善雕精巧小品。其中陆子冈最负盛名，《苏州府志》：“陆子冈，碾玉妙手，造水仙簪，玲珑奇巧，花茎细如毫发。”子冈，技艺全面，设计奇妙，器型多变，所琢玉器，多铭文诗句，具浓郁书卷气韵，都为图章式印款，所选多为新疆青玉、白玉。

异国奇货也是园林陈设及收藏的器物。

“倭扇”即折扇，最初来自日本、琉球和朝鲜的贡物，北宋时传入中国。明初广泛流行，文人在折叠扇上挥洒翰墨，寄情言志，扇面艺术成为文人一方艺术天地。明代中后期，文人颇青睐韩日工艺器具，成为书斋时尚“韵物”，如倭漆墨匣、倭漆撞盒、倭尺、倭人凿铜细眼罩盖薰炉、花瓶和高丽纸等。

盛清时代的乾隆对西洋喷泉等十分好奇，令洋画家设计成大水法；履迹欧亚的商人也开始用“洋货”装饰园林，随着口岸开放、传教士的来华，越来越猛。颐和园仁寿殿挂着1903年从德国进口五彩吊灯，花俏而美丽，和仁寿殿的气氛很不协调。

南浔张石铭故居的女厅、西式洋楼及西洋舞厅，装饰材料大多数从法国购置，楼房窗户镶嵌菱形蓝色印花玻璃，玻璃上的图案花式是手绘各种四时花卉和果品。墙面上镶嵌彩色瓷画瓷板，墙面屋顶均用洋红砖瓦砌筑，地砖及油画均从法国进口，墙面屋顶由红色砖瓦砌筑。壁炉、玻璃刻花到克林斯铁柱等，均体现欧洲18世纪建筑风格。连洋房前庭院中的两枝广玉兰也是西洋品种。

陈设物以西洋自鸣钟为例。16世纪以后，英法钟表业才开始兴盛起来，并向世界各地传播，最早传入中国是17世纪初。意大利传教士利玛窦来华进献给皇帝的礼品中，钟表赫然在目。此后至清朝400多年间，“八音新式闹时钟”都是时髦而且奢侈的贵族用品，以时钟为陈设是清代上层社会曾经的时尚。

朱家溍先生编著的《明清室内陈设》第158图储秀宫西梢间陈设，前檐炕上设紫檀嵌螺钿石面炕桌，上设白玉带盖壶、翠玉盖碗、海晏河清式烛台、黑漆彩绘花鸟长方盘，靠西墙紫檀带屉炕几上就陈设着西洋钟和香水粉盒。

光绪年间出版的《点石斋画报》上，一幅清恭亲王奕訢在别墅的陈设，奕訢坐在榻上，右手持拂尘，臂靠着炕桌，左手抚摸着宠物猫，踩脚踏，落地罩上飞罩部分雕镂精美，炕几上鼎彝文物，也有最时尚的西洋时钟。陈设还有兰花等盆花，还有湖石花木盆景、花卉清供、书架等，木石当窗，蕉叶玲珑。

## 三、盆石清供　胆瓶贮花

清供源于供佛，完整体系产生于汉唐以后，唐宋时期已成了生活的一部分。清供，一指清雅的供品，如松、竹、梅、鲜花、香火和食物；二是指古器物、盆景等供玩赏的东西。这里主要讲园林厅堂内常用的“盆景”“瓶花”“供石”等。

所谓盆景，就是明王鏊《姑苏志》中概括的：于盆中植奇花异卉，盘松古梅，置之几案，清雅可爱。盆景是起源于中国的园林艺术精品，唐章怀太子李贤墓甬道壁画上两盆盆栽是至今发现的最早盆栽。盆景滥觞于东汉，形成于唐代，成熟于宋代，盛行于明清。根据树种的地域特色、造型方式等的不同，形成有扬州派、苏州派、四川派、岭南派、上海派等盆景流派。扬州派雄秀兼具；苏州盆景古拙、清秀、淡雅、自然；四川派的棕法扎片，寓刚于柔，雍容雅秀；岭南派蓄枝截干，参天耸立；上海派品类繁多，玲珑精巧，清丽淡雅……盆景有以花草为主体的花草盆景、树木景象缩影的树桩盆景、以树桩为主体的树石盆景、以山石为主体的山水盆景等品类。

盆景被称为有生命的艺雕、活的艺术，与中国园林艺术一样，属于诗画艺术载体。盆景犹如微型园林，[1] 是自然美与艺术美巧妙结合的艺术结晶。

树桩盆景，浓缩山林风光于几案间，凝聚了大自然的风姿神采；水石盆景，缩名山大川为袖珍，“五岭莫愁千嶂外，九华今在一壶中”。

盆景艺术融园艺学、文学、绘画于一炉，咫尺盆内瞻万里天地，方寸之中辨千寻美景，享受到不下厅堂而获山林之怡的乐趣。

胆瓶贮花，可以随时插换，也是厅堂斋室的高雅陈设。瓶花安置得宜、姿态古雅、花型俏丽、色彩浓淡相宜，则可使厅堂斋室，增添无尽的幽人雅士之韵。瓶中插花随着季节的变化而变化，如月季花，还有象征每月平安的吉祥寓意。

厅堂供案上摆设的石品，造型奇特，坚固稳定，是家业固实的象征。苏州拙政园辟有“雅石斋”，陈列太湖石、灵璧石、大理石、松花石、菊花石、水冲石、昆石等 10 多个品种的观赏石 80 多块，千姿百态、琳琅满目，真所谓“石不能言最可人”。

网师园看松读画轩内，供有两段高二尺，直径一尺多的灰色柱形圆石名“硅化木”化石（图 6-11）。硅化石又称松石，又称松花石、松化石、木化石、木变石、康干石等。乃产于距今 1.5 亿年前的中生代侏罗纪，当时由于地壳运动和火山爆发，森林被泥沙埋没和熔岩掩埋，树木受地下水中的二氧化硅的填充，逐渐石化而成。硅化木蕴含着太古时代的历史风云，是地球赋予人类的远古瑰宝。

## 四、字画陶情　墨宝留壁

字画陈设，包括匾额（砖刻、石刻、摩崖等）、楹联、挂屏、字画、书条石等装饰构成因子等，集自然美、工艺美、书法美和文学美于一身，集中了中国古代士大夫精雅文化艺术体系。关于诗性品题的书法美和文学美，本书第三章已有论述。

这里我们谈谈匾额楹联外在的艺术形式的文情美、意境美和古雅美：

匾额是精美实用的工艺品，在工艺上涉及金属类金银铜铁的铸造，炉窑的烧制瓷、玻璃、陶等，砖雕、石雕、木雕、篆刻、彩绘漆饰等多项工艺。匾额的材质有金属的金匾、银匾、铜匾和铁匾，匾额中数量最多的是木匾、石匾和砖匾，其他还有琉璃匾、瓷匾、丝织、纸匾、竹匾等。

① 曹林娣:《静读园林 · 九华今在一壶中》，北京大学出版社 2005 年版。

如匾额按其基本形式可以分为竖匾和横匾两种。宋代《营造法式》中小木作竖匾列华带牌和凤字牌两类。明清建筑也沿袭了此种做法。皇家园林建筑上的竖匾不外乎这两类：

定型于唐代的“华带牌”，造型曲线优美，成为皇家园林和寺庙园林等殿宇建筑的“身份证”。

凤字牌渊源于上古时代辟邪的凤字玉佩，风凤相通。相传大禹治水临行前，其妻涂山氏将凤字玉佩给大禹当护身符，期盼他早日治水成功，平安归来。此后凤字牌就作为代表思念和睦的吉祥物在民间流传开来。

图 6-11　硅化木（网师园）

凤字牌据说以五行配色。金色牌：五行属金，白色，位居西，代表的物质为所有矿物，寓意财运。金克火，辟邪；绿色牌：五行属木，绿色、青色，方位居东，代表植物、健康、生机勃勃；蓝色牌：五行属水，黑色、蓝色，位居北，代表雨露云雾，寓意智慧；红色牌：五行属火，红色、紫色，位居南，代表日月光电，寓意光明、昌盛；黄色牌：五行属土，黄色、褐色，位居中央，代表大地，寓意五行之首，生万物。

许多匾额的四周边框装饰精美，如紫禁城匾额可分为斗子匾、雕龙匾、平面匾、清色匾、花边匾、如意匾、纸娟匾等。斗子匾又可分为如意云纹斗匾和浮雕云龙斗匾。如意云纹斗匾是指匾的四周边框有如意纹或云纹，浮雕云龙斗匾是指匾的四周边框有姿态优美的云龙浮雕。

私家园林的匾额的形式，样式翻新，清初李渔《闲情偶寄》卷四中设计出“册页匾”“书卷匾”“画卷匾”“秋叶匾”“碑文匾”“蕉叶联”和“虚白匾”多种。

制成书画手卷形式的“手卷额”及册页状的“册页额”，如古书似图画，古雅可爱，耐人玩赏品味。

“秋叶匾”，制成如秋叶状的匾额。《闲情偶寄》称：“御沟题红，千古佳事；取以制匾，亦觉有情。”取“红叶题诗”的典故，唐范摅《云溪友议》载：“卢渥舍人应举之岁，偶临御沟，见一红叶，命仆搴来，叶上乃有一绝句。置于巾箱，或呈于同志。及宣宗既省宫人，初下诏，许从百官司吏，独不许贡举人。渥后亦一任范阳，获其退宫人，睹红叶而吁嗟久之，曰：‘当时偶题随流，不谓郎君收藏巾箧。’验其书迹，无不讶焉。诗曰：‘流水何太急，深宫尽日闲。殷勤谢红叶，好去到人间。’”“秋叶”发红，遂与男女奇缘的情事联系起来。

形如碑帖的三字匾名“碑文额”，或效石刻为之，白地黑字，或以木为之，地用黑漆，字填白粉。用在墙上开门处，“客之至者，未启双扉，先立漆书壁经之下，不待搴帷入室，已知为文士之庐矣”。

“蕉叶联”，制作成蕉叶状的对联，李渔《闲情偶寄》云：“蕉叶题诗，韵事也；状蕉叶为联，其事更韵。”古有“蕉书”之韵事，据唐陆羽作《怀素传》载：唐书法家怀素，家贫无纸可书，常于故里种芭蕉万余，以供其挥洒。[①]

“此君联”，用竹片制成的楹联，用晋名士王子猷之典，《世说新语·任诞》载：“尝暂寄人空宅住，便令种竹。或问：‘暂住何烦尔？’王啸咏良久，直直竹曰：‘何可一日无此君！’”楹联与名士风流联系在一起，故李渔说：“以云乎雅，则未有雅于此者；以云乎俭，亦未有俭于此者。”

“虚白匾”，即镂空字白而底黑的匾额，名称取的是《庄子·人间世》“虚室生白，吉祥止止”[②]之意，与虚静空明的境界联系起来，真有灵光满大千，半在小楼里的意韵。

匾额对联的形式和装饰，与园林建筑造型及相辅相成，如扇亭匾额都为折扇形；竹林边的亭子用“君子对”等，营造特定的艺术氛围；颐和园匾额装饰都与园林主题“寿”有关系，边框装饰图案多卍字、蝙蝠、寿桃、双龙、寿字等。颐和园长廊“云郁河清”“秉经制式”和乐寿堂西廊门“仁以山悦”“宜芸馆”匾额更为别致，是一只张开了翅膀俯伏在寿桃、卍字上的蝙蝠。

值得注意的是：在古建或仿古建筑上，匾额应该悬挂在屋外房檐及室内的正中位置，这是“尚中”文化的艺术体现；匾额书写务必遵从从右至左的书写方式，这是在几千年的漫长历史中，中国人形成的书写习惯。楹联出句在右，对句在左。而从左至右横写，是近代几十年前才发生的事。

大理石挂屏，具有自然纹理，往往配以诗文题款，在神奇般的变幻中增添了无穷无尽的抽象美。

如留园“林泉耆硕之馆”东西两壁挂有红木大理石挂屏4件，写有宋黄庭坚的《跋东坡水陆赞》语，大理石山水画题款分别为“江天帆影”“白云青嶂”“万笏迎曦”“峻谷莺迁”。

倚红木银杏屏门楠木天然几上置玉石镶嵌花果图案插屏，上有题款“富贵神仙”。其西置有大理石圆心插屏一架，上有题款，跋文曰：“此石产于滇南点苍山，天然水墨图画。康节先生有句云‘雨后静观山意思，风前闲看月精神’，此景仿佛得之。平粱居士。”（图6-12）平粱居士，即清人梁巘，梁巘，

① （宋）黄庭坚:《戏答史应之》诗之三:“更展芭蕉看学书。”任渊注引周越《法书苑》。

② 见《闲情偶寄》卷四。

字闻山，号松斋，亳州人，乾隆举人，知巴东县。工书，善真及行书。康节先生，宋人邵雍，出《伊川击壤集卷之九》：“卷舒万世兴亡手，出入千重云水身。雨后静观山意思，风前闲看月精神。这般事业权衡别，振古英雄（一本作豪）恐未闻。”

园林主人往往邀请名工巧匠将收藏的名人法帖拓本真迹，摹刻于墙，镌之石碑，镶嵌在园中曲折长廊的粉墙上、厅堂壁面间，黑白辉映，作为美化墙壁的书条石。以留园、怡园和狮子林最为丰富，向有“留园法帖”“怡园法帖”之专名。

留园以淳化阁帖为多，又补入玉烟堂、戏鱼堂等帖，比它园为多，园中 4 个景区以曲廊作为联系脉络，廊长 700 多米。循长廊至中部的西南景区，沿壁嵌有历代名书法家石刻 370 多块。有“二王”151 幅帖、58 块石嵌刻在爬山廊内。王羲之书法作品真迹今已不见，只有摹本传世。

留园“闻木樨香轩”北面游廊，有王羲之《鹅群帖》71 幅，还有王献之的《鸭头丸帖》《地黄汤帖》等，颇为壮观，足可饱人眼福。“曲溪楼”下东边的廊壁上，分布着唐褚遂良、欧阳询、虞世南、薛稷、颜真卿、李邕、杨凝式以及张旭、怀素、孙思邈、李怀琳、狄仁杰、毕缄、陆柬之、韩择木等人的书法，如褚遂良的《随清娱墓志》、虞世南的《孔子庙堂碑》《汝南公主墓志铭》、颜真卿的《送刘太冲叙》、李邕的《唐少林寺戒坛铭有序》等。

还保存了“宋四家”及韩琦、范仲淹、欧阳修等近 80 家的法书。在“还我读书处”有 95 块宋贤 65 种；爬山廊北头“墨宝”处的“宋四家”中有苏东坡《赤壁赋》，其字庄严稳健、

图 6-12　雨后静观山意思（留园）

意气风发；蔡襄的《衔则》，其字潇洒俊美、超然遗俗；米芾为蔡囊《衔则》写的跋，其字沉着飞翥翡、骨肉得中；黄庭坚为范仲淹《道服赞》写的跋，其字清劲雅脱、古淡超群。另有米芾的行楷书旧刻 4 种以及“宋名贤十家帖”等。

怡园“玉延亭”西北走廊壁上嵌有王羲之、怀素、米芾等名书法家石刻 95 块。特别是王羲之“玉枕”《兰亭集序》，是根据宋拓本钩摹复刻的，最为珍贵，今嵌于怡园“四时潇洒亭”墙壁上。

狮子林《听雨楼藏帖》书条石刻 67 方，苏、黄、米、蔡及文天祥的法帖都精刻于“古五松园”西南廊壁两面。

拙政园现存书条石 32 块。波形水廊壁上刻有孙过庭草书《书谱》17 块，“拜文揖沈之斋”内两壁嵌有 8 块书条石，其中有文徵明撰书的《王氏拙政园记》石刻、园主张履谦撰、俞粟庐书《补园记》等。

以上这些均为珍稀墨宝，成为园林景色的绝妙点缀，它巧妙地处理了园内空间，使园林于自然美中更增添了人文美、历史美和艺术美，翰墨书香使园林格外显示出她的古朴和典雅。欣赏观摩历代名家书法真迹、拓本，犹如泛舟于中国书学史的长河中，可以流观书学美的历程。

## 五、装修色彩　生命音符

色彩是城市和生命的音符，装修色彩和家具陈设也要注意色彩的协调。

如苏州夏季炎热，建筑色彩取冷色，屋顶多用灰黑色的砖瓦，墙面用白色。门厅、廊柱上略施色彩，梁枋、木柱与门窗多用黑色、栗色或本色木面，大多用广漆油漆，有些室内墙壁下半截铺水磨方砖，淡灰色和白色对称。家具陈设品均以枣红、黑、栗壳等 3 色为主要色调。粉墙瓦檐等黑白色调，显得恬静自然、古色古香、幽雅清新。上述颜色与绿色的草木石池配合，素净淡雅、协调统一，给人以安静闲适的感觉。而雅洁淡彩，正是美学上的高度境界，且这种色彩，与灰白的江南天色、秀茂的花木、玲珑的山石、柔媚的流水、都能相配合调和，予人的感觉是淡雅幽静，为城市创造恬静幽雅的生活环境。

当然，建筑色彩与严格的等级限制有关系。五行方位对应的五色：东方青色，南方红色，北方黑色，西方白色，中间黄色。黄色是土地色，位居中心，最尊贵，因为只有皇家和神才可享受，一般人是不能用黄色的。匾额楹联的色彩也不例外。如在清代《武英殿镌刻匾额现行则例》中曾有记载，御笔匾额的匾面须用粉油青色，上面的金字需用金箔，一个一尺八寸的金字，需用金箔 588 张。

# 小结

“雕琢刻镂，黼黻文章”是表象思维的产物，广泛采用比喻、象征、谐音等艺术手段，可以凭借直觉，或借助于幻想的象征力以诉之于人类的直观的心灵与情绪意境。

美学家张世英说：“人生有四种境界：欲求境界、求知境界、道德境界、审美境界。审美为最高境界。”中华宅园装修之美，虽然较多的还是停留在“欲求境界”和“求知境界”层面，相当于冯友兰先生所说的人生境界中的前两个境界，即一本天然的“自然境界”和讲求实际利害的“功利境界”，总体来说是“人的自然状态”；但“附带的”的“美”的“赠品”中，也不乏对道德境界和审美境界的追求，即“人自己的心灵所创造的”“生命状态”。

# 第七章

# 片山有致　寸石生情

中华民族崇尚自然，文人大多迷恋山水，把大自然搬回家。在宅园中叠山置石，可以日涉成趣，不下厅堂而获山水之趣。

假山是相对于自然真山而言，用天然的土、山石或水泥混合砂浆、钢丝网或低碱度玻璃纤维水泥砌叠的山，或者纯用人工塑料翻模成型的山，与建筑、水、植物组合，营造氛围，体现不同意境。

置石是将自然石、石峰或砌叠成形的峰石，或散置，或独置，或镶嵌在屋脚、墙隅，以体现较深的意境，达到“寸石生情”的艺术效果。

宅园特别是园林中为什么几乎“无园不石”“无园不山”？如何将假山堆叠得“虽由人作，宛自天开”？散置的石峰又怎样能催生遐思、意境？具体的技法有哪些？这是本章要讨论的问题。

## 第一节　天地精气　土精为石

### 一、灵石信仰　土地崇拜

景石欣赏镌刻着民族精神的印记：

园林为什么无园不石？灵石信仰源于土地崇拜。古人以石为云之根、山之骨，石积为山，为大地之骨柱，是人间神幻通天之灵物。

在万物有灵的原始社会，出于人类繁衍生息的迫切需要，产生了原始自然崇拜，而天地崇拜成为自然崇拜的核心，其中石头崇拜就源于土地崇拜。虽然，世界各民族都产生过石崇拜，都有原始的石棚、石神、神石等巨石建筑的史前文化符号，但对于位于全球最大陆地、以农立国的中国，石崇拜贯穿古今。

农耕民族，土地最为尊贵。五行中土为中心，黄色最尊。农耕民族崇尚“天地人和”“阴阳调和”与“天人合一”的生态观。《春秋繁露·立之神》：“天地人万物之本也。天生之，地养之，人成之。天生之以孝悌，地养之以衣食，人成之以礼乐。三者相为手足，不可一无也。”

农耕文化重视自然秩序，遵循人与自然和谐相处的规律，《荀子·王制》中有“春耕、夏耘、秋收、冬藏，四者不失时，故五谷不绝”。《周易·乾卦》：“夫大人者，与天地合其德，与日月合其明，与四时合其序，与鬼神合其凶，先天而弗违，后天而奉天时。”

三国杨泉的《物理论》曰：“土精为石。石，气之核也。气之生石，犹人筋络之生爪牙也。”宋孔传《云林石谱序》认为是“天地至精之器，结而为石”。

而石为云之根，山之骨，石积为山，为大地之骨柱，是人间神幻通天之灵物，女娲用以补天。

《礼记·祭法》曰：“山林川谷丘陵，能出云，为风雨，见怪物，皆曰神。”古人认为主宰神灵世界的至高无上的神仙在人间的住所就是巍峨的高山。仚 xiān，古同“仙”。《说文》：“仙，人在山上貌，从人山。”

崇尚自然秩序的农耕民族，认为未经人类加工改造过的自然物，能直接唤起人的美感。因此，那些溯源于太古时代、经大自然鬼斧神工的石头是美的，“爱此一拳石，玲珑出自然”，聚山川之灵气，孕日月之精华具有一种返璞归真的自然美。文震亨《长物志》称“一峰则太华千寻”，具宁静致远之力，人与石可以彼此感应交泰。

江南园林以太湖石为多。太湖石乃多孔而玲珑剔透的石灰岩，或缜润如圭瓒，廉刿如剑戟，矗如峰峦，列如屏障。或滑如脂，或黝如漆。或如人、如兽、如禽鸟。浪击波涤，年久孔穴自生，千万年湖水的激荡、自然的鬼斧神工，在太湖石身上留下时间印记，千奇百怪、百孔千仓，犹如一尊尊天然雕塑。如唐皮日休《太湖石》所说，乃是天诡怪，信非人功夫……厥状复若何，鬼工不可图，巧趣天成，蕴千年之秀，得大自然山水之真谛。

## 二、取象类比　石令人古

中国哲学源头《周易》思维逻辑是观物取象，“观”是对外界物象的直接观察，直接感受；“取”是在“观”的基础上的提炼、概括、创造；“象”则是对于宇宙万物的再现，这种再现，不仅限于对外界物象的外表的模拟，而且更着重于表现万物内在的特性，表现宇宙的深奥微妙的道理。

观物取象决定了中华传统思维具有明显的“取象类比”特征。在观察事物获得直接经验的基础上，运用客观世界具体的征象及其象征符号进行表述，依靠比喻、类比、象征、联想、推理等方法进行思想，反映事物普遍联系的规律性。

古人观察自然界的石头，除了发现石之坚，具有获取猎物、采集食物等实用功能外，就是“石令人古”[①]。与短暂的人生比，石乃“万古不败”，因此联想到“石含太古云水气”“奇石尽含千古秀”（留园联语）“片石太古色，

① 《长物志·水石》。

虬松千岁姿”“奇石寿太古”，含茹着太古的历史意蕴。“古”也就成为中国文人赏石的审美传统。

石头古的文化品格便与人的生理与精神需求有了关联：人们从石的亘古不变，联想到了人之寿，并与家业的稳固与永恒联系起来。看到一块石头，似乎面对遂古之初。石头，成为一种永恒力量和希望的象征。

自宋代开始，园林景石大量纳入文人书斋这方神圣的精神领地；园林住宅厅堂也少不了供石。所谓一石清供，千秋如对。

## 三、天人合一　仁者乐山

在天人合一精神的观照下，文人们亲石、爱石、赋石以灵性、以人格，强烈地表现了人和自然的融合。儒家以人合天，把天下万物都看作有善恶的道德属性，都可以导向道德的思考，形成托物连类的审美习惯。《诗经》出现了以石比德的描写，如《小雅·节南山》：“节彼南山，维石岩岩，赫赫师尹，民具尔瞻。”以高山峻石象征师尹的威严。

孔子将山比之仁德，而仁者愿比德于山，故乐山，高山具有与“仁者”无私品德相比美的特征（《尚书大传》)。“君子比德”，遂成为文人传统审美观。宗炳《画山水序》云：“山水以形媚道，而仁者乐。”山水以其形象美好地表现了圣人的道德精神品质，故仁人君子感到愉悦。

《御览》四百十九引《尚书大传》：“子张曰：‘仁者何乐于山也?’孔子曰：‘夫山者，屺然高，屺然高则何乐焉？夫山，草木生焉，鸟兽蕃焉，财用殖焉，生财用而无私，为四方皆伐焉，每无私予焉，出云风以通乎天地之间；阴阳和合，雨露之泽，万物以成，百姓以飨，此仁者之所以乐于山者也。’”

“仁者乐山”，山是静的，它常育万物，阔大宽厚，坚实稳定，清新爽快，容易使人养成朴素忠诚、凝重敦厚的情操；“仁者不忧”，宽厚得众，稳健沉着，有“静”的特点。孔子用山作譬喻，说的是为人与为官之道，仁厚的人安于义理，做官者心胸要如大山般宽厚仁慈而不易冲动，性情好静就像山一样稳重、永恒，不可喜怒无常、朝令夕改；“仁者，己所不欲，勿施于人”。仁者在山的稳定、博大和丰富中，积蓄和锤炼自己的仁爱之心；①

宋朱熹《论语集注》总结道：

知者达于事理而周流无滞，有似于水，故乐水；仁者安于义理而厚重不迁，有似于山，故乐山。动静以体言，乐寿以效言也。动而不括故乐，静而有常故寿。程子曰：“非体仁知之深者，不能如此形容之。”

①《尚书大传·略说》。

《周易》说“介于石”、《淮南子说林训》“石生而坚”，所以清郑燮见到一幅柱石图，就想到了陶渊明不为五斗米折腰的傲骨，题诗曰：“挺然直是陶元亮，五斗何能折我腰?”

中唐白居易《太湖石记》说：

石体坚贞，不以柔媚悦人，孤高介节，君子也，吾将以为师；以性沉静，不随波逐流，然扣之温润纯粹，良士也，吾乐以为友！

因此他将石作为人的品德美和精神美的象征：“石虽不能言，许我为三友”“待之如宾友，视之如贤哲，重之如宝玉，爱之如儿孙”[①]。

白居易在给刘禹锡的诗中赞美太湖石“精神欺竹树，气色压亭台，隐起磷磷状，凝成瑟瑟胚”[②]，今镌刻在太湖石上。

刘恕《石林小院记》：

嶙峋者取其稜厉（棱角突出），矶硉（山石突出貌）者取其雄伟，崭巖（高峻的意思）者取其卓特，透漏者取其空明，瘦削者取其坚劲。稜厉可以药靡，雄伟而卓特可以药懦，空明而坚劲可以药伪。

他所追求的不但是欣赏享受，更是为了磨砺身心、激励意志。他追求的是用石峰的雄伟、卓特、空明和坚韧，来治疗人生的靡、懦和伪的不良习气。

他们都从“万古不败之石”身上，看到了石所特具的外在的和内蕴的品格美。

## 第二节　妙极自然　自成佳境

叠山活动始于何时？文献记载出现较早。《尚书・旅獒》中就有“为山九仞，功亏一篑”的比喻，战国《荀子・劝学》中也有“积土成山，风雨兴焉；积水成渊，蛟龙生焉”的比喻。可以推知，2500 年以前已有人工堆山的活动，只是语焉不详。

《史记・泰伯世家》记载：阖闾墓，在吴县阊门外，以十万人治塚，取土临湖。葬经三日，有白虎踞其上，故名虎丘山。《吴越春秋》云：“穿土为山，

① （唐）白居易：《太湖石记》。

② （唐）白居易：《奉和思黯相公以李苏州所寄太湖石奇状绝伦…呈梦得》。

积壤为丘，发五郡之士十万人，共治千里，使象摙土凿池。四周水深丈余，铜椁三重。澒水银为池，池广六十步。黄金珠玉为凫雁，扁诸之剑，鱼肠之干在焉。葬之三日，金精上扬，为白虎据坟，故曰虎丘”。[①] 这是堆土为墓的较早记载，可能为最早的叠山目的。

园林中出现的假山始于秦汉宫苑。据《三秦记》载：“始皇作长池，引渭水，东西二百里，南北二十里，池中筑土为蓬莱山。”汉武帝扩建“上林苑”，苑内修太液池，池中置蓬莱、方丈、瀛洲三座神山以供游赏。汉卫尉蔡质撰清孙星衍校集《汉官典职仪式选用》有“宫中苑，聚土为山，十里九阪，种奇树”的记载。当时的贵族和富商阶层，据晋代葛洪的《西京杂记》上载：

梁孝王刘武好苑囿之乐，作耀华之宫，筑逸园，园中有百灵山，山有肤寸石，落猿岩，栖龙岫，又有雁池，池间有鹤州，凫渚。其诸宫观相连，绵延数十里。

梁孝王筑菟园：园中有百灵山，山有肤寸石，落猿岩，栖龙岫；汉末，茂陵富人袁广汉于北邙山下筑园：东西四里，南北五里，激流水注其内，横石为山，高数十丈，连延数里。直到此时，假山从聚土成山逐步走向叠石为山了。

茂陵（今陕西兴平市）富商袁广汉也在北邙山下筑园，“东西四里，南北五里，激流水注其内，构石为山，高十余丈连绵数里”。

这是假山中用石筑山的最早记载。说明秦汉时期，假山在选材上已经从最初的“筑土为山”发展到“构石为山”了。

魏晋南北朝以来士大夫自然山水园逐渐成为主体，用堆叠假山来营造宛若自然的山林氛围，或“多聚奇石，妙极山水”，或“积石种树为山”，东晋已经有板筑为山。

后魏杨衔之的《洛阳伽蓝记》上描述：

张伦造景阳山，有如自然，其中重岩复岭相属，深谷洞壑，迤逦连接，高林巨树，足以蔽亏明，悬葛垂萝，能出入风烟，崎岖石路，似壅而通，峥嵘涧道，盘而复直，是以山情野性之土游以忘归。

说明当时的假山已融入了树木花草等新的元素，逐渐形成了假山在艺术上追求自然山水为主题的文化特征。

中唐构园家提出“巡回数尺间，如见小蓬瀛”的美学要求。宋代出现了以寿山嵯峨、两峰并峙、一山三峰的叠山形状为主景的皇家园林“艮岳”，列嶂如屏幕。山中景物石径、蹬道、栈阁、洞穴层出不穷。宋末周密记载卫清叔吴中之园有“一山连亘二十亩，位置四十余亭”者。

① （宋）范成大．陆振岳校点:《吴郡志》，江苏古籍出版社 1999 年版，第 546 页。

明代文人以画意构园，叠山趋于写意化，“一峰则太华千寻”“咫尺之间有千里万里之势”，强调“未山先麓”。清初李渔《闲情偶寄》曰：

尽有丘壑填胸、烟云绕笔之韵士，命之画水题山，顷刻千岩万壑，及倩磊斋头片石，其技立穷，似向盲人问道者。故从来叠山名手，俱非能诗善绘之人。见其随举一石，颠倒置之，无不苍古成文，纡回入画，此正造物之巧于示奇也。

园林假山形貌从模仿大自然中的真山造型到“搜尽奇峰打草稿”，经历了一个发展提高的过程，既具自然山峦的种种形态和神韵，又具有高于自然的文化意蕴，成为中国古典园林假山的基本艺术个性。

明清时代，叠山已经成为比较专门的技术性职业，出现了许多叠山名家。

## 一、累石成山　无法而法

构园无格，掇山更无定式，虽以画为蓝本，但施工兴造，却全凭工匠因地制宜，因石成形，方能不自相袭，独具个性。

清李渔《闲情偶寄·山石》云：“磊石成山，另是一种学问，别是一番智巧。”李渔论掇山云：“至于累石成山之法，大半皆无成局，犹之以文作文，逐段滋生者耳”，所谓“无法而法”的“至法”。

计成《园冶·掇山》详细地论述了掇山的工艺操作过程和掇山艺术创作的原则：掇山要有深远如画的意境，余情不尽的丘壑；未经掇山，先安好山脚，则山势自然而嶙嶒，再堆土筑成山冈，并不在乎石形的巧拙。有了真山的意境来堆假山，堆的假山就极像真山。“做假成真”之奥妙，“还拟理石之精微”，要合乎山的结构与脉络，才能有若自然。

计成根据假山在园中所处的不同位置，因地制宜地设计了园山、厅山、壁山（峭壁山）、楼山、阁山、书房山、内室山、池山等不同的假山造型样式。

如当前庭进深较小时，也可嵌石于墙壁中，称为“壁山”，即计成所谓“或有嘉树，稍点玲珑石块；不然，墙中嵌理壁岩，或顶植卉木垂萝，似有深境也”。

小莲庄有座部分为壁山假山，大部分假山环立在亭边，也颇别致。

峭壁山是靠墙叠构成悬崖峭壁意象的山石景（图 7-1），“借以粉壁为纸，以石为绘也。理者相石皴纹，仿古人笔意，植黄山松柏、古梅、美竹，收之圆窗，宛然镜游也”。石峰要峭，粉墙要白，还要适当培植植物和框景，使之构成一幅立体的图画。有的虽与墙面脱离，但十分逼近，因而占地也不多，其艺术效果与前者相同，均以粉壁为背景，恰似一幅中国山

图 7-1　峭壁山（网师园）

水画，通过洞窗、洞门观赏，其画意更浓。

内室山，内庭中的假山。“宜坚宜峻，壁立岩悬，令人不可攀”；留园冠云楼前冠云、岫云、朵云三峰和石林小院中的干霄峰等为典型实例。

假山根据意境需要选择叠山材料，可分为多类：

土山，纯粹用土堆叠的假山，多半限于山的一部分，而非全山如此。拙政园东花园和雪香云蔚亭西北角，即是实例。

土山带石的假山最常见，分土多石少和石多土少两类。

土多石少的假山，体量比较大。如北京北海的白塔山，是以土为主的大假山，但在缓升的山坡上，山石半露，犹如天然生就，上部的山石构置和散点的山石，更增加山的自然气势，而后山部分是外石内土，从揽翠轩而下，有断层山崖之势，更像天然生成一般。又有宛转的洞壑，盘迂山径。仰望峭壁，其势高危。

土多石少：此类假山皆沿山脚叠石约 1 米，再于盘旋曲折的蹬道两旁累石如堤状以巩固土，如沧浪亭与留园西部的假山体形较大。体形较小的有拙政园绣绮亭及池中二山，手法略同，用石较少，故山形更为自然。

苏州沧浪亭假山，是黄石抱土。山为土阜，自西往东形体较长，皆用黄石垒砌，四周山脚垒石护坡，沿坡砌蹬道，逶迤曲折，高下升降，上设桥梁，下有溪谷。山西南石壁陡峭，山下凿池，临池立大石，上书“流玉”二字，形成高崖深渊之景。这是元代以前的以土代石之法，混假山于真山之中。山上古树葱郁，蒙茏满山，箬竹被覆，藤萝蔓挂，野卉丛生，景色苍润如真山野林，成为土山露石别开生面的假山。

石多土少：此类假山，按其结构可分 3 种。

第一种是山的四周与内部洞窟全部用石构成，而洞窟很多，山顶土层较薄，狮子林禅意假山是这一类中典型代表。

第二种是石壁与洞用石，但洞较少，山顶和山后土层较厚，如艺圃、怡园、慕园的假山皆如此。

第三种是四周及山顶全部用石，但下部无洞，整座假山成石包土，可以留园中部池北假山为代表。

浙江现存最大的私园绮园假山，该园南北长、东西短，中凿大池，南、北、东造山，呈“E”形环抱全园。南部多湖石，以涧壑造型，山沿池东垣绵延起伏，至池北峰巅，顶有小亭。山多古木，山下老树繁柯，绿荫槎枒，木杪排空，清波泛影，颇具山林清旷之气。

纯粹的石山，体形较小，在设计与布局中，常用石峰置于庭院内、走廊旁，或为依墙而建的峭壁山，或作为登楼的蹬道，或下洞上亭，或下洞上台等。苏州网师园“云岗”假山，以石为主，石与石之间留有“树洞”，填土就可以种树。

塑山，必须根据自然山石的岩脉规律和构图艺术手法，统一安排峰、岭、洞、潭、瀑、涧、麓、谷、曲水、盘道等，做出模型。

台湾板桥林本源园林在大池四周广植茂树，尤多榕树，故称榕荫大池，池北岸是林家仿照家乡福建漳州的山水用泥灰依势堆塑的带状假山群，峰峦起伏，雄奇挺拔，山中蹊径盘曲，山腰置瀑布，配置异卉佳木，入此犹置身山林幽谷、百花深处。

## 二、叠石章法　依皴合掇

山者妙在丘壑深邃、峰峦高遥，令人开耳目、舒神气。开眼舒心，皆因得形。形者山之魂，叠山得魂有赖匠心。近人汪星伯《假山》从实践中总结出石山的空间布局及造型艺术，即“十要”“六忌”“四不可”等的叠山诀窍。

一要有主、宾之分。主峰为主，其余皆为宾，主峰最高、最大，次峰次之，配峰再次。配，不能超次；次，不能超主。即所谓不能反客为主，喧宾夺主。宾主关系除了有高低之分外，还有体量之分、距离之分、前后之分、左右之分。一般主峰的体积要大于任何次峰、配峰，主峰要雄伟，次峰要峻秀，配峰要敦实。主、次、配三者之间形成一个不等边钝角三角形。主配峰之间的距离应大于主次峰之间的距离，大约为1.5倍左右。主峰一般居中偏左，次峰一般在主峰的左前方，配峰一般在主峰的右前方。总之主、次、配三者之间形成一个不等边钝角三角形。大自然真山也是主、次、配，不可群山无主。

二要有层次。层，重叠；次，次第。层次有两个方向，上下为层，前后为次。层表现高峻，次表现深远。山体越大，层次越多。群山要有层次，一山也要有层次，层次多，也是按主、次、配，不可离开三安手法。

三要有起伏。山有高低起伏之分，从山麓达山顶，决不能是一条直线，而是波浪式，循势渐进，山峦起伏，一脉刚毕一山又起称起伏。

四要有曲折。起脚必须弯环、曲折，形成回转山势，以便处处设景，曲折与起伏相合，方能形成丘壑。

五要有凹凸，不论岗峦、岩洞、溪涧、池岸，都必须有凹有凸，方能显出突兀之势，但要避免程式化、等距离化。

六要有呼应。一呼一应，彼此声气相通。房前屋后，池东湖西，园林中无论是山、是水、是亭、是榭、是花、是木，都要彼此呼应，和谐相处。假山的主峰、次峰、配峰遥相呼应，主次之间距离近一些，而主配之间适当远一点，形成一个假山组。大型的假山是通过多个假山组组合而成的，组与组之间都要呼应，忌防整齐划一，排排坐现象。做到前后，左右搭配自如，遥相呼应。主峰、次峰、配峰遥相呼应。

七要有疏密。疏密即散聚，散而乱，乱杂而无章；聚而促，促窘而气奄。为此在一个园林空间里，要疏密得当，空间掌握节奏。在叠山时要做到疏而不乱，密而不杂，主次之间要密些，主配之间要疏一些。疏密相间要灵活运用，当疏者疏，当密者密。要把握好疏密之间的关系，要用一种艺术的眼光去看叠山，要用不规则的思维去考虑问题，经常到大自然崇山峻岭中去领悟山的规律，以求自然。

八要有轻重。轻重指的是分量，轻重要适度，山石数量过度则笨重，不及则单薄。形成与环境有机的结合，唯有轻重适中，方为正本。

叠山如弹钢琴，有轻重缓急之分。当假山主峰位置较重，那么次峰位置就要轻一些，配峰则更轻；当轻到再不能轻时，高潮又起，叠山的分量再加重，此起彼伏永无止境。

九要有虚实。四面环山，中有余地。四面山为实，中间地为虚，虚怀若谷。虚中有实，实中有虚。采取虚实相生，都是为了组织空间、扩大空间，创造园林山水美的意境。

十要有顾盼。宾主之间、峰峦的向背俯仰必须互相呼应、气脉相通；层次之间必须彼此避让，前不掩后、高不掩低。

总之，假山应高低参差，前后错落；主山高耸，客山避让；主次分明，起伏奔趋；大小相间，顾盼呼应；千姿百态，浑然一体；一气贯通。

“二宜”：

一是造型宜有朴素自然之趣，不要矫揉造作、故意弄巧，大搞飞禽走兽类；二是手法宜简洁精练、鲜明得势，不要烦琐堆砌、拖泥带水，如乱倒煤渣。

“六忌”：

忌如香炉蜡烛——忌如三峰并列在一条线上，中间低两边高，形同案面前的香炉蜡烛。

忌如笔架花瓶——一峰居中直立，左右排列两峰，形同笔架；上小下大、颈细腹粗，形同花瓶。

忌如刀山剑树——排列成行，形若锯齿，顶尖缝直，谓之刀山剑树。

忌如铜墙铁壁——缝多口平，满拓灰浆，呆板无味、寸草不生，真如铜墙铁壁。

忌如城郭堡垒——顽石一堆，整齐划一，既无曲折，又少层次，形似城郭堡垒。

忌如鼠穴蚁蛭——叠床架屋、奇形怪状，大洞小眼、百孔千疮，谓之鼠穴蚁蛭。

“四不可”：

石不可杂，要形态相类。同一假山，应该用同一石种。湖石玲珑婉转，色泽相同、形态相类、脉络孔眼可以相通的石块拼缀成为一个整体，天衣无缝、生动自然。黄石纹理古拙，以苍老端重为美，堆叠必须注意两种纹和两个面，即横纹和直纹、平面和立面。凡平面以横纹为主、立面以直纹为主，交错使用、棱角分明，切忌用太湖石和黄石混堆，杂乱无牵。

构石时先要选择石形和石性，石性即石的“斜正纵横之理路”，必须将石块正面向上铺到现场，叠山师按创造山的意象随时挑选，大小相宜，按中国山水画笔墨技法“皴”与峰的表现关系去掇山造型，使纹理连续，达到峰与皴合、皴自峰生，达到合皴如画的目的，方能得自然之趣。还要注意虚实相生、疏密相映，层次深远、意境含蓄。

纹不可乱，要脉络贯通。同一品种的石纹有粗细横纹、疏密隐显的不同，必须取相同或近似之纹放在一处，使其互相协调。石料纹理，即坚纹、横纹、斜纹、精纹和细纹等。堆叠时，要纹理向同一方向，切忌横七竖八乱堆。

色要统一。在同一石种中，颜色往往是有深有浅。因此，在施工中应尽量注意选石，力求色彩协调和一致，不要差别太大。如违背色彩统一这一点，想通过石色幅度悬殊的对比以表现自己的“独特风格”，结果会适得其反。因这种对比，是不可能达到整体上的统一和谐的，最后以失败告终。

李渔《闲情偶寄·居室部》云：

*石纹石色取其相同，如粗纹与粗纹当并一处，细纹与细纹宜在一方，紫碧青红，各以类聚是也。然分别太甚，至其相悬，接壤处反觉异同，不若随取随得，变化从心之为便。至于石性，*

则不可不依；拂其性而用之，非止不耐观，且难持久。石性维何？斜正纵横之理路是也。

块不可均，要大小相间；交错使用，方显得生动自然，不可匀称，以免呆板。

缝不可多，要顺理成章。石以大块为主，小块为辅，大块多则缝少、小块多则缝多。手法务求简练，简练则刹垫石片少，石片少则缝亦少。

叠置峰峦幽谷，以创造峻峭幽深的园林意境。峰峦有主次之分，用单块或数块峰石叠置成峰峦重叠的山景。峰石的选用与重叠必须和整个山形相协调。主石与配石的叠置，可以采用散点、墩配、剑配、卧配等方式。峰峦的叠置形式有：

剑立式。峰棱奇峭，穿云走雾的山形。峰态尖削、叠置竖立、上小下大、挺拔而立，给人以峭壁屏列、绵延不断，如群峰竞秀、气势峥嵘之感。

叠立式。可达到远近高低参差有致、宽广敦厚而又连绵不断的气韵，又有宾有主。

层叠式。高低错落、叠岸飞舞、自由多变，多用横纹条石层叠。

斜立式。峰态倾劈、气势磅礴，如同直插江边态势的假山，往往仿倾斜岩脉，可采取此式，用条石斜插。

斧立式。独峰高耸、险峻奇特、立之可观的山景，用上大下小的块石竖置。

幽谷，是创造园林幽深意境的重要手段之一，园林中常以峭壁夹峙一线天来形成曲折幽静的气氛。幽谷内婉转曲折，又有花木陪衬，可以获得峰回路转又一景的艺术效果。

洞府，有旱洞和水洞之分。特别是水洞，水势涟涓、清意幽新，可以创造出“洞府霏霏映水开，幽光怪石白云生。从中一股清泉出，不识源头何处来”的美好意境。李渔《闲情偶寄》：

洞亦不必求宽，宽则藉以坐人，如其大小，不能容膝，则以他屋联之，屋中亦置小石数块，与此洞若断若连，是使屋与洞混而为一，虽居室中，与坐洞中无异矣。

对于理洞的做法，计成主张：

起脚如造屋，立几柱著实，掇玲珑如窗门透亮，及理上，见前理岩法，合凑收顶，加条石替之，斯千古不朽也。洞宽丈余，可设集者，自古鲜矣！上或堆土植树，或作台，或置亭屋，合宜可也。

洞口要与整个山体浑然一体，洞内空间或凹或凸，或高或矮，或敞或促，随势而理、求其自然，人入洞内方感到如入自然山洞之中。

现存园林中的石洞不外两种。一种是类似一般的洞穴，又有旱洞与水洞之分。通常都为一洞，仅洽隐园以水洞与旱洞相连，是唯一的孤例。另一种蜿蜒如隧道形状，如狮子林的假山洞。

环秀山庄的谷以峭壁夹持，如一线天，曲折幽静有峡谷气氛。

蹬道起点两侧，每用竖石，一高大、一矮小，以产生对比作用。竖石的体形忌尖瘦，轮廓以浑厚为好。蹬道转折处其内转角亦用同样方法处理。如遇平台，而后侧山势要高，如叠石似屏障。

叠置在浓荫林丛或类似密林之中，用石板或石子叠置而成的蹬道，人行其中犹如把你引入胜地或奇妙的意境之中。有时在树的盘根错节之处环绕，有时又被峰石挡住，构成一种深邃幽美的境界。苏州留园中部假山，有一处用斜列的湖石较为生动。

土坡叠石，注意与山形配合，常用散置、屏障，组合屏立横列于坡上，如留园西部土山。不规则的横列，虽斜正错杂，仍留意组合方式，以拙政园雪香云蔚亭南侧和环秀山庄东北角为代表作品。

## 三、选石笔法　叠石技法

1. 选石

选择堆叠假山的石块，是掇山重要的前提。根据石的形状及轮廓线、质感及色泽、肌理和脉络、大小、比例、重量等符合所叠假山风格、结构、耐压承重、造型及部位对山石纹路、色泽诸方面的要求。其基本原则是：“取巧不但玲珑，只宜单点；求坚还从古拙，堪用层堆。”

另外，选石无贵贱之分，若就地取材，随类赋型，则最有地方特色的石材最为可取。

叠山石所用石可分如下几类：

（1）湖石类。属于石灰岩、砂积石类，如太湖石、巢湖石、广东英石、山东仲官石、北京房山石等。体态玲珑通透、婀娜多姿。唐白居易在《太湖石记》中说：“石有聚族，太湖为甲，罗浮、天竺之石次焉。”故历来选石，均以太湖石为最佳。太湖石又以产于太湖洞庭山消夏湾者最优，性坚而润、嵌空有眼，有宛转险怪之势，色泽从白到黑均有，其质纹理纵横，笼络起隐，遍多凹窝，由千年风浪冲击而成，谓之“弹子窝”。计成认为：“此石以高大为贵，惟宜植立轩堂前，或点乔松奇卉下，装置假山，罗列园林广榭中，颇多伟观也。”

（2）黄石类。如江浙黄石、华南蜡石、西南紫砂石、北方大青石等，产于常州黄山者为佳，故名。但计成认为，“黄石是处皆产。其质坚，不入斧凿，其文古拙……俗人只知顽夯而不知奇妙也”，“到地有山，似当有石，虽不得巧妙者，随其顽夯，但有文理可也”。黄石厚重粗犷，棱角方刚，轮廓呈折线，表面较平，多斧劈皴，苍劲古拙，具有阳刚之美。用黄石层层堆叠，更显嶙峋。

（3）卵圆石类。形体浑圆坚硬，风化剥落，多出自海岸河谷，为花岗岩和砂砾岩。

（4）剑石类。指利用山石单向解理而形成的剑状峰石，如江苏武进斧劈石、广西槟榔石、浙江白果石、北京青云片等。钟乳石则称石笋或笋石。

（5）吸水石或水上石类疏松多孔，能吸附水分。

（6）其他石类。如太湖石、木化石、松皮石、宣石、灵璧石、昆山石、宜兴石、龙潭石等。昆山石石质磊块、巉岩透空，无耸拔峰峦势，其色洁白，颇宜点缀盆景；宜兴石，有性坚、穿眼、险怪如太湖石者；龙潭石，色青、质坚、透漏纹理如太湖石者。

2. 相石

对现场山石按山体、部位、造型的不同要求进行初步筛选方式，即叠山安装选石。

3. 基点石定位

基石堆放注意用石灵活、组合找平、石棉造型朝向、断续合适，并靠紧密、搭接稳固和足以承压等要领。

4. 分层堆叠

假山是有层次组合的。层次是表现造型艺术效果的主要环节，同时还起到叠压、咬合、穿拉、配重、平稳等结构功能。

5. 收顶

组合假山或拼缝施工时把叠置造型的最上部位的山石称为收顶、结顶。

6. 镶石拼补

是叠石细部艺术加工的重要环节，起到保护垫石、连接、沟通山石之间纹脉的作用。镶石的一般要求是选石宜大则大、用宜不二；色泽一致、纹理吻合；脉络相通，连接自然，宛如一石。

7. 胶结、着色、勾缝。

总的标准是密实、平伏、饱满，收头完整，适当留出自然缝，切记满勾。如湖石勾缝材料与山石衔接自然，顺沿拼石的轮廓曲线走向，接缝细腻，缝边缘与山石自然过渡衔接。黄石则要求平伏，不高浮石面，显出石缝，转角忌圆，横缝满勾，勾抹材料隐藏于缝内，多留竖缝，根据石色适当掺色。

具体的叠石操作技法，北京“山石张”祖传有“十字诀”：即“安、连、接、斗、挎、拼、悬、剑、卡、垂”。又有流传的“三十字诀”：“安连接斗挎，拼悬卡剑垂，挑飘飞戗挂，钉担钩榫札，填补缝垫杀，搭靠转换压。”

安。安石具有架空的含义。突出“巧”和“形”，在堆叠山洞口、水口、拼缝、结顶、石景小品、大型水石盆景时运用。

连。数石搭接叠置，应符合叠山纹理、结构、层次的规律，有宾有主、高低摆布，既可一组，也可延伸出去，犹如拔地数仞，又有连绵不断的气韵。达到连接自然、错落有致的效果。

接。山石之间竖间衔接。

斗。模仿自然岩石经水冲蚀形成洞穴的一种造型。拱状叠置、腾空而立，如洞谷又不是洞谷，形体环透、构筑别致。

拼。把两块或更多数量的山石按照不同的组合造型要求，拼成有整体感的一块或一组假山。拼石要注意区分主次、纹理色泽一致、轮廓吻合，连接面之间的平伏与转势过渡自然。

挎。用于弥补山石某一侧面平滞或形态缺陷的一种做法。一竖一挂、凌空而立，如同悬崖绝壁，造成山水风景的险峻，使人感到有绝岩之美。

悬。是叠仿自然溶洞的假山洞，凌空倒挂，方能成悬，是发拱结顶收头时常用做法。

垂。从一块山石顶偏侧部位的楔口处，选另一块纹理相同的山石倒垂下来的做法，谓之垂。垂石灵巧、体量小，不宜用大型山石作“垂”。章法简要却又非常奏效。

挑。有横竖挑之分。上大下小，数石相叠，逐层进行。挑石每层出挑的长度约为山石的1/3为宜，其状可骇，却万无一失。其顶部间一面或两侧上翘或平出，腾空而出，姿如飞舞，又常用单挑、重挑、担挑，造成优美的石景。

压。与“挑”相对应，相辅相成。

飘。挑石的挑头又叠一石。又分单飘、双飘、压飘、过梁飘，挑头点置一石更增加挑的变化，如静中有动的飘云。

卡。在两块山石空隙间卡住一悬空石。石体一大一小，如互为烘托，小者又成为主峰的支持。坐观静赏，回味无穷。

透。数石架空叠置，留有环洞，此法有剔透嵌空之妙。

剑。山石竖长，峻拔而立，突兀宛转，如同拔地而起，再合理地配以古松花树，常成为耐人寻味的园林小景。

撑。指用斜撑的支力来稳固山石，撑石外观应与山体脉络相连，形成以体。

石峰结构基本图式如图 7-2 所示。

图 7-2　石峰结构基本图式（引自《苏州园林营造录》）

## 四、名家遗珠　异彩纷呈

历史上，出现了大量的筑山名家，叠山各有特色：

明代苏州周秉忠，是个制瓷家、雕塑家和画家，巧思过人，今有苏州惠荫园的“小林屋”水假山，也颇享誉。

水假山，模仿洞庭西山的林屋洞所筑。假山洞口虽狭，洞内极其深邃，内有积水。叠水假山玲珑剔透，四面临水。穹顶悬挂钟乳石，沿洞壁筑栈道，曲折幽深如天然石洞，迂回一周经另一洞口佝偻而出，此洞口竟在原洞口附近。

明嘉靖间张南阳叠豫园大假山，随地赋形，万山重叠，变化神奇，“峰峦岩洞，岑巘溪谷，陂陀梯磴，具体而微”[①]。

“高下迂回，为冈、为岭、为涧、为洞、为壑、为梁、为滩，不可悉记，各极其趣。”气势磅礴，重峦叠嶂，主次开合分明。根据“山拥大块而虚腹”的画理，用一条曲折、深邃的山涧切入山腹，使之有分有合，形成强烈的虚实明暗对比。山径盘曲在跨溪涧沟壑处，以危石与飞梁相连，蜿蜒迂回登攀直至山巅平台（图 7-3）。

苏州耦园的黄石假山也堪称杰构。此山用巨大浑厚、苍古坚拔的黄石块叠成耸立的峰体，横直石块大小相间，凹凸错杂，以横势为主，犹如大自然风化的伟力刻下的纹理，气势刚健。一条崖壁如峭的“邃谷”将山分成东西两部分，东为主山，是峰洞洞室假山，山势逐渐增高，临近水面处陡转成悬崖峭壁，直泻而下。西部为副山，较小，自东向西山势渐低，坡度平缓，余脉延及西边长廊，连绵至池边，有余脉不尽之意。绝壁、蹬道、峡谷，加上崖壁间伸出的一枝葛藤萝条，有的攀缘坚石，有的紧缠老树，越发增添了深山林壑之感。

刘敦桢教授认为此山和明嘉靖间张南阳所叠上海豫园黄石假山几无差别，或是清初遗构。

张南垣所构园林山水，平冈小坡、陵阜逶迤，缭以短垣、翳以密筱，似乎处大山之麓，截流断谷，树取其不凋者，松杉、柏杂植成林；石取其易致者，太湖尧峰，随宜布置，有林泉之美、无登涉之劳。以接近自然为极致，以少胜多，寓大山于园中局部水石之中，创写意式山林造景法。

他 4 个儿子和侄子张轼，都是得张南垣真传的叠石名家，其中张然又于康熙时代供奉内廷成为皇家园林的总园林师。今存无锡寄畅园假山，就是张南垣和他侄子张轼的叠山遗物（图 7-4）。

石涛和尚提出“峰与皴合，皴自峰生”的画理，创“一线之法”。石涛提出“皴有是名，峰亦有是形”，皴本是中国画中根据各种山石的形质提炼概括

① （明）陈所蕴:《竹素堂集》卷十七。

图 7-3　黄石大假山（豫园）

图 7-4　案墩假山（寄畅园）

出来的一种用笔墨表现阴阳脉理的特殊线型技法，石涛所说的皴法，已不单纯只是一种笔墨技巧，而是根据表现对象即山石的不同形质，有不同的皴法。

扬州何园内的片石山房（图 7-5）以湖山紧贴墙壁堆叠为假山。石涛精心选石，再根据石块的大小、石纹的横直，分别组合模拟成真山形状，运用“峰与皴合、皴自峰生”的画论指导叠山，山顶高低错落，叠成“一峰突起，连冈断堑，变幻顷刻，似续不续”形态。主峰在西首，主峰峻峭苍劲，配峰在西南转折处，两峰之间连冈断堑，似续不续，有奔腾跳跃的动势，颇得“山欲动而势长”的画理，也符合画山“左急右缓，切莫两翼”的布局原则，显出章法非凡的气度。结构采用下屋上峰的处理手法，主峰堆叠在两间砖砌的“石屋”之上。有东西两条道通向石屋，西道跨越溪流，东道穿过山洞进入石屋。山体环抱水池，山腰有石磴道，山脚有石洞屋两间，因整个山体均为小石头叠砌而成，故称片石山房，被誉为石涛叠山的“人间孤本”。

戈裕良继承了张南垣、石涛诸人的遗规，是张南垣之后的又一出类拔萃的造园叠山大师，他在吸收张南垣叠山艺术精华的基础上，又创造出自己的特点，运用环桥法将大小石

图 7-5　片石山房（扬州何园）

钩带联络，如真山洞壑一般。苏州环秀山庄假山是他的杰作，被誉为“神品”而独步江南（图 7-6）。

假山占地仅半亩，分主次两山，池东为主山，池北为次山，主山气势磅礴伸向东南，次山箕踞西北与之呼应，池水缭绕于两山之间。主山又分前后两部分，前山全部用石叠成，看上去峰峦峭壁，内部则虚空为洞；后山临池用湖石作壁，与前山之间形成涧谷。前后山虽分却气势连绵、浑然一体，山上蹊径盘曲，长约六七十米，涧谷长 12 米左右、山峰高 7.2 米。既有危径、山洞、水谷、石室、飞梁、绝壁等境界，又有厅、舫、楼、亭等建筑。“山以深幽取胜，水以湾环见长，无一笔不曲，无一处不藏，设想布景，层出新意。水有源、山有脉，息息相通，以有限面积造无限空间；亭廊皆出山脚，补秋舫若浮水洞之上。西北角飞雪岩，视主山为小，极空灵清峭，水口、飞石，妙胜画本。旁建小楼，有檐瀑，下临清潭，具曲尽绕梁之味。而亭前一泓，宛若点睛。”

戈氏吸收了张南垣叠山艺术精华和石涛“峰与皴合，皴自峰生”的画理，自创叠山“钩带法”，即运用环桥法将大小石钩带联络如造环洞桥，以大块竖石为骨，用斧劈法出之，刚健矫

图 7-6 蹬道和洞穴（环秀山庄）

图 7-7　水边蹬道犹如蜀道上的栈道（环秀山庄）

挺，以挑、吊、压、叠、拼、挂、嵌、镶为辅，山洞用穹隆顶或拱顶结构方法，酷似天然溶洞，在极有限的空间，把自然山水中的峰峦洞壑概括提炼，使之变化万端，崖峦耸翠，池水相映，深山幽壑，势若天成，山石皴法悉符画理，其意兼宋元画本之长，宛转多姿，浑然天成。既逼肖真山，且至今无开裂走动迹象，果然如戈氏所述："只将大小钩带联络如造环桥法，可以千年不坏，要如真山壑一般，然后方称能事。"开创了乾隆嘉庆时叠石技法之艺术范本（图 7-7）。

扬州个园的四季假山为国内唯一孤例，以堆叠精巧著称，利用不同的石色石形，分峰叠石，以石斗奇。一部分用黄石叠成，山腹有曲折蹬道，盘旋到顶，是为北派石法；一部分用太湖石叠成，流泉倒影，逶迤一角，是为南派石法。两种石法，象征着山水画的南北宗统一于一园之内。

春山，在山两侧植以翠竹，竹间树以白果石笋，圆洞门旁侧丛植千竿修竹，点缀以山石，寓意"雨后春笋"、万物复苏、"淡冶而如笑"也（图 7-8）。

"夏山"以玲珑剔透的太湖石叠成，云头状峻石表示夏云多奇峰，山顶有柏如盖，山下水声淙淙，山腰蟠根垂萝，造成浓荫幽深的清凉世界，符合郭熙所谓的"夏山苍翠而如滴"的特色（图 7-9）。

图 7-8　春山（个园）

图 7-9　夏山（个园）

“秋山”位于院东，以黄石叠成，拔地而起，峻峭凌云，山道盘旋崎岖，为全园的制高点，面迎夕照，配以红枫，一片象征成熟和丰收的秋色，“明净而如妆”（图7-10）。

图7-10 秋山（个园）

“冬山”以宣石叠于南墙之北，宣石“其色洁白……愈旧愈白，俨如雪山也”。部分山头借助阳光照射，光泽耀眼。“雪山”附近的南墙开了4排圆洞，每排6个，称为音洞，因外面是狭巷高墙，阵风掠过洞口，呼呼作响，真有“北风呼啸雪光寒”之感。加上用白矾石冰裂纹铺地，植以蜡梅、南天竺烘托、陪衬，尽得岁寒冷趣，真的是“惨淡而如睡”也（图7-11）。

图7-11 冬山（个园）

# 第三节 瘦绉漏透 点石成景

园林景石虽然也可以作为山的象征，但景石的欣赏和位置的放置，和叠山并不完全相同，选石标准也不一样。

《禹贡》记载泰山山谷应上贡品中就有“怪石”。《南史》载：早在南朝梁时，“溉第居近淮水。斋前山池有奇礓石，长一丈六尺”[①]。这是置石见于史书之始。

唐朝特别是中唐，玩石赏石已经蔚然成风，在牛李党争中，牛党的领袖牛僧孺、李党的领袖李德裕都酷爱石头。牛僧孺在洛阳城东和城南分别购置了一所宅邸和别墅，他“治家无珍产，奉身无长物”“游息之时，与石为伍”“东第、南墅，列而致之”[②]。宋张洎《贾氏谈录》写李德裕的平泉庄中：“台榭百余所，天下奇花异草，珍松怪石，靡不毕具。”李德裕《思平泉树石杂咏一十首·叠石》：“潺湲桂水湍，漱石多奇状。”《旧唐书》载：“乐天罢杭州刺史，得天竺石一”“罢苏州刺史时得太湖石五”。无锡惠山的“听松”石床，镌刻唐代书法家李阳冰篆“听松”二字。

宋代更出现了“米颠拜石”的痴狂。园林也纷纷置石。宋代艮岳的“阳华宫石林”则为“布列太湖石”，呈“棋列星布”状，广泛地将山石置于水畔、路边、树下、墙隅等地。明代林有麟编绘的《素园石谱》中有宣和六十五石图。

明、清时期，置石于园则更为广泛，有“无园不石”之说。

## 一、星列棋布 散漫理之

散置，又称散点，即“攒三聚五”“散漫理之”的做法。按体量不同，常用于布置内庭或散点于山坡上作为护坡，仿山岩余脉，或仿山间巨石散落，或似风化后残存岩石，有聚有散、有断有续，主次分明，“石必一丛数块，大石间小石，然后联络。面宜一间，即不一向亦宜大小顾盼。石小宜平，或在水中，或从土出，要有着落”[③]。

散置按体量不同，可分为大散点和小散点。北京北海琼华岛前山西侧用房山石作大散点处理，既减缓了对地面的冲刷，又使土山增添奇特嶙峋之势。

小散点与大散点不同的是，小散点由多块山石分散布置，但是属于单点

①（唐）李延寿撰:《南史·到溉传》。

②（唐）白居易:《太湖石记》。

③（清）龚贤:《画诀》。

放置，不掇合，可营造高低错落、小中见大的意境。如北京中山公园“松柏交翠”亭附近的做法，显得深埋浅露、有断有续、散中有聚、脉络显隐。

其石块位置并非随意摆放，而是掺进人们的意识，通过设计人员的主观思维活动，进行去粗取精的艺术加工，使之呈现更打动人心的表达。

东晋、南朝的士人园，大多采取“聚石”的方式，宋代艮岳的“阳华宫石林”则为“布列太湖石”，呈“星列棋布”状：

入苑经广于驰道，左右大石，皆林立……（石）以神运、昭功、敷庆、万寿峰名之。独神运峰广百围、高六仞，赐爵盘古侯，居道之中，束石为亭以庇之，高五十尺，御制记文，亲书，建三丈碑，附于石之东南。其余石，或若群臣入侍帷幄，正容凛若不可犯；或战栗若敬天威；或奋然而趋，又若伛偻趋进，其怪状余态，娱人者多矣……①

石林布局，有主次、互应，且从布石的相互位置与形象中，反映出封建等级秩序，广泛地将山石置于水畔、路边、树下、墙隅等地。

对置：在建筑物前两旁对称地布置两块山石，以陪衬环境，丰富景色，如北京可园中对置的房山石。采用两块体态较大的石头相对矗立，在意境上形成相互呼应。石块大小不能完全一致，这样既统一又富有变化，否则将会显得呆板生硬。

## 二、品石标准　景石特置

何谓景石？就是体量大、轮廓线突出、姿态多变、色彩突出，并具有独特的观赏价值。景石更重视石的外形，重视其与人的精神品格的联系，或者具有现实功利色彩。

宋明清三代，形成了系统的品赏理论：“米元章（芾）论石，曰瘦、曰绉、曰漏、曰透，可谓尽石之妙矣。”② 郑板桥说米元章“但知好之为好，而不知陋劣之中有至好也”。他说自己尝画之石，乃“丑石也，丑而雄，丑而秀”。宋苏轼认为“石文而丑，一丑字，则石千态万状皆从此出”；清刘熙载《艺概》说：“怪石以丑为美，丑到极处，便是美到极处，丑字中丘壑未尽言。”清李渔《闲情偶寄・居室部・小山》也说：“言山石之美者，俱有透、漏、瘦三字。”

综合古人对景石的品赏，以透、瘦、绉、漏、清、丑、顽、拙为最主要的标准。

透，即玲珑多孔穴，光线能透过，使外形轮廓飞舞多姿，李渔所谓“此通于彼，彼通于此，若有道路可行，所谓透也”；瘦，即峰要秀、棱骨分明，李

① （宋）祖秀：《阳华宫记》。

② 《郑板桥全集》。

渔所谓“壁立当空，孤峭无倚，所谓瘦也”。绉，外形起伏不平，明暗变化而又富有节奏感，实即同于绘画之皴，指石之表面多皱，如同画笔皴出的纹理。漏，石峰上下左右窍窍相通，有路可通，李渔所谓“石上有眼，四面玲珑，所谓漏也”。

“瘦绉漏透”重在表现石峰的外部特征的审美评价。

就石峰的内质特征即其气势意境而言，还有“清丑顽拙”之特征：清者，阴柔之美；丑，奇突多姿之态，它打破了形式美的规律，是对和谐整体的破坏，是一种完美的不和谐；顽，阳刚之美；拙，浑朴稳重之姿。还有“怪”，也表示了对形式标准的超越。

景石选定后，要特设基座，有的则半埋土中，颇显自然，称为“特置”、孤置，江南又称“立峰”，多以整块体量巨大、构图完整、姿态秀丽、古拙奇异、造型奇特、质地色彩特殊的石材做成，常用作园林入口的障景和对景、漏窗或地穴的对景。这种石也可置于廊间、亭下、水边，通常被作为视线焦点或局部构景中心。

园林石峰的叠置，应追求旋律的多变。石峰外形轮廓或高或低，或凹或凸，或透或实，或绉或平，具有强烈的韵律感。石峰有的刚中有柔，有的如行云流水，有的风骨铮铮，有的像人，有的拟物，犹如半抽象、半具象的雕塑，介于似与不似之间，令人百看不厌。

苏州著名的留园三峰——冠云峰（图 7-12）、岫云峰、朵云峰，造型意境本于《水经注》中的“燕王仙台有三峰，甚为崇峻，腾云冠峰，高霞翼岭”。冠云峰，也为北宋遗物，“如

图 7-12　冠云峰（留园）

翔如舞，如伏如跧，秀逾灵璧，巧夺平泉”①，高耸如展，极嵌空瘦挺之妙，孤高特立，磊落清秀，阴柔浑朴。高达6.5米，峰顶似雄鹰飞扑，峰底若灵龟昂首，呈“鹰之龟”之形态。朵云峰，多孔多皱，体态宽阔，文理丰富，层棱起伏，空灵剔透；岫云峰，题名取自陶渊明《归园田居》中“云无心以出岫”诗句。雄浑高耸，涡洞相连，颇有奇趣。

图7-13 瑞云峰

景石的设置，必须从园林空间的总体布局、环境背景、石型特点、观赏位置等方面综合考虑，或墙角，或树下，或贴壁，或临池，或当窗，或对户，或迎人，或独立，或伴竹，或友梅，或倚松，或负藤，并无定式。在洞门漏窗之外，宛如尺幅小景；置粉墙白壁之下，俨如山水图画，变化多姿。

“青莲朵”，是清长春园中之园“茜园”中所置奇石，现存于北京中山公园内。石为浅灰褐色，着水后呈淡粉色并出现点点白色，如夕阳残雪，并“具玲珑刻削之致”，自然状态如花②，为艮岳遗物。

北京还有“青云片”等。广州著名奇石有“九曜石”，在五代南汉主刘䶮的宫苑“九曜园”内，用9块太湖奇石叠成，据《粤东金石略》载：“石凡九，高八九尺，或丈余，嵌岩峰兀，翠润玲珑，望之若崩云，既堕复屹，上多宋人铭刻。”另还有“鲲鹏展翅”等。

江南的景石数量多、质量也高，具有独特的观赏价值。号称“江南三大名峰”的是“瑞云峰”“绉云峰”和“玉玲珑”。

童寯《江南园林志》说：“江南名峰，除瑞云之外，尚有绉云峰及玉玲珑。李笠翁云：‘言山石之美者，俱在透、漏、瘦三字。’此三峰者，可各占一字：瑞云峰，此通于彼，彼通于此，若有道路可行，‘透’也；玉玲珑，四面有眼，‘漏’也；皱云峰，孤峙无倚，‘瘦’也。”

原为苏州留园的著名石峰“瑞云峰”（图7-13），峰高5.12米、宽3.25米、厚1.3米，高大且秀润，涡洞相套、褶皱相叠，状如“云飞乍起”，为北宋“花石纲”遗物，石上刻有“臣朱勔进”4字。据明袁宏道记载：“此石每夜有光烛空”“妍巧甲于江南”③。

① （清）俞樾:《冠云峰赞有序》。

② （清）吴振棫:《养吉斋丛录》卷二十六。

③ 《园亭纪略》。

图 7-14 玉玲珑

图 7-15 绉云峰

上海豫园的“玉玲珑”（图 7-14），亭亭玉立，高 4 米、宽 2 米，石体内有 72 孔，四面八方洞洞通窍，一孔注水，孔孔出水；焚香一孔，上下孔孔冒烟，奇巧无比。清诗人陈维成《玉玲珑石歌》称：“一卷奇石何玲珑，五个巧力夺天工。不见嵌空绉瘦透，中涵玉气如白虹……石峰面面滴空翠，春阴云气犹濛濛。一霎神游造化外，恍疑坐我缥缈峰。耳边滚滚太湖水，洪涛激石相撞舂。庭中荒甃开奁镜，插此一朵青芙蓉。”“压尽千峰耸碧空，佳名谁论玉玲珑。焚音阁下眠三日，要看缭天吐白虹。”

杭州的绉云峰（图 7-15），现存杭州缀景园，为英石所叠置。英石，产于广东英德县（今英德市），“色积如铁，具迂回峭折之致”，质稍润，细蕴绵连。峰高 2.6 米，狭腰处仅为 0.4 米，形同云立，纹比波摇，如行云流水，十分空灵。

著名的观赏石峰还有很多，如常熟“虚廓园”的四面厅式的“水天闲冶”庭院中有一湖石名“妙有”，园主曾之撰在记中说：“余营虚廓园，依虞山为胜，未尝有意致奇石，乃落成而石适至，非所谓运自然，妙有者耶，即书‘妙有’二字题其额。石高丈许，皱、瘦、透三者咸备。”现置常熟人民公园内的“沁雪石”，原为元赵孟頫莲花庄园鸥波亭前名峰，为“皱”的代表。表面石纹如海浪相叠，又如雪压琼枝，意境清远。《西湖游览志・南山胜迹》载：“‘一片云石’，在风篁岭上，高可丈许，青润玲珑，巧若镂刻，松磴盘屈草莽间，有石洞，堆砌工致，巉岩可赏。”

孤置山石应与环境比例合宜。杭州滨江盛元湘湖里项目中，孤置山石作为框景中的点缀在石材大小的选择上颇费了些心思。设计师选用了大小妥当的山石，使其近看不突兀，远赏不隐蔽，在不同的角度下呈现出多元化的体验。

特置也可以小拼大，不一定都是整块的立峰。如狮子林的“九狮峰”，就是由若干块太湖石镶嵌接叠堆砌而成的。

## 三、点石成景　相得益彰

“石配树而华，树配石而坚”石头有了树的点缀才能彰显它的华贵，而树木在石头的影响下会变得更加坚韧。

景石与植物配置也遵循一定的原则，如：

松下之石宜拙，因为松树挺拔偃蹇，盘曲质朴，苍老劲健，深沉厚重；宜置粗夯顽拙、雄浑简率之石。梅边之石宜古，因为梅花铁骨铮铮、冰心莹莹、高古典雅、超凡脱俗，宜置婉转险怪、古色古香之石。翠竹修长挺拔、高节虚心、幽声细细、清香脉脉，故宜置颀长瘦削、如笋似剑之石。如留园石林小院洞天一碧东侧的小天井修竹丛中，有一青灰色的斧劈石，挺拔峭立，名“干霄峰”（图 7-16）。

嘉树之下，宜点以玲珑湖石或顽石，芭蕉点石，则宜顽。只有如此，方能达到园林艺术的效果。在河流溪涧、林下花径、山脚山坡、池畔水际，散点数石，或断或续，或横卧或直立，或半含土中，如天生的一般。

图 7-16　干霄峰（留园）

山石器设。为了增添园林的自然风光，常以石材作石屏风、石栏、石桌、石几、石凳、石床等。北海琼华岛“延南薰”亭内的石几、石凳和附近山洞中的石床都使园林景色更有艺术魅力。

山石花台。布置石台是为了相对地降低地下水位，安排合宜的观赏高度，布置庭园空间，并使花木、山石显出相得益彰的诗情画意。

园林中常以山石做成花台，种植牡丹、芍药、红枫、竹、南天竺等观赏植物。花台的布局，适当吸取篆刻艺术中“宽可走

图 7-17　明牡丹台（留园）

马，密不容针”的手法，采取占边、把角、让心、交错等布局手法，使之有收放、明晦、远近和起伏等对比变化。对于花台个体，则要求平面上曲折有致，兼有大弯小弯，而且曲率和间隔都有变化。如果利用自然延伸的岩脉，立面上要求有高下、层次和虚实的变化。有高擎于台上的峰石，也有低于地面的露岩（图 7-17）。

## 第四节　叠山置石　妙在意境

假山和石峰巧妙配置，意境自生、自成妙趣。景石具有的某些外形特征，借助文学题名的启示，还可使人们获得“妙在石头之外”的深层意蕴。清嘉庆年间的留园主人刘恕，酷爱奇石，他收罗湖石十二峰，一一赐以嘉名，分别是：奎宿、玉女、箬帽、青芝、累黍、一云、印月、猕猢、鸡冠、拂袖、鲜掌、干霄。石名与石形大多在似与不似之间。

## 一、山居崖栖　林壑气象

园林假山寄托着归隐林下的文人高古俊逸的自我情趣，寓意为山居崖栖、高逸遁世。富有林壑气象的山水是江南文人园中最基本的抒情性物质建构。江南园林假山妙品都造得盘道逶迤、山势险峻、重峦叠嶂，有时还有茂树浓荫、深壑幽涧，一派山林气氛。将自然界可能并不存在的险峰佳境、千仞万壑浓缩于方丈、尺寸之间，以满足文人士大夫寄意丘壑的隐逸情思。

孔子高度赞扬了孤竹君的两个儿子伯夷、叔齐，称他们"不降其志，不辱其身"。在《论语·季氏》篇中也赞美道："伯夷叔齐饿于首阳之下，民到于今称之。"南齐萧晔因借伯夷、叔齐饿于首阳之下的典故，名后堂山为"首阳"。

为了营造山林气象，常常采用墙中嵌理壁岩（图 7-18），梢点玲珑石块，置石于外墙角称抱角。置石于内墙角称镶隅，都是为了减少墙角线条平板呆滞的感觉而增加自然生动的气氛。

建筑入口的台阶常用自然山石做成"如意踏跺"，唐温庭筠《过华清宫二十二韵》："涩浪和琼甃，晴阳上彩斿。"明文震亨《长物志》："阶中有载，以太湖石叠成者，曰：涩浪，其制更奇，然不易就。"两旁再衬以山石蹲配，主石称"蹲"，客石称"配"。明胡应麟《少室山房笔丛·艺林学山一·涩浪》："宫墙基叠石凹入，多作水文，谓之涩浪。"涩浪，呈水波状，不仅有台阶的功能，而且有助于处理从人工建筑到自然环境之间的过渡（图 7-19）。留园五峰仙馆前的假山，象征庐山东南之五老峰，左通右达，从"涩浪"入五峰仙馆就仿佛依然置身于山石之中，创造了一个"幽人不出门，岚翠环廊庑"的理想境界。

图 7-18　墙中壁岩（网师园）

图 7-19　涩浪（留园五峰仙馆前）

## 二、仙居出尘　海中仙山

江南园林中厅山、楼山都是在楼侧叠假山，“宜于山侧，坦而可上，便以登眺”，石径盘曲至楼上，不必用梯子，而将室外之梯叠石成蹬道，为古时仙居样式。《三国志·诸葛亮传》：“琦乃将游观后园，共上高楼，饮宴之间，令人去梯。”古人称石为云根，以为云乃碰石而生，称石头为“云根”，故园林中位于假山丛中的房子称“卧云室”、假山巅的亭子称“眠云亭”等。

苏州拙政园之见山楼、留园之明瑟楼（图7-20），网师园后庭园五峰书屋，都可循假山蹬道而上，犹如踏着云头上天。

明瑟楼南侧“一梯云”，用唐郑谷“上楼僧踏一梯云”的意境。

水池中堆山，“为园中第一胜也，若大若小，更有妙境。就水点其步石，从巅架以飞梁；洞穴潜藏，穿岩径水；峰峦缥缈，漏月招云”。《园冶》一书里多次谈到这一点：“假山依水为妙。倘高阜处不能注水，理涧壑无水，似少深意。”“池上理山，园中第一胜也。若大若小，更有妙境。就水点其步石，从巅架以飞梁；洞穴潜藏，穿岩径水；峰峦缥缈，漏月招云。莫言世上无仙，斯住世之瀛壶也。”

这种水石结合的假山，又称“水假山”。模山范水为中国园林的主要特点，故山水并重的园林为大宗，如拙政园、留园等都有池山。池山为水池中之岛屿，与池岸用步石或桥梁连接者为多，而独立水中的为少，它象征海中仙山。

兴建于明代太仓的私人园林“弇山园”，以园中的三座大假山而闻名。

“弇山”二字取自《庄子》，用以指代神仙的居所，暗示弇山园是人间仙境。钱穀“小祇园图”（弇山园）中的弇山，尤其西弇山，规模庞大，山上群峰参天，植物很少，却在山间凿出了水流溪涧。虽然这是出自人工叠造的假山，却仿佛把一座自然中的真山搬进了园中。山石营造的如幻似真的效果，使得人们对峰石的欣赏和品鉴成了重点，其堆叠技巧也为时人所赞叹。

图7-20　上楼僧踏一梯云（留园）

## 三、深山读书　风雅可掬

书房山位于园内僻静清幽之处，拟小巧，或依佳木点以灵石，或独立为峰壁，如留园东部书房“还读我书斋”几乎四面有石。西侧当窗立有湖石“累黍峰”，该峰表面上生有累累黄豆般大小的晶体颗粒，如黍米，显然含有“书中自有千钟黍”的内涵，以鼓励子弟们刻苦读书。潘奕隽的诗则写得颇为堂皇：“累累直疑从黍谷，移来或恐是愚公。还须更乞麻姑手，撒与茅檐聊御穷。”

留园书房曲溪楼下濠濮亭旁，是一块外形如英文手写字母 n 的普普通通的石头，却与天上二十八星宿中的奎宿星相似。古代每言文章、文运者，往往用“奎”字，如秘书监古代即称为奎府，利用谐音，造成语意双关。主昌文运的“魁星”高照，象征着连登科甲，当然为无上吉利。这块奎星石在人们的思维联想中也就具有了深远的含意。

网师园五峰书屋前后有山，具有深山读书或藏书深山的意境。

耦园西花园的书斋“织帘老屋”，书房周边点缀着湖石，颇有“遥羡书窗下，千峰出翠微”“坐对青山读异书”的佳趣（图 7-21）。象征着园主这对情真意笃的夫妇双双在这山林深处，一起读书明志、双双织帘的主题意境。

图 7-21　坐对青山读异书（耦园）

## 四、效仿古贤　洞天一碧

宋代著名的书画家米芾在担任无为军守的时候，见到一奇石，大喜过望，特令人给石头穿上衣服，摆上香案，自己则恭恭敬敬地对石头一拜至地，口称“石兄”“石丈”，被时人传为美谈。“下拜何妨学米颠”，连文天祥都要“袍笏横斜学米颠”。

留园园主刘蓉峰《石林小院说》自述，刘得“晚翠峰”，因“筑书馆以宠异之”，即指“揖峰轩”。狮子林“揖峰指柏轩”。米芾把他最珍重的一块太湖石称为“洞天一碧”，洞天乃道教中的神仙世界，意思是这灵石出自仙窟灵域，所以，留园“洞天一碧”也就是“米芾

图 7–22　下拜何妨学米颠（留园洞天一碧）

拜石”（图 7-22）。

颐和园长廊西的“石丈亭”，有一名石，称作石丈峰。传说在清乾隆时有个叫曾有的人，一生苦读，晚年得中举人，被点到了河南任知府。此公犹爱奇石收藏，在其府中藏有大量石玩，吃饭坐石凳，睡觉眠石枕，人送外号“石癫”，可见其爱石的程度。一次从民间得一绝好太湖石，称为石丈，爱不释手。后来乾隆修建清漪园（颐和园的前身）时，各地官员全都向乾隆争献宝物，以求巴结邀宠。曾有本不想送，可又怕面子上过不去，他深知乾隆喜爱奇石，便亲将此“石丈”送往京师。乾隆见到此石，果然龙心大悦，非常喜欢，并请工匠经过一番精心设计，摆放在今天的石丈亭中了。石体完整，石色青润，宛转百曲，逶空崎峭，厚重饱满，四面皆可赏玩。静观此石，犹如一位老丈，慈眉善目，傲然挺立，堪称京城名石之冠。石下衬圆形纹饰石座，雕饰精巧、细腻，极具帝王风范。

## 五、峰驻月驾　妙想迁得

完全建在陆地或山上的写意船舫，为了营造舫游之意境多在船舫周置湖石。如台地园拥翠山庄“月驾轩”，造型别致：南北各接以小轩，形同小舟，轩内题额“不波小艇”，取《水经注》中“峰驻月驾”之意，轩东的湖石假山，峰石起伏，构成在月光朗照下驾驶着小艇穿行于峰峦中的意境。

苏州怡园舫形小屋，室内器物原均以白石制成，故又称“白石精舍”。室北天井内点以湖石假山。苏州耦园“藤花舫”也仅以点石法，让人产生舟行水上的遐想。

东晋顾恺之的绘画理论主张“迁想妙得”：“迁想”指画家艺术构思过程中的想象活动，把主观情思“迁入”客观对象之中，取得艺术感受；“妙得”为其结果，即通过艺术家的情感活动，审美观照，使客观之神融合为“传神”的、完美的艺术形象。也可以用以对石峰的观赏，如留园十二峰中的“印月峰”，置于园中部水池东侧，峰石中有一天然涡孔，形如盆口，倒映池中，恰如一轮满月，垂手可掬。园主刘恕特将峰西南的亭子命名为“掬月亭”（今名濠濮亭），并在峰旁亭边垒砌数级石台阶，似乎专为掬月者所用。这轮水中“明月”，无论昼夜朔望、阴晴雨雪，皆可娱目。刘氏不无得意地形容此峰曰：“一隙仅容月，空明洞碧天。凌虚忽倒影，恍若月临川。”清潘奕雋写出了赏峰意境：“我欲乘风到广寒，琼楼矫首路漫漫。何当秋月如珪夜，来看瑶峰上玉盘。”

苏州怡园“石听琴室”北窗下，置石两块，均无秀美之姿，也无顽劣之状，但一石直立似中青年，一石伛偻似老人，静静地伫立窗外，似乎正在专心致志地听琴，室内主人弹琴，北廊是取意落涧奔泉的半亭“玉虹”，共同组成了高山流水得知音的意境。这里二石成了室内操琴者的知音，获得了纯粹的人格意义（图 7-23）。

图 7-23　听琴石（怡园）

## 六、印心禅境　顿悟妙得

禅趣。赏石界有“禅石”之说，即以“三昧”哲理品石，“顿悟妙得”。“石中有机锋，拳石可纳五岳”，就是佛教“纳须弥于芥子”之说在悟石中的运用。

苏州狮子林原为禅宗临济山林宗，禅宗发展义理，大大冲淡了迷信色彩，至今 1200 平方米的主景大假山，就是湖石堆叠而成的禅意假山，其蕴藏禅理，创造的是“净土无为，佛家禅地”的意境。假山依石形筑六道众生中的天道青龙、白虎，人道中僧人，畜生道中的动物湖石等。主假山分旱假山区、水假山区和南部假山区 3 区。

旱假山环围卧云室而筑，地处高阜，有遇百年难逢滂沱大雨，也能一泄而干的特点，无水浸之患（图 7-24）。古人以云拟峰石，山顶小楼如卧云间，取金元好问《题张左丞家范宽〈秋山〉横幅》“何时卧云身，团茅遂疏懒”诗句意名“卧云室”，创造了“人道我居城市里，我疑身在万山中”的神秘意境。

水假山则临水而筑，山水相依，宛如天然图画。

南部假山顶上耸立五峰：居中为狮子峰；东侧含晖峰，如巨人站立，左腋下有穴、腹部亦有 4 穴，在峰后可见空穴含晖光。吐月在西，势峭且锐。

主假山有上、中、下 3 层，共有 9 径、21 个洞口，“冈峦互经亘，中有八洞天”“嵌空势参差，洞洞相回旋”，高高下下、左绕右拐、来回往复，象征着芸芸众生在未悟道时的迷

图 7-24　旱假山区（狮子林）

图 7-25 观音峰（狮子林）

图 7-26 一苇渡江峰（狮子林）

茫和寻索。

在实际生活中，“自性觉悟”而成“佛”者很少，而自性迷惘的“芸芸众生”却是大多数，高低俯仰、上下内外，忽明忽暗、迷离幽邃，人行其间如入迷宫，仿佛自性迷惘的“芸芸众生”在没有“悟”道的时候，在洞曲如珠穿假山洞里徘徊，直到走出洞口的一刹那才豁然开朗，象征着对禅理的一种“顿悟”。游人置身洞中，可望而不可即，增强了神秘色彩。旱山上有观音峰（图 7-25），水中有一苇渡江峰（图 7-26）。

北海养心斋水池中有一象征须弥山的奇石，水中有睡莲。须弥山即妙高山，佛典以 3 个大千世界为一佛土，每一大千世界由无数小世界所构成，每一小世界之中心是一座须弥山。须弥山即妙高山，原为印度神话中的山名，它位于世界中心的金轮之上。顶峰居帝释天，四面山腰为“四大天王”，山周围被香水海包围，佛教把须弥山称为“一小世界”。

须弥山世界是佛教世界观中的最小单位，佛国净土即由无数个这样的须弥山世界所构成。佛教以淤泥秽土比喻现实世界中的生死烦恼，以莲花比喻清净佛性，莲花于是成为“佛花”，为佛土神圣洁净之物，成为智慧与清净的象征，而佛教所称莲花正是睡莲。

## 七、取吉辟邪　寿比南山

比较多见的是用小型的石山或石峰，置于坐北朝南的主体厅堂前面，即南侧，如上海豫园“乐寿堂”，取《论语·雍也》篇中孔子之“仁者乐山”“仁者寿”之意。园主潘允端谓祝颂老亲仁寿，南临广袤约2500平方米的荷花池，“池心有岛横峙，有亭曰‘凫佚’。岛之阳，峰峦错叠，竹树蔽亏，则‘南山’也”[①]。这里直接取“寿比南山”之意。

有的在入门要冲廊道置一石雕大白菜，取“百财”。较多的是在大门墙壁上砌上三尺三寸高、刻有“泰山石敢当”的石碑，可镇压一切不祥之邪。泰山为天下浩然正气之所在，所以古时候帝王将相多喜欢在泰山祭拜，以压制恶煞厉鬼。西汉史游的《急就章》：“师猛虎，石敢当，所不侵，龙未央。”颜师古注：“卫有石蜡、石买、石恶，郑有石制，皆为石氏；周有石速，齐有石之纷如，其后以命族。敢当，所向无敌也。”颜氏认为，石是姓，敢当为所向无敌意。另说石敢当是五代汉时的勇士。明人陈继儒的《群碎录》云：“五代汉刘知远时，有勇士名石敢当，其慕古人名以自表见耶？仰即其人与？”

颐和园“乐寿堂”前横卧着一块海青色的漂亮的大石头，长8米、宽2米、高4米，就像立在当院的一面屏风。形似灵芝，乾隆赐名“青芝岫”，又挥笔题写了“神瑛”“玉秀”4个大字，还命大臣们题字写诗，都刻在大青石上（图7-27）。

① （明）潘允端：《豫园记》。

图7-27　青芝岫（颐和园）

图 7-28　林本源园林假山（台湾）

## 八、思家恋土　聊慰乡思

思家恋土是台湾园林叠山的特点。号为台湾第一名园的林本源园林，是林本源家族于板桥兴建的，林本源家族来自福建漳州。漳州西北多山，东南临海，境内有大芹山、小芹山、灵通山、天柱山、良岗山，梁山、九侯山和乌山等。为了聊慰思乡之情，他们在榕荫大池北岸，仿照家乡福建漳州的山水用泥灰依势堆塑称为带状假山群，峰峦起伏，雄奇挺拔，山中蹊径盘曲，山腰置瀑布，配置异卉佳木，入此犹置身山林幽谷、百花深处（图 7-28）。

# 小结

因地制宜是中华园林叠山的基本法则，园林中大多根据中国西北多山、东南多水的地形特点在园西或西北侧叠山。假山的堆叠，是画家和叠山师结合的产物，既要设计者胸中自有丘壑，叠山师又要懂得堆叠的技巧、掌握娴熟的叠石原理和相关的力学知识，才能达到“高低曲折随人意，好处都从假字来”的境界，把假山造成真山的气势。

# 第八章

# 智者乐水　水围山绕

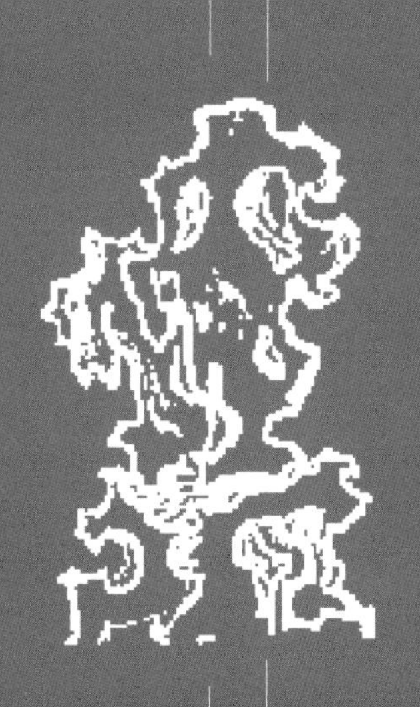

如果说，山是园林之骨架，那么，水就是园林的血脉，无水不成园。一大片碧波浩淼的池水，给人以闲适、广远、清凉、明净、幽寂、平静等心理感觉。

园林水体形态，除了因地方局促略呈几何形外，绝大多数取法于自然界的江湖、溪涧、渊潭、泉瀑。[①] 但并非对自然江河的简单模仿或缩影，而是对自然作抒情写意的艺术再现，体现“一勺则江湖万里”的创作原则，如苏州仅140平方米的残粒园，模拟大自然中的天然水池名“天池”。绍兴徐渭的青藤书屋，在小天井中凿一蓄水池，方不盈丈，不涸不溢，也号为“天池”。

园林理水，重在根据水的人文精神，与园林其他的物质构成元素进行意境创造。

# 第一节　上善若水　君子比德

## 一、润物无声　泽被万物

《老子》:“上善若水，水善利万物而不争，处众人之所恶（wù），故几于道。”指的是:至高的品性像水一样，泽被万物而不争名利。不与世人一般见识、不与世人争一时之长短，做到至柔却能容天下的胸襟和气度。

《老子》曰:居善地，心善渊，与善仁，言善信，政善治，事善能，动善时。夫唯不争，故无尤。

《老子》第78章:“天下莫柔弱于水”，又看到了水“而攻坚强者莫之能胜”的力量。在道家学说里，水为至善至柔。水性绵绵密密，微则无声，巨则汹涌。与人无争且又容纳万物。水有滋养万物的德行，它使万物得到它的利益，而不与万物发生矛盾、冲突，人生之道，莫过于此。

老子还从水“静”的特性中总结出了处世治国的道理:“大邦者下流，天下之牝，天下之交也。牝常以静胜牡，以静为下”[②]，清静无为思想是老庄学派的核心思想，故而他们更注重水“静”的特性，并以水为“象”，赋予了它静修养生、以静制动等哲学意涵。

① 详参拙著:《中国园林艺术概论》第三章第三节园林理水艺术，中国建筑工业出版社2009年版。

②《老子》第六十一章。

## 二、不舍昼夜　敏于事功

孔子将智者比智于水，因为水具有川流不息、委曲宛转，随形逐势的“动”的特点，与君子“天行健，君子以自强不息”的人格特征是相一致的。

这种形态能启发、活跃人的智慧。“智者不惑”，捷于应对、敏于事功，并成就一番功名事业。在哲人眼里，水的运动，也能从中悟出的是人生的哲理：“子在川上曰，逝者如斯夫，不舍昼夜”，感叹的是人生之有限而宇宙之无穷。

刘向《说苑·杂言》这样阐释“知者乐水”：

“夫智者何以乐水也？”曰：“泉源溃溃，不释昼夜，其似力者；循理而行，不遗小间，其似持平者；动而之下，其似有礼者；赴千仞之壑而不疑，其似勇者；障防而清，其似知命者；不清以入，鲜洁以出，其似善化者；众人取平品类以正，万物得之则生，失之则死，其似有德者；淑淑渊渊，深不可测，其似圣者。通润天地之间，国家以成，是知之所以乐水也。诗云：‘思乐泮水，薄采其茆；鲁侯戾止，在泮饮酒。’乐水之谓也。”

“智者”之所以“乐水”，是因为水具有川流不息的特点，而“知者不惑”，[1]捷于应对、敏于事功，同样具有“动”的特点。[2]儒家推崇基于水“动”的自然属性之上的哲学美学蕴含，孔子说“盈不求概，似正”[3]“水至平，端不倾，心术如此象圣人”[4]。“概”是古代刮平斗斛的一种工具，计量水则不必使用“概”，水满了便会自动停止增加，这是由于它的端正持平。品行端正是水人格魅力的重要表现之一。

水成为衡量道德修养优劣的准绳，孔子向学生解释《沧浪歌》曰：“‘小子听之，清斯濯缨，浊斯濯足矣。自取之也。’夫人必自侮，然后人侮之；家必自毁，而后人毁之；国必自伐，而后人伐之。太甲曰：‘天作孽，犹可违；自作孽，不可活。’此之谓也。”[5]用水本身的清浊，比喻每个人的道德修养之优劣。“天作孽，犹可违；自作孽，不可活”，强调了自我修养的重要意义。

孔子曾说：“仁者静。”重视仁义与道德的中国文化传统，使中国人喜欢静观或观静，所谓“万物静观皆有得”“宁静以致远”“水令人远”。因此，也极大地影响了中国古典园林中的理水手法，即水面均以静赏为主，即使是溪流也处理得悠然蜿蜒、清漪微涟，与西方园林中水景以动态为主恰成鲜明对比。

① 《论语·宪问》。

② 李泽厚、刘纲纪：《中国美学史》，中国社会科学出版社 1987 年版，第 137 页。

③ 《荀子·宥坐》。

④ 《荀子·成相》。

⑤ 《孟子·离娄》。

## 三、洗心涤襟　向善如水

儒家经典《孟子》《荀子》《尚书大传》《说苑·杂言》，以及董仲舒的《春秋繁露·山川颂》等，都以水性来比附儒家之道德，即所谓"夫水者，君子比德焉"。

《荀子·宥坐》："孔子观于东流之水。子贡问于孔子曰：'君子之所以见大水必观焉者，是何？'孔子曰：'夫水遍与诸生而无为也，似德。其流也，埤下裾拘，必循其理，似义，其洸洸乎不淈尽，似道。若有决行之，其应佚若声响，其赴百仞之谷不惧，似勇。主量必平，似法。盈不求概，似正。淖约微达，似察。以出以入，以就鲜絜，似善化。其万折也必东，似志。是故见大水必观焉。'"

颐和园谐趣园中的玉琴峡上题刻"泉流不息"，用的就是"孔子观于东流之水，子贡问曰：'君子所见大水必观焉，何也?'孔子曰：'以其不息且遍与诸生而不为也'"[①]。

水亦能引发哲理思考。"流水不腐，户枢不蠹，动也。形气亦然，形不动则精不流，精不流则气郁"。[②]

《孟子》对水的道德比附主要有以下观点："源泉混混，不舍昼夜，盈科而后进，放乎四海。有本如是，是之取尔。苟为无本，七八月之间雨集，沟浍皆盈；其涸也，可立而待也。"[③]

"故观于海者难为水，游于圣人之门者难为言。观水有术，必观其澜。……流水之为物也，不盈科不行；君子之致于道也，不成章不达。"[④]

孟子以有源之水具有取之不尽、用之不竭的特点，比喻君子立于儒家之道的根本；以流水之"不舍昼夜""盈科而后进"的状态，比喻君子修炼锻造自己道德学问的过程。完美的人格借水性充分表达出来。

孟子持性善论："人性之善也，犹水之就下也。人无有不善，水无有不下。今夫水，搏而跃之，可使过颡；激而行之，可使在山，是岂水之性哉？其势则然也。人之可使为善，其性亦犹是也。"[⑤]人性之向善如水之就下，是自然本性。但如果用手拍水，可使水越过额角。激水倒流，可以使水上山。这不是水的本性，而是外力的作用。孟子喻水为"民心所向"："民归之犹水之就下，沛然谁能御之"，谁也无法抵挡。

荀子也喻水为人民的力量，以水、舟喻君民关系："《传》曰：'君者，舟也；庶人者，水也。水则载舟，水则覆舟，此之谓也'。""君者，盘也，盘圆而水圆。君者，盂也，盂方而水方"[⑥]。

《孔子家语》曰："舟非水不行，水入则舟没；君非民不治，民犯上则君危。"成为后世皇家园林舟舫意境内涵。

唐太宗教戒太子："……'汝知舟乎？'对曰：'不知。'曰：'舟所以

① 《孔子家语》卷二。

② 《吕氏春秋·季春纪·尽数》。

③ 《孟子·离娄下》。

④ 《孟子·尽心上》。

⑤ 《孟子·告子上》。

⑥ 《荀子·君道》。

图 8-1　舟非水不行，水入则舟没（清晏舫）

比人君，水所以比黎庶。水能载舟，亦能覆舟，尔方为人主，可不畏惧’。”①

颐和园前身清漪园的时乾隆建有“石舫”，他在《御制石舫记》中说建此石舫之本意，“非徒欧米之兴慕也”，并非单单为羡慕宋欧阳修之画舫斋和米芾之嗜石，主要在“凛载舟之戒，奠磐石之安”（图 8-1）。

《国语·周语上》中的《召公谏厉王弭谤》中说：“防民之口，甚于防川，川壅而溃，伤人必多，民亦如之。是故为川者，决之使导；为民者，宣之使言。”阻止人民进行批评的危害，比堵塞河川引起的水患还要严重。指不让人民说话，必有大害。

董仲舒《山川颂》：“水则源泉混混沄沄，昼夜不竭，既似力者；盈科而后进，既似持平者；循微赴下，不遗小间，既似察者；循溪谷不迷，或奏万里而必至，既似知者；鄣防山而能清静，既似知命者；不清以入，洁清以出，既似善化者；赴千仞之壑，入而不疑，既似勇者；物皆困于火，而水独胜之，既似武者；咸得之而生，失之而死，既似有德者。孔子在川上曰：‘逝者如斯夫，不舍昼夜。’此之谓也。”董氏把水的自然特点与儒家抽象的道德概念——“力”“平”“察”“知”（智）“知命”“善化”“勇”“武”“德”进行比附，对儒家水的道德观做出了集大成式的阐发，把儒家的“社会道德之水”推向了新的高度。

① 《贞观政要·教戒太子诸王第十一》。

水也成为衡量政治清浊、士人仕隐的准绳，《楚辞·渔父》道家思想的代表渔父的沧浪歌曰："沧浪之水清兮，可以濯吾缨。沧浪之水浊兮，可以濯吾足。"沧水若清，可濯我缨；沧水若浊，聊濯我足。濯缨濯吾随适意，"沧浪"、江海都成为隐逸的象征符号。水之清浊，往往用来暗喻世道的清明与黑暗，所取的人生哲学、处世态度，实际和儒家所持一样：达则兼善天下，穷则独善其身。

园林中诸如"沧浪亭""小沧浪"等表面歌颂着"水清"，即世道清明，其潜在意境实际指"水浊"，世道混浊，即晋左思"振衣千仞冈，濯足万里流"之谓也。沧浪亭园外一湾曲水，潭清潦尽，水明天淡，具有"隔尘"的特殊功能。它可使人悠然便有濠梁意。沧浪之水，涤秽洗襟，净化心灵，使游之者"胸次浩浩焉，落落焉，若游于方之外者"[①]。

杜甫《佳人》有"在山泉水清，出山泉水浊"的诗句，原诗喻佳人的贞洁，宁可在山中幽谷保持一身贞纯，而不愿离山追随污浊的红尘。文人习惯以"在山泉水清"喻指隐逸山林，不与社会恶浊势力同流合污，以"出山泉水浊"，喻指浊世，澄澈的泉水一旦流出山外，特别是流向人烟杂沓的地方，清流也便成了浊流，发生了品质的异化。

水能涤秽荡瑕，使人联想到对心灵的净化，所谓"临深使人志清"，拙政园临水处就有"志清处""圣人以此洗心"，士人用来"涤我尘襟"（苏州畅园旱船名）。

雨露亦比喻君主之恩泽。"湛湛露斯，在彼杞棘。显允君子，莫不令德"（《诗经·小雅·湛露》），描写诸侯在宴会上对周王的祝颂。"是故明君之行赏也，暖乎如时雨，百姓利其泽。"[②]《孟子·滕文公下》将人民渴望商汤兴德行之师，讨伐无道，比喻大旱盼望甘霖。以后成为歌颂皇恩的习惯用词，如苏州怡园有"湛露堂"。

## 第二节　自然水体　手法灵活

在园林设计中水的处理有动态和静态之分。

仁者静，重视仁义与道德的中国文化传统，使中国人喜欢静观或观静，所谓万物静观皆有得。宁静以致远、水令人远，极大地影响了中国园林中的理水手法，即水面均以静赏为主，即使是溪流也处理得油然蜿蜒、清漪微涟。

我国山水园中的理水艺术，凝聚了历代造园艺术家和匠师的经验，总结出分、隔、破、绕、掩、映、近、静、声、活等10种手法。

① （宋）苏舜钦：《沧浪亭记》。

② 《韩非子·主道》。

## 一、大分小聚　分聚结合

水面大则分，分则萦回，分而不乱；小则聚，聚则浩渺，聚而不死；分聚结合，相得益彰。

大型的水面处理，如湖泊、池沼，大都是用天然水面略加改造而成。如杭州的西湖、广东惠州的西湖、北京的三海、颐和园中的昆明湖等。

为了不致感到开阔水面的单调感，就要“分”，即将水面分割成大小长短深浅曲折等形状不同的景区。分的手段是“隔”，即用堤、埂、岛屿、洲渚、滩浦、矶、岸、汀、闸、桥、建筑、树（一棵横斜伸入水面上空的树）、花（荷、菱等）、石幢等。

堤，是用土石等材料修筑的挡水高岸，一般宜直不宜曲、宜短不宜长。堤上植树，疏密相间、高低错落。长堤可设不同类型的桥，桥上还可建亭廊。既分割了水面，丰富了空间层次，增加了空间深度，又丰富了风景色彩。如杭州西湖用苏堤、白堤等划分水面空间，形成不同的水域。承德山庄的“塞湖”则由“如意湖”“澄湖”“上湖”“下湖”“银湖”“镜湖”“半月湖”“西湖”等 8 个水面构成，曲折逶迤、层次丰富。其中的上湖、下湖是由标高不同的水域分成的，相连的地方用跨水的“水心榭”桥，桥下因水落差而形成长宽的水幕。扬州瘦西湖则在桥上建五亭，既分割了水面又形成极为重要的一景。

颐和园中的昆明湖占了全园 4/5 以上，水面用几处岛屿点缀其间，又以长堤和大小桥梁连接，使湖面空阔又不呆板。西堤六桥是模仿苏轼的西湖苏堤，自万寿山西面的柳桥起，自北而南依次为豳风桥、玉带桥、镜桥、练桥，直到湖的南端界湖桥，贯穿昆明湖的西半部，组成一条长达 2.5 公里的游道，沿堤垂杨拂水、碧柳含烟。水中一岛与万寿山互为对景。岛东岸边，气势雄壮的十七孔长桥伏卧波心。桥南凤凰墩盘踞湖中。

拙政园中部的水面约占 1/3，以分为主，在水中垒土构成东、西、南三座岩岛，都有曲桥相互贯通。居中的“雪香云蔚亭”陡而高，分别用小桥、短堤连接“待霜亭”和“荷风四面”亭，形成不对称的均衡关系。全园水体类型丰富，且相互沟通。但还是留出较大的水面，使主次分明。

水体的灵活处理也创造出了不同的艺术氛围：远香堂南面景区的森郁，北面主景区的宽阔，梧竹幽居亭西望的深远，小沧浪水院的静谧，见山楼南岸的疏野，柳阴路曲的婉致，营构出道家“清静”“自然”的“合一”气氛。

小园的水体聚胜于分，聚的布局使水面辽阔，有水乡漫漶之感。如网师园，以水面为主体，水面集中作湖泊型，以显其宽，突出了“网师”“渔隐”的主体，仅仅 400 平方米的水面，却给人以湖水荡漾之感。为了刻画湖泊特征，造园者利用了水面最长流向于西北、东南这一对角线布设桥梁及水湾，加大水面的绝对纵深，藏源隐尾，深奥莫测；架设桥梁别具一格，将绘画中“近大远小”的透视原理应用于园中，采用石拱桥加大透视感，造成空间距离较实际状况略大的错觉；黄石池岸皆低临水面，高低凹凸有致，配以石矶、钓台、池边的假山蹬道，洞穴隐现，丰富岸边变化，加大空间距离，以衬托出水广波延、源头不尽之意；沿水建筑及建筑布局上，也采用一离岸一临水，建筑尺度较其他园林的尺度为小，达到“小中见大”。同时，临水建筑的基座采用干栏式或利用山石叠成涵洞式，水流入建筑之下，造成弥漫不尽之意。

理水还要讲究掩映。所谓“掩”，就是用山石、树木、建筑、堤桥等掩蔽岸线及水流、入口、水源，造成烟水迷离、菰蒲缥缈、来去悄然、幽邃深隐的效果，甚至深藏不露、不尽尽之。

“映”指的是池面不宜完全掩蔽，宜适当开敞，以便倒影天光云影以及亭、廊、桥、堤、花木、岛屿、山峦、矶岸等，以扩大空间，并在夜景中邀月招云。掩映是造成风景层次与深度效果的重要手段。

## 二、水本无形　因岸成之

为了使园林水体具有天然之趣，池岸的自然处理至关重要。“水本无形，因岸成之”。池岸有石岸、土岸之分，土岸更接近自然，但又极易因雨水冲刷而崩塌，故纯粹土岸较少见，主要采用叠石岸，间以石壁、石矶，或临水建水阁、水廊等，使池岸形态活泼多变，接近自然。

堆叠石岸尽可能不用规则式平石砌齐，而采取岩、矶、滩、浦、堤、岸结合，有高低进退弯曲回环的变化。为了石岸下的稳定，应有基础或基桩。

无论溪池，岸线要自然曲折而且富于变化，用屋漏痕笔法划定线型，以乱石、崖壁、岩矶、土坡、沙浦、芦汀、柳岸等多种形式（每处不能同时用太多形式，避免杂乱）因地制宜处理，造成曲折凹凸、纵横交错的形式，这就是造园家所说的“破”。如南京“瞻园”临水池有低平的大石矶两层，中有悬洞，或凹或凸、忽高忽低，岸线变化丰富，充满着自然意趣。沧浪亭外的水岸，用嶙峋的黄石叠成参差错落的驳岸，极富自然之趣，且催人想象。

石矶，是与水体密切联系的一种叠石，模仿的是自然岩石河床、湖岸略凸出水面的景观。在水位不稳定的情况下，往往叠成层层低下的不规则阶梯状，以便在不同水位时都能保持岸边低临水面、湖水荡漾的景象，还可形成一种岩石湖床的矶滩景象，丰富池岸线的空间造型，而且还可以供游人坐石临流、嬉弄碧波。

亭、榭、桥、堤、矶岸、月台、汀步等均应尽可能接近水面。岸边应大部分接近水面，

图 8-2　驳岸（网师园彩霞池南）

或以矶岛伸入水面，注意一个"近"的原则。在岩岸下可有水洞以造成深不可测之幽趣。石上藤萝及岸边垂柳拂水也很有诗意。

网师园彩霞池驳岸间以石矶，均用黄石模拟自然山貌水平层状结构叠成。临水处架石为若干凹穴，使水面延伸于穴内，形同水口，望之幽邃深黝，有水源不尽之意，而整个石岸高低起伏，有的低于路面，挑出水面之上；有的高突而起，可供坐息。低平开展与主山横向层理造型协调而产生韵律，使之成为岸边"云岗"假山山脚余脉的收头，与池东北侧的黄石山洞成掎角之势。其构成均衡，是黄石池岸中处理较好之例（图 8-2）。

## 三、源头活水　流随山转

南宋朱熹《观书有感》写道："半亩方塘一鉴开，天光云影共徘徊。问渠哪得清如许，为有源头活水来。"昼夜不匮、流动不息的活水，包含着深奥的哲学内容，更体现着包括哲学在内的中华文化的境界。

园林大多引用活水，沟通园内外的水系，或在池中挖井泉，暗通源泉，池水可得以不断更新；流随山转，穿花渡柳，悄然逝去，使水无尽意。在选择园址时，尽可能利用川泉等天然水体。明邹迪光的"愚公谷"，园中之水，是引的黄公涧水入园而成的。涧凡三折，有五道堤堰，景物大致在涧的左右上下[1]。承德山庄疏通

① （明）张岱：《陶庵梦忆》。

了3条水源：武烈河水、热河泉、山庄山泉。源藏充沛，引水不择流。“人工开凿力求符合自然之理，理水成系，使之动静交呈，由泉而瀑，瀑下注潭，从潭引河，河汇入湖，引池通湖，还刻意创造了萍香泮、采菱渡等野色。”①

苏州地处江南水网地区，地下水位较高，往往利用原有的地表水或低洼处稍加疏浚因水成池，利用活水。

环秀山庄的飞雪泉和网师园的涵碧泉、拙政园东部“天泉”都是天然泉水。

拙政园西部、狮子林、怡园、听枫园、畅园、鹤园、壶园等处水池内都有一定深度的水井，与地下水相通，在干旱不雨时，池水不至完全干涸。同时井水冬天温暖，可供鱼类过冬。

网师园、西园、耦园等园内水池与园外河道直接相通，有利于保持池水清洁。狮子林水池在复廊南侧设阴沟管与园外下水道相接，设有水闸，夏季池中水位过高时可向外排水，起着调节水流的作用。

## 第三节　祈福求吉　诗文意境

园林中的水，大体都为真水，水体由于建筑、山石、树木的点缀和组合，像一件件艺术品，虽由人作，宛自天开，又作为重要的抒情载体，意境深远。

但也有采用象征性的艺术符号，如冰裂纹、波纹（图8-3）、渔网纹、白沙或水草、鱼虾等水生动植物，让人产生关于水的联想。如在庭园假山脚下铺上冰裂纹，象征山水结合、水绕山围。也有在船厅或井栏周围或前面用波纹铺地。这些“旱园水做”的艺术手段都能唤起人们对水的联想。

① 孟兆祯:《避暑山庄园林艺术》紫禁城出版社1985年版，第36页。

图8-3　波纹（扬州何园）

## 一、池形寓吉　直观呈示

有些园林在理水时直接将水体挖成寿桃、蝙蝠、龟形，或直接命名水为“福海”等，将吉祥寓意结构化是中国园林的匠心所在。

如颐和园，“颐和”即颐养人体之元气，那时光绪已经到了亲政的年龄，慈禧也表示要归政养老，就如乾隆将准备退位之所名颐和轩一样，光绪为表示孝敬，改名为“颐和园”。颐和园的水体，既有银河、大海等寓意，但根据7代皆为清代皇家建筑设计总管的煌煌望族“样式雷”透露，当年为了给慈禧祝寿修建颐和园时，皇帝下令要在园林中体现“福、禄、寿”3个字，雷家第7代雷廷昌巧用心思，将昆明湖挖成“大寿桃”，完成了皇上交代的任务。

中国测绘科学研究院研究员夔中羽的遥感图显示：从佛香阁鸟瞰烟波浩渺、碧水粼粼的昆明湖：外轮廓酷似寿桃之型，西堤像是桃子的中缝，昆明湖的入水口像是这个桃子的蒂一样，而出水口就像桃子上歪着的尖儿。而十七孔桥连着的湖中小岛则设计成龟状，十七孔桥也成了长长的龟颈。万寿山展翅成了一只蝙蝠，连十七孔桥。颐和园在高空中看起来竟然是一幅“福山寿海”的图案。

古人以为桃为五木之精，可以厌伏邪气。传说西王母瑶池所植的蟠桃，3000年开花，3000年结果，吃了可增寿600岁，故有“仙桃”“寿桃”之美称。

恭王府花园名萃锦，意谓联翩美景如五彩的丝织品聚集之园。贯穿全园的中心主题是“福”。全园分中、东、西三路成多个院落。中路第一进三合院院落，水池做成一只向前飞舞的蝴蝶平面，“蝶”与“耋”谐音，毛传：“耋，老也；八十曰耋。”借指高寿；又取“蝴”的谐音“福”，而名为福河（又名蝠池），福寿双全（图8-4）。

苏州鹤园水池呈鹤颈状，鹤“朝戏于芝田，夕饮乎瑶池”，故长与神仙为俦，或为仙人的坐骑。鹤既千六百年形定色白，孕，也可以千六百年饮而不食，故《淮南子》有“鹤千年，龟万年”之说。《淮南子·说林训》载：“鹤寿千岁以极其游，蜉蝣朝生暮死而尽其乐。”鹤成为中国长生不老的象征。

网师园的水池神似龟形：池西北角的大水湾恰似龟首，东南之窄窄涧溪形似龟尾，中部池岸略呈方形，则如龟身。这一首一尾、一湾一涧，增加了池的景境层次，还具有龟呈示的吉祥意蕴。

## 二、渔钓精神　江湖濠濮

私家园林中的池水与假山一样，是隐逸文化载体，象征着与“魏阙”相对的“江湖”，可以是许由洗耳的颍水、楚辞渔夫所歌之“沧浪水”（图8-5），抑或庄子钓鱼的濮水和观鱼

图 8-4　蝠池（恭王府）

图 8-5　沧浪水（沧浪亭外）

的濠下水……

许由隐颍阳间，闻尧欲禅，乃临颍而洗耳。“舜以天下让其友石户之农。石户之农曰：‘捲捲乎，后之为人，葆力之士也。’以舜之德为未至也。于是夫负妻戴，携子以入于海，终身不反也。”

渊源于庄子、惠子濠梁问答和庄子的濮水钓鱼的钓鱼台、观鱼台，向来是文人雅士们熏陶情操的催化剂，具有深厚的不可替代的文化积淀。庄子称“就薮泽，处闲旷，钓鱼闲处，无为而已矣”者为“江海之士，避世之人，闲暇者所好也”[①]。水，象征的是濠水、濮水。

东汉开国之君刘秀有同学之谊的严光，不受征召、垂钓于富春江，“隐身渔钓”，唐有“竹溪六逸”。

## 三、文士风流　濂溪曲水

圆明园“濂溪乐处”、避暑山庄“香远益清”、拙政园“远香堂”的水面都象征周敦颐夏日赏莲的濂溪。

北宋理学开山祖师家周敦颐隐居濂溪，植荷花，写《爱莲说》称莲花乃花中君子者。

曲水：弯曲的水道。觞，古代酒器。古代的风俗是夏历三月上旬的巳日，在水滨聚会宴饮，以祓除不祥。魏晋时，文人雅士喜袭古风之尚，整日饮酒作乐，纵情山水。清淡老庄，游心翰墨，作流觞曲水之举，将曲水流觞雅化了文人游园的一种“文字饮”方式。晋王羲之写下文情并茂的《兰亭集序》：“又有清流激湍，映带左右，引以为流觞曲水。”于是，后代园林群起效尤。

上海青浦县（今青浦区）有“曲水园”，苏州东山的“曲溪园”，还有会意“流觞曲水”的景点，如明上海豫园有“流觞亭”、留园的“曲溪”楼，曲园的“曲池”“曲水亭”“回峰阁”等均暗示王羲之等曲水流觞的风流的“曲水”。

隋炀帝曾建“流杯殿”，宋时艮岳临流置“清赋亭”，明西苑小山子有殿倚山，前为流觞曲水。清承德山庄有“曲水荷香”，圆明园有坐石临流，中南海有“流水音”，宁寿宫即乾隆花园有“禊赏亭”，潭柘寺有“猗玗亭”，恭王府有“流杯亭”等。禊赏亭内的地面上还刻有流杯渠，流杯渠四面栏杆上刻着竹子，营造出“茂林修竹”的兰亭氛围（图 8-6）。

王子猷雪夜访戴安道的剡溪。《世说新语·任诞》记载：“王子猷居山阴，夜大雪，眠觉，开室命酌酒，四望皎然。因起彷徨，咏左思招隐诗。忽忆戴安道。时戴在剡，即便夜乘小舟就之。经宿方至，造门不前而返。人问其故，王曰：‘吾本乘兴而行，兴尽而返，何必见戴？’”王子猷住在山阴县，有一夜下大雪，

① 《庄子·刻意》。

他一觉醒来，打开房门，叫家人拿酒来喝。眺望四方，一片皎洁，于是起身徘徊，朗诵左思的《招隐》诗。忽然想起戴家道，当时戴安道住在剡县，他立即连夜坐小船到戴家去。船行了一夜才到，到了戴家门口，没有进去，就原路返回。别人问他什么原因，王子猷说："我本是趁着一时兴致去的，兴致没有了就回来，为什么一定要见到戴安道呢！"体现了王子猷潇洒率真的个性，也反映了东晋士族知识分子任性放达的精神风貌。

图 8-6　禊赏亭（宁寿宫）

# 第四节　山水结合　仙佛境域

宋郭熙《林泉高致·山水训》云："水，活物也。其形欲深静，欲柔滑，欲汪洋、欲回环、欲肥腻、欲喷薄、欲激射、欲多泉、欲远流、欲瀑布插天、欲溅扑入地、欲渔钓怡怡、欲草木欣欣、欲挟烟云而秀媚，欲照溪谷而光辉，此水之活体也。"山水的结合，就是动静的结合。

颐和园后湖河曲绕山，随形依势，山之坡势舒缓，水面开阔若湖；山之坡势陡峭，则水面收聚如峡，时开时合，有山穷水复曲折幽邃之意趣。沿岸树木荫翳，山石嶙峋。

中段为著名的买卖街"苏州街"，仿江南水乡风貌。"苏州河"绕山脚曲折流淌，穿行于河边街市，耳中飘来悠扬婉丽的"评弹"，犹处身在苏州水乡的山塘街，理水可谓"意匠惨淡经营中"，且整个后湖与前山的烟水浩渺形成强烈对比。

山与水结合组成各种不同的意境。

## 一、山高水长　君子之德

范仲淹《严先生祠堂记》称美严子陵："云山苍苍，江水泱泱，先生之风，山高水长！

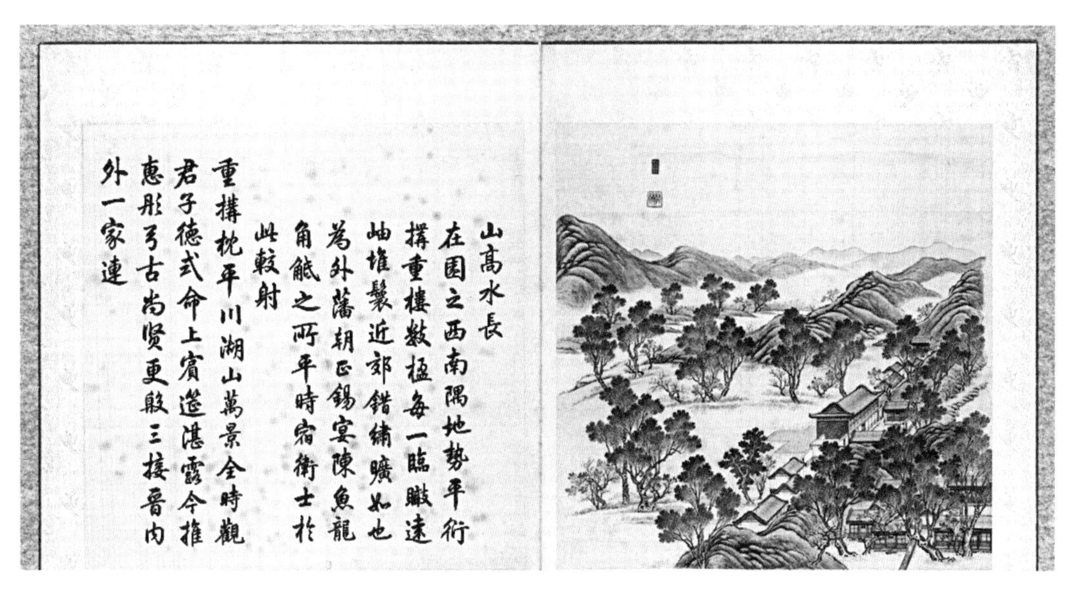

图 8-7　圆明园四十景图咏之山高水长（乾隆九年绘制）

后来之人，永怀感念。”云雾缭绕的高山，郁郁苍苍，大江的水浩浩荡荡，先生的品德啊，比高山还高，比长江还长。像山一样高耸，如水一般长流。用“山高水长”比喻他的风范和声誉永远存在。

“山高水长”成为圆明园四十景之一（图 8-7）。它位于圆明园西南隅，楼宇远对西山，后拥连冈，前带河流，中央地势平衍，苑囿宽敞。乾隆图咏也说为的是“时观君子德”。

## 二、佛道模式　桃源仙境

我们在第二章的环境模式中已经谈到了佛道组景模式包括一池三山或一池五山的海中仙山模式、九山八海须弥山佛教模式和壶中天地桃花源模式，都是山水结合的模式。

寺庙园林水池以称“放生池”为多。《大智度论》云：诸余罪中，杀业最重，诸功德中，不杀第一。因此放生池是许多佛寺中都有的一个设施，一般为人工开凿的池塘，为体现佛教“慈悲为怀，体念众生”。史上最早的放生池见于南北朝时期的建康（今南京）报恩寺。据传，齐渤海人慧闻，幼年向佛，12 岁入寺，16 岁受戒。苦修《大智度论》《中论》，买海曲溪石梁为放生池，佛法广播于江北。

建德六年（577 年），齐地佛门遭劫。闻率僧众 40 余循海路奔建康。辄遇大风波，楫折船沉。忽现巨龟，负众僧出水，须臾抵健康。闻口称南无阿弥陀佛。龟对曰：师父曾记否，吾乃海曲放生池之老龟也。闻恍然大悟。奏闻宣帝，帝大悦，敕建报恩寺，香火祀之。

放生池是一种激发众生慈悲心的手段。将鱼或者鸟放生，在古时候是善人一种发自内心

图 8-8　大德曰生（西园放生池）

的心愿（图 8-8）。

留园北部“小桃坞”西部：原桃花墩下之字形小溪流水潺潺，缘溪行，不知路之远近，落英缤纷，桃花源意境油然而生。

## 三、高山流水　觅得知音

古琴是我国最古老的弹拨乐器之一，列“八音”之首。千百年来，古琴以其特立独行的艺术魅力、空灵苍远的哲学意境和丰富厚重的文史底蕴，诠释着中华民族传统文化的精髓。[①]

琴身为狭长形，木质音箱，面板外侧有 13 徽。底板穿“龙池”“凤沼”二孔，供出音之用。据载，琴依人身凤形而制，其长宽厚度、音槽、琴弦、镶嵌等皆合天地阴阳之数，常见的琴有伏羲式、神农式、师旷式、子期式、仲尼式、灵机式、响泉式、连珠式、落霞式、凤势式、伶官式、蕉叶式、列子式及鹤鸣秋月式等。

这些都为后来西周时期的礼乐制度做了铺垫。儒家向来重视人的感情抒发，并用礼来约束感情，将礼、乐统一起来，成为中华原创性文化中儒家思

① 党明放：《琴论》。

想的基本准则。琴音所表现的雅正之德谓“琴德”，嵇康《琴赋》称：“愔愔琴德，不可测也。”《宋史·乐志十七》：“众器之中，琴德最优。《白虎通》曰：‘琴者，禁止于邪，以正人心也。’宜众乐皆为琴之臣妾。”“琴之为器，贯众乐之长，统大雅之尊，系政教之盛衰，关人心之邪正。”①

琴既是禁止淫邪、端正人心的乐器，琴之有德，于是，古琴也成为君子修身养性、治家理国的工具。因此，《礼记·曲礼下》：“士无故不撤琴瑟。”以便随时弹奏。操缦调琴之时，“坐必正、视必端、听必专、意必敬、气必肃”，澡溉精神，陶冶性情。

琴学传统追求空灵清远之境和弦外之意，《溪山琴况》：“其有得之弦外者，与山相映发，而巍巍影现；与水相涵濡，而洋洋徜恍。暑可变也，虚堂凝雪；寒可回也，草阁流春。其无尽藏，不可思议则音与意会，莫知其然而然矣。”

“山水有清音”“流水当鸣琴”，在园林山水环境中听琴，所以，古典园林在园景的规划布局中，每每将游园览景和琴音欣赏很和谐地结合在一起。

苏州园林中最早设有“琴台”的是春秋时期吴王宫苑馆娃宫，宋朱长文《吴郡图经续记》记之甚详：

山顶有三池，曰月池、曰砚池、曰玩花池，虽旱不竭，其中有水葵（莼菜）甚美，盖吴时所凿也，上有琴台，又有响屧廊，或曰鸣屧廊。

山巅凿平的台基，刻“琴台”二字，传为西施操琴处，此地为灵岩绝胜处，“俯具区，瞰洞庭，烟波浩渺，一目千里，而碧岩翠坞，点缀于沧波之间”②。

有人说，音乐是化了妆的水，园林琴室，既要融琴音于水声，又要用假山景石营构出高山之趣，令人产生高山流水得知音的意境联想。

琴曲《高山流水》，位居中国古代十大名曲之首，典出《列子·汤问》：“伯牙鼓琴，志在登高山，钟子期曰：‘哉，峨峨兮若泰山。’志在流水，钟子期曰：‘善哉！洋洋兮若江河！’伯牙所念，钟子期必得之。”今筑于汉阳龟山西麓、月湖东畔的古琴台，就是为纪念伯牙与子期“高山流水遇知音”的故事而修建的。这就是成语“高山流水”的来历，比喻知己或知音，也比喻音乐优美，成为园林琴室的环境设计的文化依据。

俞伯牙琴技的出神入化，也得益于高山和流水的“移情”。《乐府古题要解》载：“伯牙学琴于成连，三年而成，至于精神寂寞、情志专一尚未能成也。成连云：‘吾师子春在海中能移人情’，乃与伯牙至蓬莱山，留伯牙曰：‘吾将迎吾师’，刺船而去，旬时不返。但闻海水汩没崩澌之声，山林窅冥，群鸟悲号，怆然叹曰：‘先生将移我情’，乃援琴而歌之，曲终，成连刺船而返。伯

① （清）沈管：《琴学正声》。

② （北宋）朱长文：《吴郡图经续记》。

牙遂为天下妙手。”伯牙到了蓬莱仙岛，接受了自然的精神洗礼，移易俗情，琴艺才臻妙境，可与造物争神奇。

园林琴室或兼有演出功能的亭轩，有条件的也出现山水的组合，以营造“高山流水知音”的意境。

苏州耦园山水间水阁为女主人操琴之处，卷棚歇山式，北半部凌驾于水上，三面临空，给人以溪流不尽之感。气势雄浑的黄石假山与山池组成了“山水间”的自然野趣。在阁中凭槛北望，黄石假山矗立于池西，满目浓翠，一虹卧波。面对高山流水，园主沈秉成和夫人严永华夫妇伉俪情深，琴瑟相协，知己兼知音。北檐下扬州女书法家李圣和撰书挂抱柱联畅发了此情此意：“佳耦记当年，林下清风绝尘俗；名园添胜概，门前流水枕轩楹。”遥想当年园主夫妇，花前月下、水边林下优游唱和的伉俪深情及潇洒风姿，特别突出了女主人谢道蕴般神情散朗的林下超逸风致。

水阁的内外装饰也都围绕这一主题踵事增华：内置明代大型杞梓木“岁寒三友”落地罩，双面透雕松、竹、梅，构图浑厚、精美绝伦，规制之大为苏州众园之冠，图案内涵更深化了“佳偶”的内涵。水阁的外面，植竹松梅，摇曳生姿，内外呼应，又一曲高山流水。水阁戗角堆塑着松鼠吃葡萄图案，鼠为十二生肖之一，配地支的“子”，繁殖能力强，民间以为“子神”，与多子葡萄一起，意为多子；伴以屋畔乔松，浑然得体，精思巧构。水阁西山墙山花堆塑“柏鹿同春”。

东侧山花处堆塑的是松双鹤和梅竹，鹤为纯情之鸟，据王韶之《神境记》记载：荥阳郡南郭山中有一石室，室后有一高千丈、荫覆半里的古松，其上常有双鹤飞栖，朝夕不离。相传汉时，曾有一对慕道夫妇，在此石室中修道隐居，年有数百岁，后化白鹤仙去。这对松枝上的白鹤则是他们所化。竹梅容易使人联想到青梅竹马的爱情，松竹梅岁寒三友和双鹤象征友谊或爱情的永恒。人们在举目仰首之中，都似乎看到了知音佳偶的身影。

退思园琴室在山水园东首，南窗前流水潺潺，隔水对着湖石假山，假山之巅有“眠云亭”，象征“高山”，东侧墙下幽篁弄影（图 8-9）。在此操琴，真有高山流水之趣。

有的园林琴室没有真正的水流，但亦能产生“高山流水”的意境。

网师园“琴室”，由一飞角半亭和封闭式小院构成。亭额下悬“苍岩叠嶂”一大理石挂屏，一大理石挂屏，屏上有七律一首，咏苍岩叠嶂所具有的化工之妙，有“断壑崩滩古洞门，谁移石壁种云根”“能与米颠为伯仲，抗衡倪迂胜痴翁”等句。屏面上，峻峰之间的空白处，似白云悠悠，又似飞瀑泻空，催人想象。

屏下置汉代古琴砖，琴砖中空，与古琴声产生共鸣。东侧院墙门宕上刻有“铁琴”二字额，意思即铁骨琴心。

院南堆砌二峰湖石峭壁山，伴以矮小紫竹、书带草，并配有树龄 200 年的古枣树，树

图 8-9　高山流水知音（退思园琴室）

身似劈成半丬状，虽然下腹已成空心，但依然郁郁葱葱，充满生机。350 年的石榴古桩大盆景，五月榴花红艳似火，象征丰饶多子。

西面院墙上刻嵌有 10 块折扇形书条石。整个小院幽静古雅，绿意盎然，既富山林野趣，又充溢了儒雅气、书卷气。

“山前倚杖看云起，松下横琴待鹤归”，人在大自然中，任意停留观赏那山光、松影、飞鹤、白云，清闲惬意，悠然自得。倚杖、横琴，风神超迈。散发着温馨新鲜的山野气息，表现出孤标不羁卓然俊逸的风度气韵，意境淡远怡美。

古琴、古琴砖、琴几、挂屏，以南面两座大小峭壁山为对景，于此抚琴一曲，颇有令众山皆响的意境。

怡园专为古琴构筑了坡仙琴馆、石听琴室、玉虹亭和听琴石等一组景。

同治八年（1869 年）吴云为坡仙琴馆题款曰：“艮庵主人以哲嗣乐泉茂才工病，思有以陶养其性情，使之学习。乐泉顿悟，不数月指法精进。一日，客持古琴求售，试之声清越，审其款识，乃元祐四年东坡居士监制，一时吴中知音皆诧为奇遇。艮庵喜，名其斋曰‘坡仙琴馆’，属予书之，并叙其缘起。”怡园主人顾文彬买到了一把宋代东坡居士监制的玉涧流泉古琴，喜出望外，筑斋曰“坡仙琴馆”，室中悬挂苏轼监制的玉涧流泉古琴，并供奉苏轼之像。顾文彬诗曰：“筑屋藏琴宝大苏，峨冠博带象新摹。一僮手捧焦桐侍，窠臼全翻笠履图。”[①]悬联曰：“素壁有琴藏太古；虚窗留月坐清宵。”让其儿子顾承于坡仙琴馆“抱素琴独向，绮窗学弄”。

琴馆西侧室北窗下有二峰石犹如抽象雕塑：一石直立似中年，一石伛偻若老人，似乎都在俯首听琴，因名“石听琴室”。顾氏有跋云：“生公说法，顽石点头，少文抚琴，众山响应，琴固灵物，石亦非顽。儿子承于坡仙琴馆，操缦学弄，庭中石丈有如伛偻老人作俯首听琴状，殆不能言而能听者耶！潭溪学士（即翁方纲）此额情景宛合，先得我心者。急付手民以榜我庐。光绪二年，岁次丙子季冬之月，怡园主人识。”横生灵石听琴的意境。室内悬主人所集南宋辛弃疾词联曰：“素壁写《归来》，画舫行斋，细雨斜风时候；瑶琴才听彻，钧天广乐，高山流水知音。”

“坡仙琴馆”“石听琴室”北廊筑“玉虹亭”，亭上有陆氏题记云：“‘亭上玉虹腰冷’，吴梦窗（文英）词句也。此亭半倚廊腰，半临槛曲，怡园主人撷取‘玉虹’二字名之。属余记其缘起。”“亭上玉虹腰冷”，出吴梦窗《十二郎·垂虹桥，上有垂虹亭，属吴江》词，写的是吴江的垂虹桥，其中“暮雪飞花，几点黛愁山暝”也为山水之景。而“玉虹”是宋陆游《故山》“落涧泉奔舞玉虹”中词，此亭南对石听琴室，落涧奔泉正切高山流水意境。

这组以琴为中心的景区，营造出的是：室内主人弹琴、室外二石倾听，面对落涧奔泉，烘托出高山流水得知音的意境，给人以丰富的艺术感受。琴会也成了怡园的传统节目。

《吕氏春秋·本味篇》中有“钟子期死，伯牙摔琴绝弦，终身不复鼓琴，以为世无足复为鼓琴者”的记载。《警世通言·俞伯牙摔琴谢知音》一篇，伯牙“摔琴绝弦”酬知音的故事，成为异国园林一景。日本三大园林之一的金泽“兼六园”茶室夕颜亭外，就有“伯牙断琴洗手石钵”蹲踞，石上刻着抱琴而卧的清癯老汉，象征断琴的伯牙。

高山流水也具有政治性象征，宋庆龄逝世以后，在她的故居建了一座梅花亭，显然以梅花品格赞美宋庆龄，梅花亭北竖立着一排石头，石下有水，应该是营造她和中国共产党是“知音”的关系。

## 四、枞金戛玉　水乐琅然

瀑布落泉，洄湾深潭，动静相兼，活泼自然。

园林有虚实之境，声境是园林虚境中诉之于听觉美的一类，有水之声、风之声、雨之声。清代张潮说：“水之为声有四：有瀑布声，有流水声，有滩声，有沟浍声。风之为声有三：有松涛声，有秋叶声，有波浪声。雨之为声有二：有梧叶荷叶上声，有承檐溜竹筒中声。”[②]张潮在同书中还提到“水际

① （清）顾文彬：《哭三子乐全》。

② （清）张潮：《幽梦影》。

听欸乃声”，实际上都是水在自然界创造的声境。

左思《招隐诗》：“山水有清音，非必丝与竹。”流水的清音像丝竹琴瑟之声。陆机《招隐诗》：“山溜何泠泠，飞泉漱鸣玉。”将泉声比喻为“鸣玉”之声。何绍基集唐上官婉儿诗联曰：“凤篁类长笛，流水当鸣琴。”为了获得“枞金戛玉，水乐琅然”的艺术享受，我国古典园林中十分注重因地借声来丰富园景，不借丝竹管弦之声，而从水中引出音乐，用清幽的自然声响包容与静悟的人生哲理，从而创造最清高的山水之音。

清漪园清琴峡是霁清轩的西殿名，乾隆皇帝赋诗：“引水出石峡，抱之若清泉，峡即琴之桐，水即琴之弦。”将峡中流水比如清越的琴声。乾隆十分自得地曰：“流泉出峡中琴音，即非宫商与石金，太古以来便有此，笑他师旷未曾寻。”清琴峡直通平缓，泉流潺潺，其清音如琴。

清漪园谐趣园玉琴峡，曲折错落，水声激响，如玉琴鸣奏。石上的 4 个题刻都是形容并强化着“琴韵”。其一“松风”，描写潺潺流水如古曲《风入松》；其二“萝月”，“萝月挂朝镜，松风鸣夜弦”[①]之意；其三“仙岛”，因铿锵的琴韵使人联想到春秋琴师伯牙在与世隔绝的仙岛学琴移情、成为天下妙手的故事；其四“泉流不息”，玉琴峡水如泉涌不息，水作为时间“意象”，哲人孔子“逝者如斯夫，不舍昼夜”的浩叹和从观不息的流水中悟出的诸多哲理[②]，希腊哲人所看到的“濯足清流，抽足再入，已非前水”，时时刻刻有它无穷的兴趣。

清漪园“玉琴峡”模仿的是寄畅园的八音涧。无锡寄畅园在嘉树堂西山假山群开辟涧道，涧两侧用黄石堆砌，西高东低，是张南垣的侄子张钺主持修改寄畅园时所作。

张钺把二泉水通过园外暗渠引入涧内，伏流入园，来无影、去无踪，忽聚忽散、忽隐忽现，忽急忽缓、忽断忽续，无穷意趣。泉水经曲涧轻泻，随涧道上下迂回，高低跌宕，化无声为有声；叠石轮廓清晰，色泽苍古，顺理成章，体态自然，产生“金石丝竹匏土革木”八音，园主称之为“八音涧”（图 8-10）。“八音涧”总长 36 米，最宽处 4.5 米，最狭处 0.6 米，谷深 1.9 米。人行其间，茂林在上，清泉在下，怪石峥嵘，奇峰含秀，林荫间点点阳光洒落，颇具清幽。“森林古木映台榭，石径盘旋照晚霞；泉水潺潺流不息，八音涧里听琵琶。”

山西晋祠的泉水从亭下石洞中汩汩流出，常年不息，因此北齐时撷取《诗经·鲁颂》中“永锡难老”为名，名为“难老泉”。“晋祠流水如碧玉”，加上水温常年保持在 17℃，使得“微波龙鳞莎草绿”[③]，令历代诗人兴发感悟。

圆明园的夹镜鸣琴，在福海南岸，按李白“两水夹明镜，双桥落彩虹”诗意设计，在虹桥的尖顶亭上有《御制词序》曰：“俯瞰澄泓，画栏倒影，旁崖悬瀑，水冲激石罅，琤琮自鸣，犹识成连遗响。”乾隆从琤琮自鸣的水声，联想到当年伯牙的老师成连，将伯牙置于仙岛学琴移情的传说，“琴心莫说当

---

① （唐）李白：《赠嵩山焦炼师》。

② 《孔子家语》卷二。

③ （唐）李白：《忆旧游寄谯郡元参军》。

年，移情远，不在弦，付于成连”[①]。

图 8-10　八音洞（寄畅园）

圆明园水木明瑟，乾隆曾为之题《调寄秋风清》词曰：“用泰西水法引入室中，以转风扇，泠泠瑟瑟，非丝非竹，天籁遥闻，林光逾生净绿。郦道元云‘竹柏之怀，与神心妙达；知仁之性，共山水效深。’兹境有焉。风瑟瑟，水泠泠，溪风群籁动，山鸟一声鸣。斯时斯景谁图得，非色非空吟不成。”今颐和园仁寿殿前太湖石上镌刻着“风瑟瑟，水泠泠，溪风群籁动，山鸟一声鸣。斯时斯景谁图得，非色非空吟不成”乾隆诗句。

杭州烟霞岭下，岩石盘峙，洞壑虚窈，泉味清甘，声如金石。熙宁二年（1069 年），郡守名之曰“水乐洞”。苏轼曾赋“流泉无弦石无窍，强名水乐人人等”诗。后来水乐洞成为私家园林一景。[②]明王大受诗曰：“历骋空寒六六天，更来洗耳听春泉。迅湍激石浮清磬，树溜行沙写素弦。路口林亭三四曲，洞中日月几千年。何人独得开收律，谱入宫商与世传。”既有许由洗耳的清雅、又有洞中岁月的体悟、更有倾听天籁的乐趣，写尽了“水乐”意蕴。

“瀑布天落，其喷也珠，其泻也练，其响也琴。”[③]明代赵宧光的寒山别墅，石壁峭立，赵宧光凿山引泉，泉流缘石壁而下，飞瀑如雪，名“千尺雪”，旧有阁未署名，乾隆十六年（1751 年）赐名“听雪”。山半有屋曰“云中庐”，又有“弹冠室”、惊虹渡。乾隆 6 次南巡，驻苏时必游千尺雪。

苏州狮子林有一个被誉为“园林音乐”的人工瀑布：假山高处隐藏水源，山涧湖石叠成五叠，下临深渊，机栝一开，白茫茫的瀑布经湖石三迭跌落成山泉流瀑景象。使人联想到庐山的“三叠泉”，那“上级如飘雪拖练，中级如碎玉摧冰，下级如玉龙走潭”的神奇景象也会从脑际涌现。据园中《飞瀑亭记》，园主久客海上，建此人工飞瀑，乃寓闻涛声不忘航海之艰，有居安思危的深意。在创造的园林山水音乐中寓之以德，通过听涛获得一种精神上的愉悦和满足，这正是中国古典园林造园设景的传统主题。

古人还巧妙地利用天落水形成瀑布，十分节能。环秀山庄积攒下雨天的天落水，原先在假山的西北角紧贴围墙设半壁山崖，利用屋顶雨水，流注池中；在东南角假山上，于石后设水槽承受雨水，由石隙间宛转下泄，形成另

① （清）乾隆:《调寄水仙子》。

② 《西湖游览志·南山胜迹》。

③ （明）陈继儒:《小窗幽记》。

一小“瀑布”。夏季暴雨时，诚如原涵云阁对联出句描写的，“雨过仰飞流，疑分趵突一泉，恍览胜大明湖畔”，下雨时，屋檐滴水流注其下，水声哗哗，简直怀疑眼前之水是分了济南趵突泉的一脉，恍惚在大明湖畔饱览胜景。

利用水流降温，环保节能。网师园南的濯缨水阁，架于石柱之上，水流堂下，水成为天然降温器。

早在唐代时期，长安等地出现一种傍水而建的“凉屋”，采用水循环的方式推动扇轮摇转，将水中凉气缓缓送入屋中。或者利用机械将水送至屋顶，然后沿檐而下，制成“人工水帘”，使凉气进入屋子。

唐玄宗时期，兴庆宫内曾建有一种亭子，名曰自雨亭，是利用天然的雨水或泉水，在亭子的顶部设法蓄积起来。天热时将水由亭顶徐徐降落如雨，人在亭内可享受降温之效，在亭外亦得观赏之乐。

自雨亭，即水流从屋檐流出的亭，引山泉从亭檐流下，在四周形成一道水做的屏风。

唐玄宗大明宫含凉殿内外都设置了许多水车，流水激起扇叶转动，凉殿四角有水流泻下来，形成一道水帘，水飞泻下来，水汽和冷风就被送入殿内，殿里就感到凉爽。

北宋王谠《唐语林·豪爽》卷四记载：“玄宗起凉殿，拾遗陈知节上疏极谏，上令力士召对。时暑毒方甚，上在凉殿，座后水激扇车，风猎衣襟。知节至，赐坐石榻。阴溜沈吟，仰不见日。四隅积水成帘飞洒，座内含冻。”夏日某天陈知节被高力士请到李隆基的含凉殿时，他看到“（李隆基）座后水激扇车，风猎衣襟”，当他被“赐坐石榻”时，感到“阴溜沈吟，仰不见日，四隅积水成帘飞洒，座内含冻”。

唐封演《封氏闻见记》卷五·第宅篇记载：

“则天以后，王侯妃主京城第宅日加崇丽。至天宝中，御史大夫王鉷有罪赐死，县官簿录太平坊宅，数日不能遍。宅内有自雨亭，従檐上飞流四注，当夏处之，凛若高秋。又有宝钿井栏，不知其价，他物称是。”这是古代以人工引水取凉之作。

唐刘禹锡《刘驸马水亭避暑》一诗也描述了水亭特色：“千竿竹翠数莲红，水阁虚凉玉簟空。琥珀盏红疑漏雨，水晶帘莹更通风。”

这种水亭，利用机械将冷水输送到亭顶的水罐中贮存，然后让水从房檐四周流下，形成雨帘，从而起到避暑降温的效果。

《旧唐书·西戎·拂菻国》记述：“拂菻国，一名大秦，在西海之上，东南与波斯接……

（宫殿）至于盛暑之节，人厌嚣热，乃引水潜流，上遍于屋宇，机制巧密，人莫之知。观者惟闻屋上泉鸣，俄见四檐飞溜，悬波如瀑，激气成凉风，其巧妙如此。”[①]

拂菻国，就是唐朝时的东罗马帝国。唐时拜占庭君士坦丁堡已经有专供

① 《旧唐书》卷一百九十八《列传》第一百四十八。

避暑的凉殿，殿中安装了机械传动的制冷设备。在盛夏苦暑的时节，利用某种奇妙的设置，设法把水暗暗引到宫殿的屋顶上，随着屋顶上一阵流水声，宫殿的四檐就会有水流飞溅而下，如同瀑布一般，在空中激起凉风阵阵，起到去暑消烦的效果。与唐玄宗时候出现的“自雨亭”如出一辙。

五代宫室同样以“自雨”装置降温。五代花蕊夫人的《宫词》写道：“水车踏水上宫城，寝殿檐头滴滴鸣，助得圣人高枕兴，夜凉长作远滩声。”大抵就是在宫城内墙上铺设小水渠，提到高处的水，就被倾入墙头的水渠中，然后经由水管引到天子寝殿的檐顶，再从檐头喷泻而下，落到地面。

至于雨声创造的声境，在园林中随处可领略，诸如“听雨入秋竹”（拙政园听雨轩）“留得残荷听雨声”（拙政园留听阁）“疏雨滴梧桐”（怡园碧梧栖凤、拙政园梧竹幽居）“芭蕉叶上听秋雨”（拙政园听雨轩），甚至还有欸乃之声（耦园听橹楼），都可借助于“心灵听觉”去捕捉这“虚籁”了。

## 小结

温文尔雅的农耕文化土壤滋育出来的中国园林，山水都是“人化”的山水，积淀在山水中的文化是山水的灵魂。唐志契言《绘事微言・山水性情》：“山性即我性，山情即我情；水性即我性，水情即我情”，反映着天人合一的哲学思想。这种思维特点表现在对景石的审美追求上，从自然崇拜过渡到亲近和喜爱，逐渐有了自觉的审美意识。将山水的自然品性和人的精神道德有意识地联系起来，赋予自然山水以道德属性，产生了具有审美意义的比德文化。这是一种以我观物时感觉之自然美、心灵表现之美和道德判断之美，这种美是写意的、缘情的神韵之美。魏晋南北朝时期，人们才摆脱功利之欲、道德类比等心理和精神束缚，以一种纯粹的、超脱的“林泉之心”接近山水，欣赏自然本身的千姿百态，达到畅神的审美阶段。湖光山色共一楼，远离人世喧嚣的丘壑林泉，是隐士高人栖身的理想选择，为后世积淀着位尊格高的文化因子，并衍化为中国士大夫高雅的文化范式。

# 第九章

# 华夏花语　科学配植

植物是地球生命系统的重要组成部分，当今世界上已经发现的植物有40余万种。在世界上原始人群是从丛林中走出来的，树木花卉是人类采集时代赖以生存的食物之一，所以花木是人类原始崇拜的主要对象之一。

在实际生活中，植物具有生产功能、环境营造功能、养生保健功能、美育功能等诸多功能。如植物不但能通过光合作用和基础代谢，呼出氧气，是廉价的氧气“制造厂”，而且能吸收二氧化碳、二氧化硫、氯气等对人体有害的气体。植物除可以吸收噪声外，还具有吸尘的物理功能，有净化空气的作用，是天然的“滤尘器”，绿色空气清新剂、天然“药材厂”、植物还是“空气维生素”。

花瓣中的花青素类胡萝卜素与叶中的叶绿素，随着植物细胞胞质中的酸碱度不同，呈现出姹紫嫣红的色彩，风姿绰约。

花木是宅园不可或缺的元素，无花不成园。风水学称植物具有藏水避风、陪荫地脉、化解煞气、增旺增吉四大功能。在“替精神创造一种环境”的园林中，除了考虑绿视率（绿色在人的视野中达到25%时，人感觉最为舒适，人们称之为“视觉生态”）和遮阴率外，更注重植物所蕴含的文化和文人情感。

中国的植物资源十分丰富，100多年前，英国植物学家E.H.威尔逊受哈佛大学派遣到中国来，在中国的四川、云南、贵州等地偷偷地采集了近5000种植物，写了一本《中国——园林之母》的书，他承认中国植物是欧美国家花园赏花的丰富资源，如英国园林中的杜鹃，大多来自中国，从这个意义上说，他认为中国是世界园林之母。

## 第一节　华夏花语　文化习尚

花木虫鱼之属与人类相伴始终，它们与人类撞击出丰富多彩的情感火花。花语，就是用花木来表达人的语言，由一定的社会历史条件逐渐形成而为大众所公认。

## 一、花木言情　约定俗成

各民族对花木的欣赏习惯、栽植位置、喜好和避忌等都有自己的习惯，成为约定俗成的民族心理，这种文化习尚也像遗传基因一样，代代相传。

华夏民族生活在地球最大的陆地，花木繁茂。华夏民族的祖先与“花”有关，华即花字，《说文》：“开花，谓之华。”华即植物开花的代称，五色谓之夏，华夏即五色的花朵。

孔子有“多识草木虫鱼”的教诲。中华先人对植物的生态习性、外部形态乃至内在性格，观察细微，“一花一草见精神”，并改造和陶冶着人们的心灵，规范着人们的审美创造，且多与人的品性相互辉映。

我国最早的诗歌总集《诗经》，在用比兴手法咏志、抒情时引用了105种花木。其中，以植物喻人寄情的近20篇。《诗经》中的人化植物方面的美感意识影响深远，并成为文化领域中的优良传统。

以屈原《离骚》为代表的楚辞，以香草比喻君子，作为人格高洁的象征，拓展了植物比德的审美领域，积淀着深厚的中国文化精神：“梅令人高，兰令人幽，菊令人野，莲令人淡，春海棠令人艳，牡丹令人豪，蕉与竹令人韵，秋海棠令人媚，松令人逸，桐令人清，柳令人感。”①

清康熙皇帝在《御制避暑山庄记》中说：“玩芝兰则爱德行，睹松竹则思贞操，临清流则贵廉洁，览蔓草则贱贪秽。此亦古人因物而比兴，不可不知。”②

中华民族花语中带“国”字的就有国树、国花、国香等称：

树中的银杏，与雪松、南洋杉、金钱松一起，被称为世界四大园林树木，我国园艺学家们也常常把银杏与牡丹、兰花相提并论，誉为“园林三宝”，代表古老文明，尊崇为国树。银杏自古还是宫廷中的贡品，有降火养生之功效。

花中的牡丹，为“百花王”，雍容华贵，故有“天香国色”之誉。《本草纲目》中有“群芳中以牡丹为第一”，故世谓为花王，代表繁荣富强，称为国花。

颐和园建有多处国花台，植牡丹和芍药，著名的就是佛香阁下东侧的国花台上下14层，栽种从山东进贡的名种牡丹。此外，还有仁寿殿北侧8层、南花台5层，乐寿堂2座、东1座，以及云松巢门、宜云馆还有国花台。

草中的兰花，代表正气所宗，称为国香、尊为“香祖”。她素而不妖，娟秀典雅，花香清冽；春深时节幽岩曲涧，窈然自芳。

《周易》有“二人同心，其利断金；同心之言，其臭如兰”之言，意思是同心协办的人，他们的力量足以把坚硬的金属弄断；同心同德的人发表一致的意见，说服力强，人们就像嗅到芬芳的兰花香味，容易接受。所以，兰花象征友谊和团结，它还被誉为“花中君子”。

---

①（清）张潮:《幽梦影》。

②（清）康熙:《御制避暑山庄记》，见《钦定热河志》卷二十五《行宫一》。

除了带国字头的花木，在实际生活中还有大量花木成为华夏“花语”如：

古树常常被看作民族、江山的象征，如《论语·八佾》：“哀公问社于宰我，宰我对曰：‘夏后氏以松，殷人以柏，周人以栗。’”松、柏、栗遂成夏后氏、殷、周的社稷之木。《楚辞·哀郢》：“望长楸而太息兮，涕淫淫其若霰。”

“椿萱”为父母的代称。

椿，香椿、大椿的简称，落叶乔木，嫩枝叶有香味，可食。大椿，古寓言中的木名，出自《庄子·逍遥游》：“上古有大椿者，以八千岁为春，以八千岁为秋。”大椿如此长寿，于是“椿龄”成为祝人长寿之辞。“椿庭”，用以指称父亲。

萱，萱草，和黄花菜同为百合科萱草属植物。《诗经·卫风·伯兮》：“焉得谖草，言树之背。”我到哪里弄到一株萱草，种在后庭院让我忘了忧愁呢？朱熹注曰：“谖草，令人忘忧；背，北堂也。”这里的谖草就是萱草，谖是忘却的意思。北堂古指士大夫家主妇居室，诗经疏称：北堂幽暗，可以种萱；北堂即代表母亲之意。《博物志》中：“萱草，食之令人好欢乐，忘忧思，故曰忘忧草。”古时候当游子要远行时，就会先在北堂种萱草，希望母亲减轻对孩子的思念，忘却烦忧。孟郊有诗有“萱草生堂阶，游子行天涯，慈母依堂前，不见萱草花”，自唐代开始将萱草与母亲联系，到宋代成为民众广泛认同的民俗观念与母亲文化符号，自此，萱草就成了中国的“母亲花”，“萱”代指母亲，母亲的别称叫“萱亲”，母亲的祝寿叫“萱寿”，生日则是“萱日”，母亲的居室则称“萱堂”“北堂”（图 9-1）。

椿、萱，经常在祠堂等家族纪念性空间种植，椿树林下种萱草，象征不忘祖辈、父母之恩。

人们常常以“桑梓”隐指故土。

因为桑、梓具有实用价值，是与古代人的衣、食、住、用极为密切的两种树。桑树的叶可以用来养蚕，果可以食用和酿酒，树干及枝条可以用来制造器具，皮可以用来造纸，叶、果、枝、根、皮皆可以入药。梓树可以点灯（梓树的种子外面白色的就是蜡烛的蜡），梓树

图 9-1　萱堂瑞集（匾额）

的嫩叶可食，皮是一种中药（名为梓白皮），木材轻软耐朽，是制作家具、乐器、棺材的美材。此外，梓树是一种速生树种，在古代还常被作为薪炭用材。

基于实用意义，故古人经常在自己家的房前屋后植桑栽梓，而且人们对父母先辈所栽植的桑树和梓树也往往心怀敬意。《诗·小雅·小弁》：“维桑与梓，必恭敬止。”朱熹集传：“桑、梓二木。古者五亩之宅，树之墙下，以遗子孙给蚕食、具器用者也……桑梓父母所植。”

于是，东汉以来一直以“桑梓”代称“故乡、乡下”或乡亲父老。东汉张衡《南都赋》曰：“永世友孝，怀桑梓焉。”

## 二、适时适地　天然秀色

1. 选择乡土树种

在满足植物自身生物学特征的前提下，根据“适时适地”的林业原则，选择以“乡土”树种为主，不求异花奇木，并拒绝具有天然造型风貌的雪松类植物。

陈从周先生《说园》曰：“风景区树木，皆有地方特色。即以松而论，有天目山松，黄山松，泰山松等，因地制宜，以标识各座名山的天然秀色。”又批评当下崇洋弊端道：“如今有不少‘摩登’园林家，以‘洋为中用’来美化祖国河山，用心极苦。即以雪松而论，几如药中之有青霉素，可治百病，全国园林几将遍植。‘白门杨柳可藏鸦’‘绿杨城郭是扬州’，今皆柳老不飞絮，户户有雪松了。泰山原以泰山松独步天下，今在岱庙中也种上雪松，古建筑居然西装革履，无以名之，名之曰‘不伦不类’。”

中国园林中引进的外来树种，也都与中国本土树种在文化和自然属性方面基本统一，如广玉兰，与中国玉兰除了个头大小之别，其他基本一致。

苏州启园位于苏州太湖东山山麓，“临三万六千顷波涛，历七十二峰之苍翠”，素有“花果山”之美誉，一年四季花果不断，碧螺春茶、青

图 9-2　康熙手植杨梅（启园）

梅、白沙枇杷、乌紫杨梅、桃子、枣、梨、杏、柿、莲藕、银杏、板栗、石榴、橘子等不胜枚举。启园中，康熙手植杨梅为启园三宝之一。这里橘树成林，茶树成片，含笑、山茶、牡丹、桂花、红枫、蜡梅、铁牙松，郁郁葱葱。园内外植物相互呼应，浑然一体（图 9-2）。

2. 保持植物的原朴风貌

追求天人合一，自古以来是中华民族的传统文化心理。园林在对花木的处理上，绝对不像古代的欧洲人那样过多地用理性及秩序去干预，而是刻意保持花木的原朴风貌，虽修剪而不整形，注重在山、水、建筑、人、天、地相契相合的气氛中，赋予花木一种精神性的“合一”色彩。

采取自然式种植、刻意追求“疏林欹倒出霜根”“苔痕上阶绿，草色入帘青”的天然境界。同时，注意与粉墙黛瓦的江南传统建筑有机结合。

常绿与落叶搭配，乔木与灌木搭配。小园树宜多落叶，以疏植之，取其空透；大园树宜适当补常绿，则旷处有物。此为以疏救塞，以密补旷之法。

花木的选择与配植多能与山的大小、形状相称，再辅以藤萝、竹类、芭蕉、草花，构成植物配置的基调。

苏州比较常见的是多种花木的群植，树种的搭配就更讲究，要求轮廓有起伏、层次有变化、明暗有对比等。

3. 遵从自然属性

植物属性有阴阳。喜阳的植物，如：白兰、玫瑰、茉莉、梅花、牡丹、芍药、杜鹃、菊花等，须得 1800 勒克斯（lx）光照度，才能正常发棵；属于阴性的植物如文竹、龟背竹、万年青、绿萝、蓬莱松、巴西铁等，在 100 勒克斯（lx）光照度条件下，亦能正常生长。

陈扶摇《花镜》说：“花之喜阳者，引东旭而纳西晖”，牡丹花向阳斯盛，须向阳作台衬以文石栏杆，植于厅楼之南的开旷之地。

留园明牡丹台，网师园露华馆前牡丹台，都置于阳光十分充足之处。

## 三、无日不花　五行配植

植物有鲜明的季相特色，为了“一年无日不看花”，园林精心设计四季花木的栽培，用花木营造四季景象，这是园林的传统手段。陈淏子在《花镜》中形象地描写了园林花木随着季相时序之变化，呈现出的美丽色彩。

三春乐事：“梅呈人艳，柳破金芽。海棠红媚，兰瑞芳夸。梨梢月浸，桃浪风斜。”

夏天为避炎之乐土：“榴花烘天，葵心倾日，荷盖摇风，杨花舞雪，乔木郁蓊，群葩敛实。篁清三径之凉，槐荫两阶之粲……”

清秋佳景："金风播爽，云中桂子，月下梧桐，篱边丛菊，沼上芙蓉，霞升枫柏，雪泛荻芦。晚花尚留冻蝶，短砌犹噪寒蝉……"

寒冬之景："枇杷垒玉，蜡瓣舒香，茶苞含五色之葩，月季逞四时之丽……且喜窗外松筠，怡情适志。"

拙政园，春日到海棠春坞赏海棠，夏天在远香堂上看荷花，秋上待霜亭观橘，冬末春初去雪香云蔚亭看梅花。

苏州怡园，冬末有赏梅花的南雪亭，取杜甫《又雪》诗"南雪不到地，青崖粘未消"诗意。"雪"指梅花；秋天赏桂花，金粟亭匾"云外筑婆娑"，撷唐韩愈《月蚀》诗"玉阶桂树闲婆娑"之意。夏有赏荷花的"藕香榭"，取杜甫"棘树寒云色，茵蔯春藕香"诗意。

建筑与四季花木相应，如退思园坐春望月楼、菰雨生凉轩、天香秋满厅、岁寒居。

花台所植花木也刻意营造季相交替。草花有芍药、芭蕉、萱草、凤仙花、鸡冠花、蜀葵、秋葵、菊花、鸢尾花、紫萼、玉簪、书带草、虎耳草等，木本有牡丹、杜鹃、石榴、丁香、梅花、海棠、山茶、天竺、蜡梅、绣球、紫薇、迎春、木香等，通常根据花期合理搭配，构成春夏秋冬四时景色。

五行和八卦的思维选择代表了中国认识论的传统，如苏州耦园主人沈秉成笃信道教，他以阴阳八卦来布局园林的建筑，植物配置上也讲究此道。耦园东园的城曲草堂前的长廊，廊东八卦中属于震卦，长男，属阳，植阳性植物竹，命名为"筠廊"（图 9-3）；西，八卦属兑卦，少女，属阴性，植桂花，阴性植物，命名为"樨廊"（图 9-4），成为这一思想的物化载体。

留园东部紫藤满架；西部桂花香动万山秋，数十枝桂树摇曳；南部夏日荷花映日；北部原多白皮松。

图 9-3　筠廊（耦园）

图 9-4　樨廊（耦园）

# 第二节　文化心理　取吉避害

## 一、谐音取吉　生存本能

从文化心理学角度看，人们喜爱象征福禄寿喜财的植物。

中华古人喜比附联想，对同音字或音近的字十分敏感，形成一种特殊的听觉与心理的反应模式、固定的联想取向，喜欢谐音取吉。

植物名的读音、形态、色彩要吉利，如忍冬，又叫“金银花”，花为金黄色和白色。

枇杷，色黄如金，有“摘尽枇杷一树金”之说。

紫荆树叶子呈“心”形，有同心、团结意等。“门前一树紫荆花”，意味着家庭的和睦生活，有“田庆堂下紫荆茂”的传说，象征三世同堂。

枫杨因种子呈元宝状，以喻富贵。

榆钱似一串串铜钱，以喻财富，又榆钱饥荒时能食，号“活命树”。

海棠为花中神仙，窈窕春风前，嫣然一笑竹篱间，有超越百花的姿色，一枝气可压千林，这是春天的象征。海棠、棠棣之花比喻兄弟和睦。

“玉兰”花形似笔，故一名“笔花”，植书房外。拙政园书房庭园内植两株玉兰，称玉兰堂，亦名笔花堂。

……

植物组合要寓意吉祥。建筑物主题与植物配置相一致，如狮子林燕誉堂南白墙上虽然没有题额，但在用湖石参差砌筑一花台上，植有象征富贵的牡丹、满堂春色的海棠和象征优秀子孙的芝兰玉树的玉兰，还有一丛南天竹，组成了吉祥画面，还可取 4 种植物的谐音成“玉堂富贵”颂祷语（图 9-5）。

南京瞻园沿廊折东为玉兰院，三株玉兰、南天竺及小湖石，犹如国画小品。折西为海棠院，以垂丝、西府、贴梗、木瓜等四品海棠最为名贵，东西小院组成“玉堂”；“致爽”轩东北角为桂花院，植有 3 株金桂，花时繁葩密缀，堆金簇银；园内有牡丹台，有古“绛纱笼玉”牡丹一株，花时群芳簇艳，“一自青溪拥绛纱，年年冷处受繁华”。金桂，玉兰、牡丹、海棠，组成金玉满堂、满堂富贵等吉祥含义。

富有天下的帝王宫苑更在意取吉，如颐和园“乐寿堂”前后庭院遍植寓意“玉堂富贵”的玉兰、海棠、牡丹等。

图 9-5　玉堂富贵（狮子林）

据说，海棠中尤重视西府海棠，摄政王府（后部分为宋庆龄先生故居）内有两株树龄近300年的西府海棠，这是北京城里仅存的6株古西府海棠中的2株。

苏州留园五峰仙馆前的厅山上植松，松下有从假山东的“鹤所”中出来的仙鹤，组成一幅意味深长的“松鹤长寿图”。

住宅前后所植树木，有“前榉后朴”的习惯。“榉”与“举”谐音，“榉”即中举，寓意荣华富贵；“朴”即仆人，后（旁）朴（仆人），就有仆人伺候。

桂花又有月中桂之称，中国科举文化将“蟾宫折桂”比喻为中举，所以园林往往在书房周围种桂花。

月季为花中“皇后”，“惟有此花开不厌，一年长占四时春”（苏轼）。厅堂瓶花常常插上月季花，象征四季花艳，月月留春，青春永驻。

紫藤树，有攀附向上之势，有“紫气东来”的寓意，庭院中常见（图9-6）。苏州拙政园有文徵明手植古藤，就种在住宅庭院内。

两棵不同根的草木枝干连生在一起，随着不断地生长，当它们的枝杈相交时在风力的经常作用下，经过较长时间的摩擦，树皮被磨破而露出形成层，风停后相交之处的形成层产生新细胞，使它们相互愈合而形成了连理枝。当相邻树木的根并行生长时，它的直径逐渐加粗

图 9-6　紫气东来（网师园）

而相互挤压，根的表皮破裂就形成了连理根。由于藤本植物把相邻两棵树的枝杈缠绕在一起，表皮相互挤压，日久天长接触部位的形成层凸起而连成一体了，也就形成了通常所称的连理树。古人认为古木交柯连理是吉祥之兆，往往当重要情况上报皇帝，甚至写入史册，故宫御花园里有很多连理树（图 9-7）。

留园十八景之一，原有古柏、女贞两枝连理树，皆苍劲虬曲，吟风振雪，岁寒不凋，给人以坚贞劲节之感（图 9-8）。

## 二、护身远害　敬畏避忌

私家园林大多为宅园，住宅内外植物也有诸多忌讳。忌讳基于生活经验积累和环境心理：

植物自古至今都是人们赖以生存的食物来源之一，“古者民茹草饮水，采树木之实，食蠃蛖之肉，时多疾病毒伤之害”[①]。为了生存，对自然界的植物进行了详细的观察，乃至神农氏尝百草之滋味，察其寒、温、平、热之性，甚至尝一口而遇七十毒[②]，数千年的生活积累，使中华先人了解到如何在生活

① （西汉）刘安《淮南子·修务训》。

② （西汉）刘安《淮南子·修务训》、（晋）干宝《搜神记》卷一、（唐）司马贞《史记·补三皇本纪》、（宋）罗泌《路史·外记》、（宋）郑樵《通志》以及（清）袁了氏《增补资治纲鉴》、吴乘权编辑《纲鉴易知录》等，都记载有神农尝百草。

图 9-7　连理树（故宫御花园）

图 9-8　古木交柯图（留园十八景之一）

中远害保护自己。如要避开散发有毒气、毒液的植物：

诸如夜来香有毒。虽然毒素都是储存在植株的内部，不会散发出来的，但由于具有浓烈的花香，晚间会散发大量强烈刺激嗅觉的微粒，如果长时间嗅闻这种香气，虽不是中毒，但也会使人出现胸闷、头晕等不良反应，对心脏病和高血压患者有不利影响。

花朵似桃茎部似竹的夹竹桃，艳丽芳香，但夹竹桃花全株都含有剧毒，即便是干枯之后也依然存在毒素，所以可以说它是最毒的植物之一，包含多种毒素，有的甚至是致命的。若误食夹竹桃花引起中毒，会出现恶心、呕吐、昏睡、心律不齐等症状，严重的甚至会出现死亡。

人们利用夹竹桃花超强的抗烟雾、抗灰尘、抗毒物和净化空气、保护环境的能力，又被人们称为“环保卫士”。夹竹桃大多种植在马路和高速公路两侧等地，不宜种在居民区，更不能种在宅园中。

郁金香的球茎有毒性。郁金香所含的生物碱（也就是所谓的“毒碱”）成分是非挥发性成分，存留在植物体内而不会扩散到空气中。经常去触摸也会导致毛发容易脱落，不小心食用就会发生中毒现象。

大型乔木榕树，高达 15~25 米，胸径达 50 厘米，冠幅广展，根部特别发达，容易对地基造成威胁，也不适合种在庭院之中……凡此种种，都具有科学根据。

古人出于敬畏、语音、花木色相等原因对很多植物有所避忌。

因“敬”而“畏”，意思是指：因尊重敬重而产生畏惧心理。上古时代原始宗教崇拜就渊源于此。

如民间“屋后不栽槐”的禁忌则源于古时尊槐之风习：槐在古代是吉祥、长寿和官职的象征，民俗有“门前栽棵槐，有福慢慢来”“门前一棵槐，不是招宝，就是进财”的谚语，《地理新书》上也说：中门种槐，三世昌盛。槐具公卿之相。槐花、槐木都呈黄色，种子圆形，均有高贵之象。槐与“怀”谐音，“怀来远人也，予与之共谋”。《周礼・秋官・朝士》：“朝士掌建邦外朝之法，面三槐，三公位焉。”早在我国周朝时期，朝廷在外朝种槐树3棵和棘树9枝，公卿大夫分坐其下，左九棘，为公卿大夫之位，右九棘，为公侯伯子男之位；面三槐为三公之位，三公即太政大臣、左大臣和右大臣。后因以槐棘指三公或三公之位，由此称三公为三槐，称三公家为槐门（图9-9），“三槐九棘”乃指高官厚禄之家。所以，槐树，成为旌表门第的标志。

槐树既为三公之相，也就成为三公吉兆。苏轼：《三槐堂铭》曰：“郁郁三槐，惟德之符。”通过科举入仕，位列三公，实现自己的社会价值，这是古代读书人的最高理想，因此，槐与文人学士就十分密切了。古代常以槐指代科举考试，如考试之年称槐秋，举子赴考称踏槐，考试之月称槐黄。

图9-9　槐门（网师园）

“幻境槐安梦”，南柯一梦的主人翁淳于棼，也是在古槐树下饮酒，醉后梦入古槐穴，成了大槐安国的驸马，任南柯太守30年，享尽荣华富贵。醒后在槐下见一大蚁穴，南枝又有一小蚁穴，即梦中的槐安国和南柯郡。

宋代学士院第三厅学士阁，当前有一巨槐，素号槐厅，旧传居此阁者，多至入相（沈括《梦溪笔谈一故事》）。清国子监有“博士厅”，厅前有古“复苏槐”。

清国子监广植槐树，有“博士厅”，厅前有古“复苏槐”，祝愿监生们（大学生）可以考中高官之意。

槐树这么神威，一般家庭消受不起，才有了“屋后不栽槐”的禁忌。

古人既有谐音取吉，也会因谐音避忌。

银杏树是地球1.7亿年前第四纪冰川时期的孑遗植物，所以，也被人们称为珍贵的“活化石”。生长缓慢，“公公种树，孙子得果”，所以又叫公孙树。银杏寿命很长，生长在寺庙中的古银杏，常被百姓当作“神树”“风水树”“祖先树”等崇拜和敬奉。但银杏树虽好，宅园里却忌讳。银杏又名白果树，“白果”不讨口彩；白果虽好却又不能多吃，因为白果中的绿色胚芽毒性很强，生吃一两颗就可能中毒，煮熟后也不得超过10颗。“稍食则可，再食令人气壅，多食令人颅胀昏闷，昔有服此过多而胀闷欲死者”，“小儿多食，昏霍发惊。昔有饥者，以白果代饭食饱，次日皆死”。所以古人认为白果树有煞气，只能植之寺观，借助神灵守护。唐诗仙李白曾“酒隐安陆，蹉跎十年”的白兆山，又名“碧山”，系大洪山余脉，山顶道观是当地百姓祭祀真武神的地方，李白于道观旁手植银杏一株。据《安陆县志》记载：“树大数百围，乃千年物也！”成为历代文人墨客凭吊李白的活物证，他们之中有韩愈、杜牧、刘长卿、欧阳修、曾巩、秦观等一大批中国文学史巨匠。目前，此银杏尽管已是洞空见枯，但浩然精气神依然犹存。

桧柏无疑是好树种。柏，有贞德者，故字从白。白，西方正色也。“不同流合污，坚贞有节，地位高洁。”王安石《字说》中云：“柏犹伯也，故字从白。”松为“公”，柏为“伯”，在“公侯伯子男”五爵中，伯列第3位，柏也比作“位列三公”。柏的谐音“百”是极数，极言其多其全，诸事以百盖其全部：百事、百鸟、百川等。故吉祥图案常见有：柏与“如意”图物合为“百事如意”，柏与橘子合成“百事大吉”（橘、吉音近）。但绝对忌讳在门前栽植，《风俗通》载：魍魅喜食死人肝脑，惧于虎、柏。故阴宅陵墓多植柏立石虎。民间习俗也喜用柏木“避邪”。东晋学者、玄学家张湛，撰有《列子注》等，他喜欢在斋前种植松柏，当时的人们就说张湛“屋下陈尸”。

中国神话中说桃树是追日的夸父的手杖化成的。而《春秋运斗枢》又说：“玉衡星散为桃”。桃是神杖变的也好，是北斗星变的也好，总之都带有神异。

《太平御览》引《典术》上说：“桃者，五木之精也，故厌伏邪气者也。桃之精生在鬼门，制百鬼，故今作桃人梗著门，以厌邪气。”桃制百鬼，鬼畏桃木。古人多用桃木制作厌胜避邪用品。如：桃印、桃符、桃剑、桃人等。

五代后蜀时开始在桃木板上书写春联，端午节门上插桃枝，亦是桃可避邪气的习俗观念。

桃果在神仙世界中有“仙桃”“寿桃”之美称。源自神话西王母瑶池所植的蟠桃，3000年开花，3000年结果，吃了可增寿600岁的传说。《神农经》载：“玉桃服之长生不死。若不得早服之，临死服之，其尸毕天地不朽。”寿桃之桃，为西王母的蟠桃，相传汉武帝曾得西王母赠此蟠桃4个；东方朔曾3次偷食此桃，“东方朔偷桃”成为园林图绘的重要母题（图9-10）。

桃花为道教教花，大量种在道观园林中。创建于西晋咸宁二年（276年）的“真庆道院”（今称玄妙观），位于苏州市主要商业街观前街，原来观中种满桃花，桃花飘落得满街都是，像锦缎碎片铺满了道路，所以这条街原名“碎锦街”。

陶渊明写的桃花源仙境，都是桃树，中无杂树，落英缤纷。

但有的地区风俗却也忌讳在庭院种植，“桃”者，逃也，怕财运“逃走”，显然是基于语音的避忌产生的心理作用。

柳树不择肥瘠，对环境有很强的适应能力，是生命力的象征；又为春的使者；它婀娜多姿，风流可爱，“柳”与“留”谐音，表示依恋：古有《诗经·采薇》中就有“杨柳依依”的著名诗句，“柳”之“依依”可人，折柳送别，表示难舍难分；柳也是家庭和家乡的象征：《诗经·东方未明》：“折柳樊圃。”为了安慰游子，客舍旁植柳，王维《送元二使安西》有“客舍青青柳色新”句，以营造客至如归的氛围。

图9-10　东方朔偷桃（狮子林木雕）

柳还有“陶家柳”“武昌柳”之特称，前者因陶渊明写有《五柳先生传》，故泛指隐士居处环境；后者指陶侃在武昌所植官柳，指勤于公事。明代拙政园中有柳隩一景。但一般家庭园有所避忌，原因源于“戴柳”习俗和语音的避讳。

清明节“戴柳”以寄哀思的习俗，源于春秋时期晋文公重耳对谋臣介子推的哀思。介子推随重耳一起逃亡在外19年，曾为重耳割股疗饥。重耳复国后，他和母亲隐居绵山，晋文公为逼他出山放火烧山，介子推及其母双双抱柳而死。第二年，晋文公带群臣到山上祭奠时，发现他母子抱过的那棵柳树又复活了，而且枝叶繁茂，遂折柳戴在头上。此后，父母死后，送殡多用柳枝作“哀杖”“招魂幡”；《苏氏演义》载：“正旦取杨柳枝著户，百鬼不入家。”

家中不种柳，还在于“柳”与“流”谐音，从文化心理来说在家种植柳树会造成自家财气或运气都能流失掉，所以说人们都不会在自己家里种植柳树。

“桑梓”隐指故土，但故土是养生送死之地，而且古人将分枝再生能力极强的桑树和生长快速、材质优良的梓树都视为灵木，生命之树，家族墓地多依傍桑林而建，死者墓前亦经常栽种梓树。所以阳宅房前不种。

“桑树”因谐音禁忌而避之。桑树，桑与丧音同。晋干宝的《搜神记》：家中只有父女二人，父远征，女穷居幽处，思念其父，乃戏马曰：“尔能为我迎得父还，吾将嫁汝。”父杀马后，暴皮于庭，女以足蹙之曰：“汝是畜生，而欲取人为妇耶！招此屠剥，如何自苦！”皮忽卷女而去，栖于树，女化为蚕，因名其树曰桑。坐实了桑者，丧也。

“鬼拍手”是指杨树，杨树叶子与手掌相似，其叶迎风作响，似人拍手。晚上容易招来“脏东西”。

河南一带禁忌在院内种植楝树，以为楝子为苦豆，兆主人食苦果。

“大树古怪，气痛名败”“树屈驼背，丁财俱退”“树似伏牛，蜗居病多”等谚，把长相不周正、发育不正常的树木列为凶，主要是心理作用了。

一些带有哀伤的花木虽花开十分美丽，但渲染的情感氛围与欢乐的家庭氛围不太协调，不宜在宅中庭院种植，适宜植在比较开阔的山冈、野地，如：

杜鹃为花中西施，但因附丽了一则凄婉的传说：相传蜀帝蒙冤死后，化作一只杜鹃鸟，日日啼叫诉冤，嘴角的血滴落在杜鹃花上染红了杜鹃花。此后，杜鹃花也成为人们恋乡思亲的情感寄托。

樱花树的生命周期很短，一般只有二三十年；樱花最美的时候并非是盛开的时候，而是凋谢的时候，樱花花期只有7天，一夜之间满山的樱花会全部凋谢，没有一朵花留恋枝头，它的美是让人心碎的凄凉之美，人们总是把它与人生苦短、世事无常、后嗣不继联系起来。连“花要樱花，人要武士”的日本，也认为樱花种植在门前庭园对后嗣不利。樱花树适宜群植在大片的野地。

# 第三节　艺术配植　诗情画意

## 一、诗格取裁　花品诗情

静赏有诗情，这是古典园林植物配置的重要原则。由于花木蕴涵丰富的文化内涵，古人栽植花木，常常从历史上积淀的审美经验中，借鉴古典诗文的优美意境，创造浓浓的诗意。将自己的人格理想、情节操守等文化信息透露出来，令人玩味无穷。

明代的陆绍珩在《醉古堂剑扫》卷七中说："栽花种草全凭诗格取裁。"花有"品格"，象征文人风骨，以花品喻人品，诗具"意境"，李白诗云："为草当作兰，为木当作松。兰幽香风远，松寒不改容。"[①] 以松喻刚直不阿。花品与诗境结合，就成为园林植物景境营构的艺术构思。

如松、竹、梅为岁寒三友，梅、竹、兰、菊为四君子，荼蘼、茉莉、瑞香、荷花、岩橘、海棠、菊花、芍药、梅花、栀子为韵、雅、殊、静、仙、名、佳、艳、清、禅"十友"。宋代的张敏叔以十二花为十二客，它们是：牡丹，赏客；梅花，清客；菊花，寿客；瑞香，佳客；丁香，素客；兰花，幽客；莲花，静客；茶花，雅客；桂花，仙客；蔷薇，野客；茉莉，远客；芍药，近客。

清代的张潮将植物与人一一对应称"知己"：

菊以渊明为知己，梅以和靖为知己，竹以子猷为知己，莲以濂溪为知己，桃以避秦人为知己，杏以董奉为知己，香草以灵均为知己……蕉以怀素为知己等。

不仅成为文人画家笔下的诗画题材，也成为园林植物构景的永恒主题。

松柏，耐寒、常青，寓意抗击环境变化、保持本真、坚强不屈的品格。《礼记·礼器》："其在人也……如松柏之有心也……故贯四时不改柯易叶。"孔子有"岁寒，然后知松柏之后凋也"的著名格言，《庄子》言"天寒既至，霜雪既降，吾知松柏之茂"，松柏作为正义神圣的象征，成为历代诗人笔下永恒的审美意象。

苏州"古松园"，后园有一株明代罗汉松，苍翠遒劲，姿态优美，高逾十米，依然是那样蓊蓊郁郁，葱翠苍劲，全无半点龙钟老态。

古猗园内辟有园中园"松鹤园"，园内，松柏葱茏，迎春紫藤送青，白鹤悠悠，地上松鹤铺地，一幅松鹤长寿的祥和气象。

拙政园"得真亭"，取《荀子》"桃李茜粲于一时，时至而后杀，至于松柏，

① （唐）李白:《于五松山赠南陵常赞诗》。

经隆冬而不凋，蒙霜雪而不变，可谓得其真矣”的傲岸品格。

《南史·隐逸传下·陶弘景》：“特爱松风，庭院皆植松，每闻其响，欣然为乐。”于是松风传雅韵，“听松风处”、怡园“松籁阁”、承德避暑山庄的“万壑松风”，都可体味“疏松漱寒泉，山风满清厅”的意境。圆明园“溪月松风”，有唐杜甫《玉华宫》“溪回松风长”的意境；颐和园筑“松堂”下，古松层层叠叠，荫翳蔽日，轻风吹过，摇荡云光山色，“他夜松堂宿，论诗更入微”[①]，“醉后松堂卧，涛声落枕间”[②]。

竹为园林必不可少的人文植物，是“儒道释三教”共赏之物：

儒家美其“高节人相重，虚心世所知”；沧浪亭五百名贤祠南一片竹林，象征名贤的高风，“景行唯贤”“高山仰止”，与“仰止亭”相呼应，是很成功的植物景境。

出身天师道世家的王羲之兰亭流觞，周围必有“茂林修竹”；其子王子猷称“不可一日无此君”，竹子被文人定格为“君子”。用带竹节的竹片做的对联称“君子对”。明王世贞在自己园中筑亭，前后左右皆列美竹，名之曰“此君”，说是“取吾家子猷语也”。

明时拙政园中湘筠坞、竹涧和倚玉轩，都以竹为主景，倚玉轩有“倚槛碧玉万竿长”，“春风触目总琳琅”。

佛教因竹心之“空无”，为悟禅之象征，故禅门有：“青青翠竹皆是法身，郁郁黄花无非般若”之语。释迦牟尼的“竹林精舍”、王维悟禅的“竹里馆”、沧浪亭看山楼下、狮子林修竹阁边、留园贮云庵周，皆由青青翠竹组成禅意空间。

以竹立意的园林，如上海南翔“古猗园”，位于上海西北郊嘉定区南翔，取《诗经》“绿竹猗猗”的意境。园内遍植绿竹，内筑亭、台、楼、阁、榭、立柱、椽子、长廊上无不刻着千姿百态竹景，生动典雅。

扬州个园，主人黄至筠，又称黄应泰，字韵芬，又字个园。独爱竹，不仅自己名号用竹，而且以竹立意名园为“个”，个者，字状如竹叶，园内觅句廊有袁枚诗联“月映竹成千个字，霜高梅孕一身花”。竹寓君子高节，王子猷“不可一日无此君”、苏东坡“宁可食无肉，不可居无竹；无肉使人瘦，无竹使人俗”，竹已经成为士大夫人格写照，而“个”为独竹，独立不依，挺直不弯，既寓君子高节又含孤芳自赏之意。[③]

梅花有“花魁”之誉，花姿秀雅，风韵迷人，品格高尚，节操凝重。凌寒独自，傲霜斗雪，“零落成泥碾作尘，只有香如故”，林和靖爱其神姿风韵：“疏影横斜水清浅，暗香浮动月黄昏。”梅花开为五瓣，象征“五福”，自古就为吉祥花。梅品即人品，梅花精神是中华民族性格的象征。

苏州拙政园明时有“瑶圃”（图 9-11），文徵明图咏序：“瑶圃在园之巽隅，中植江梅百本，花时灿若瑶华，因取楚词语为名。”文徵明诗曰：

---

① （唐）郑谷：《喜秀上人相访》。

② （元）潘音：《友人夜宿》。

③ 曹林娣：《园庭信步》，中国建筑工业出版社 2011 年版。

图 9-11　瑶圃（文徵明《拙政园图咏》）

春风压树森琳璆，海月冷挂珊瑚钩。
寒芒堕地失姑射，幽梦落枕移罗浮。
罗浮不奈东风恶，酒醒掺横山月落。
千年秀句落西湖，一笑闲情付东阁。
祇今胜事属君家，开田种玉生琪华。
瑶环瑜珥纷触目，琅玕玉树相交加。
我来如升白银阙，绰约仙肌若冰雪。
仿佛蓬莱万玉妃，夜深下踏瑶台月。
瑶台玄圃隔壶天，远在沧瀛缥缈边。
若为移得在尘世，主人身是琼林仙。
当年挥手谢京国，手握寒英沁香国。
万里归来抱雪霜，岁寒心事存贞白，
呜呼，
岁寒心事存贞白，凭仗高楼莫吹笛。

狮子林暗香疏影楼、虎丘的冷香阁、沧浪亭的数点梅花天地心，都以梅花立意。

苏州光福镇西南的马驾山，自古白梅似海，清康熙三十五年（1696年），江苏巡抚宋荦至此，见“遥看一片白，雪海波千顷”，取名“香雪海”，风流皇帝乾隆6次驾临，至今香雪海的“闻梅馆”内一对盘龙抱柱，抱柱上为乾隆御题“疏影横斜水清浅，暗香浮动月黄昏”柱联。

菊花为花中“隐士”，晋陶渊明辞官归田后，“采菊东篱下，悠然见南山”，被后世文人称为“隐逸之宗”、九月菊花花神。陶渊明不为五斗米折腰的傲岸骨气和菊花“拒寒色不移”的品性，已经交融为一。

荷花，被称为佛花，象征佛教教义的纯洁，更多的是取意宋周敦颐《爱莲说》。荷花被定格在“君子”的位子，“香远益清”成为它的品格特征。于是，园林中就有了“曲水荷香”“香远益清”“金莲映日”“濂溪乐处”“曲院风荷”“远香堂”“闹红一舸”等景境。

释家以桂花为喻体，宋临济宗黄龙派的开山祖黄龙慧南的弟子晦堂禅师，收山谷道人即黄庭坚为弟子，用孔子“吾无隐乎尔”的意思，将木樨的香味作为黄庭坚悟禅的契机，“木樨香”自此成为三教教门中常用的典故，于是有了“无隐山房”“闻木樨香轩”（图9-12）“小山丛桂轩”等意匠。

芍药为花中宰相，花大色艳，形态富丽、香浓，堪与牡丹媲美。芍药花时在春末，此时群花都已凋零，“多谢化工怜寂寞，尚留芍药殿春风”，军行后为殿，故又名曰殿春，网师园殿春簃就以芍药的殿春品格立意。

图9-12　闻木樨香轩（留园）

## 二、画理配置　宛然境游

植物配置符合国画的原理和技法。明末士林清流的代表文震亨写的《长物志·花木》提出了“草木不可繁杂，随处植之，取其四时不断，皆入图画”的种花植树原则，并记述了许多花木的生态习性及在园景之中所具的审美品格与作用，写出作者对这些奇花佳木的人格比拟思想。

私家园林着意于文人画境，所谓文人画，用画家陈衡恪的解释就是具有“人品、学问、才情和思想”之四要素，“不在画里考究艺术上功夫，必须在画外看出许多文人之感想”，以别于民间画工和宫廷画院职业画家的绘画。“文人画”标举“士气”“逸品”，崇尚品藻，讲求笔墨情趣，脱略形似，强调神韵，追求诗、书、画、印“四绝”。文人画大量取材于山水、花鸟、梅兰竹菊和木石等，成为园林植物构景的蓝本，对植物取材构景的品评也多用画境为标准。

“计白当黑”，空、白是为了“多”，为了“够”，为了满足。空白能给人以无尽深远悠长的感受，似“此时无声胜有声”。

园林中广泛采用的“留虚”手段，使得人们眼光所到之处就是一幅岁寒三友图、花木小品画，或“马一角”“夏半边”，美不胜收。

“移竹当窗”“窗虚蕉影玲珑”，成就的也是李渔所说的“尺幅画”“无心画”，以替代屏条、立轴，使窗前、门外都有花木成景，“同一物也，同一事也，此窗未设以前，仅作事物观；一有此窗，则不烦指点，人人俱作画图观矣。”就植物论，是花卉画，如有小鸟飞落花枝，则无疑一幅“花鸟画”。

网师园殿春簃窗后小天井内，略置叠石，并植有芭蕉、慈孝竹和蜡梅、天竺，北面三窗，红木镶边的长方形窗框构成框景，构成“蕉窗”（图 9-13）、“竹窗”和东坡的竹、梅、丑石“三益友”窗，“窗非窗也，画也；山非屋后之山，即画上之山也”，成为一幅幅优美雅致的国画小品。

图 9-13　窗虚蕉影玲珑（网师园）

江南园林建筑都是粉墙黛瓦，白色墙体即如绘画之“留虚”、画纸，可以就此绘出丰富多彩的立体图：峭壁山者，靠壁理也。借以粉壁为纸，以石为绘也。理者相石皴纹，仿古人笔意，植黄山松柏、古梅、美竹，收之圆窗，宛然镜游也。如网师园琴室之峭壁山，贴在斑驳的粉墙上，俨然佳山；山周数竿紫竹，摇曳生姿，山石缝隙中点缀着书带草，俨如竹石图。

网师园园中池东靠住宅一面是一壁高高的白粉墙，墙下池边叠置狮形假山，爬着紫藤、薜荔等藤类植物，从“月到风来亭”往东看，完全成了一幅生机盎然的山石图。

在白粉墙墙下点缀湖石及人文色彩浓郁的花木，墙上镶嵌字额点题，组成主题花木图：

留园华步小筑庭院，是正对着绿荫的窄窄的小过道，南院粉墙下，点缀着石笋、南天竹、书带草，一枝老藤沿墙盘曲而上，晚清朴学大师“花步小筑”四字题额和跋语，恰似国画上的题识和一枚印章！

拙政园海棠春坞庭院，于南面院墙嵌以山石，植慈孝竹，书卷形的“海棠春坞”题款，宛然立体画（图 9-14）。

墙角一丛修竹、一株梅花、几根错落石笋，俨然一幅小品画。郑板桥墨竹图，往往亦为庭院小景。

假山石缝中、石峰基部、墙脚边、阶下、树根四周、庭院角隅、溪边斜坡，只要书带草一点缀，层次顿增，且画意横添。假山堆叠的疵病处的书带草，又如山水画中点苔。

园林沿墙所植花木一般不是紧贴墙根，而要离开一段距离，使墙面可以更好地接受朝晖晚霞的光影，届时由阴面白色粉墙衬托出来的花影如斑驳陆离的水墨画，别是一番光景：

图 9-14　海棠春坞《拙政园》

植物的垂直绿化也能以白墙为纸、花木为绘，组成一幅立体的花卉画。

以画意构景、参名画成景，是中国园林取裁花木的传统艺术手段。

或取名画意境，如明刘珏小洞庭十景之一的“蕉雪坡”，因“唐王摩诘尝画袁安卧雪图，有雪中芭蕉，盖其人物潇洒，意到便成，不拘小节也，珏亦尝有志绘事，故名其坡”。

或径以名画为景，如避暑山庄三十六景之“万壑松风”，借鉴北宋画家巨然的《万壑松风图》而成。

园林植物以古、奇、雅、色、香、姿为上选，特别以形态古拙、奇特，更是画意横生。因此，园林重视老树，即使枯枝老根，亦甚宝贵，因其时代久远，饱经风霜，苍古的枝干和树形、天然虬曲的紫藤等藤类植物本身就是一幅画！

如苏州邓尉庙里的 4 棵汉柏，相传为东汉大司徒邓禹手植，历劫磨难，仍势极蟠曲，风姿各异，乾隆皇帝南巡至此，大为叹服，题为“清、奇、古、怪”。

天坛九龙柏是北京市区最古老的一棵柏树，生长于建坛之前，已有近千年历史，树干扭结虬曲，宛如 9 条盘旋而上的蟠龙，号称奇观（图 9-15）。

图 9-15　天坛九龙柏

宋代开始，人们品赏梅花，有“横斜、疏瘦、老枝奇怪”的“三贵”之说，实际上是用品画的标准来品梅花，以有无画意为取裁标准。植梅讲究横、斜、倚、曲、古、雅、苍、疏。

网师园有“竹外一枝轩”，取苏轼《和秦太虚梅花》“江头千树春欲暗，竹外一枝斜更好”诗句意，轩前松梅盘曲，低枝拂水，颇得梅花幽独娴静之态和欹曲之美，尤其是在月白风清之夜，更获暗香浮动、篱落横枝的画意（图 9-16）。

园林组景中对植物配置乃是遵循山水画论的构图落幅原则：山巅植大树虚其根部，得倪瓒飘逸画意，山巅

图 9-16　竹外一枝轩（网师园）

图 9-17　悬崖式植物（环秀山庄假山）

山麓树木皆出丛竹或灌木之上，山石并攀以藤萝，使望去有深郁之感，得沈周沉郁之风。

树姿耸立而凌云的高树，或培养成“欹斜探水”状的悬崖式，如网师园、怡园的白皮松，弯曲的树干斜临水面，呈探水式。

树木往往种在山腰石隙之中，参差蟠根镶嵌于石缝，“林麓者山脚下有林木也”“林峦者山岩上有林木也”[①]。如环秀山庄假山上倒挂于湖石峭壁之上，弯曲的树干斜临池面，呈悬崖式（图 9-17）。

## 小结

在中国园林中，构园家们不仅根据植物品性，精心配植，还注意植物所适宜的场合，如海棠韵娇，宜雕墙峻宇；紫荆荣而久，宜竹篱花坞；梧竹致清，宜深院孤亭；木樨香胜，宜崇台广度；荷之鲜妍，宜水阁南轩；菊之操介，宜茅舍清斋；蔷薇障锦，宜云屏高架；梅花清幽高雅，宜疏篱竹坞，曲水斜坡；桃花夭夭，宜别墅幽限，小桥溪畔；杏花繁灼，宜尾角墙头……[②]

于是，一叶芭蕉，几竿修竹，梧阴匝地，槐荫当庭，夜雨芭蕉，晓风杨柳，创造了颐养天年的环境，营构了“诗境”和“画境”，使植物的生态美、视觉美与意境美完美结合。

① （宋）韩拙：《山水纯全集》。

② （清）陈扶摇：《花镜》。

# 第十章

# 继往开来　与时俱进

中华古代宅园“早在1937年前创自宋者，今欲寻其所在，十无一二。独明构经清代迄今，易主重修之余，存者尚多，苏州拙政园，其最著者也。杭州私园别业，自清以来，数至七十。然现存者多咸、同以后所构。近且杂以西式，又半为商贾所栖，多未能免俗，而无一巨制。苏、杭并以风景名世，惟杭之园林，固远逊于苏矣。而昔日以园林胜的扬州，如今则已邃馆露台，苍莽灭没，长衢十里，湮废荒凉”[①]。1937年随着日寇大举侵华，许多名园遭受毁灭性重创，秋坟鬼唱，满目凄凉：深院幽庭，一片瓦砾，云墙粉壁，可怜焦土！

共和国成立伊始，一批江南名园在“修旧如旧”宗旨下，经前辈构园大师们的惨淡经营，得以凤凰涅槃。但名园在修复过程中也“改建”了许多。

改革开放几十年来，建筑市场繁荣，但拜金主义、实用主义大行其道，求高、求大、求洋、求怪、求奢华，房产市场刮起了强劲的欧陆风、北美风，大草坪、植物带拉弧线、穹隆尖顶次第出现，却鲜有精品。相反，“最丑建筑”却层出不穷，或恶俗仿生，或东施效颦，或克隆山寨……美轮美奂的中华“大屋顶”似乎患上了失语症。

随着中华经济的腾飞，中华5000年居住文化以多种形式呈复苏之势，但又出现了没有灵魂、徒具形式美构图的仿古“新园林”，满足于对优秀传统宅园的克隆和符号的搬迁……

新时代的美丽中华在哪里？引起了人们的担忧，重拾中华民族建筑话语，复兴中华传统居住文化，继往开来，努力创造并将继续创造中华宅园居住文化新的辉煌，成为有志于复兴中华宅园文化的人们的践行方向！

## 第一节 文化自卑 丧失自尊

1840年6月，英帝国主义为了向中国走私鸦片，用坚船利炮轰开了“闭关锁国”的清帝国门户，中国的自然经济开始解体，通商口岸被迫开放，来自有着更强经济文化实力的西方文明开始强行入驻中国海岸城市。1905年，8000多人留学国外，西方的民主思想和价值观念通过种种方式传播到国内。加上清廷自1905年废止科举制度，又无精妙制度顶替，社会崇文风尚日衰，精英阶层失去了学而优则仕的优势，丧失了构园的资本和热情，大多淡出了园林界，簪缨世家衰败。而军阀、资本家、

① 童寯：《江南园林志》。

富商等新贵踵起，园主雅俗不齐。

自清末季，外侮凌夷，民气沮丧，国人鄙视国粹，万事以洋式为尚，其影响遂立即反映于建筑。凡公私营造，莫不趋向洋式。①

民国 10 年（1921 年），顾颉刚先生曾忧心忡忡地说：

今日造园者，主人倾心于西式之平广整齐，宾客亦无承昔人之学者，势固有不能不废者矣！②

童寯先生在《江南园林志·序》也说：

自水泥推广，而铺地叠山，石多假造。自玻璃普及，而菱花柳叶，不入装折。自公园风行，而宅隙空庭，但植草地。③

## 一、数典忘祖　妄自菲薄

清初“圆明园虽以欧式建筑为点缀，各地教会虽建立教堂，然洋式建筑之风至清中叶犹未盛”④，乾隆本人出于猎奇心理；南京“随园”、扬州“江园”等园林主人同样出于猎奇和赶时髦的心理，在园林局部构件和细部装饰上掺杂一些西洋的艺术元素，但远未形成中西园林体系的复合和变异。

直到清末民国，西方建筑才开始在中国海岸城市出现，群起效尤者主要是那些风云际会中的政界新贵、商界暴发户、买办资本家。截至 1949 年，上海一共有老花园洋房 5000 多幢，300 多万平方米。然诚如梁思成先生所言：

当时外人之执营造业者率多匠商之流，对于其自身文化鲜有认识，曾经建筑艺术训练者更乏其人。故清末洋式之输入实先见其渣滓。然数十年间正式之建筑师亦渐创造于上海租界，洎乎后代，略有佳作。⑤

上海黄金荣的郊居别墅黄家花园，建筑多处使用钢筋混凝土结构，花园风格犹如花园中湖心的“颐亭”，屋顶为中式亭形状，屋顶以下和建筑内部却为西洋风格，似亭非亭、不中不西，就像一位头戴瓜皮帽，身穿西服，赤脚

① 梁思成：《中国建筑史》，第 353 页。

② 顾颉刚：《苏州史志笔记》。

③ 童寯：《江南园林志·序》，中国建筑工业出版社 1984 年版，第 3 页。

④ 梁思成：《中国建筑史第八章·清末及民国以后之建筑》第 353 页。

⑤ 梁思成：《中国建筑史》，第 353 页。

图 10-1　颐亭（黄家花园）

站脚盆里的文化怪胎（图 10-1）。[①]

山东大学教授、山东大学儒学高等研究院执行副院长兼《文史哲》杂志主编王学典敏锐地指出，百年来中国学术界基本是西方理论“殖民地”！反观中国园林理论界，几乎沦为“景观”理论的“殖民地”，是十分残酷的现实，“景观”至今还是十分时髦的西方“名词”。

景观一词最早出现在希伯来文的《圣经》旧约全书中，含义等同于汉语的“风景”“景致”“景色”，等同于英语的“scenery”，是指一定区域呈现的景象，即视觉效果。《中国大百科全书・地理学》（1990）概括了地理学中对景观的几种理解：①某一区域的综合特征，包括自然、经济、文化诸方面；②一般自然综合体；③区域单位，相当于综合自然区划等级系统中最小的一级自然区；④任何区域单位。“景观”与中国园林所强调的景中有意境、境界的观念显然大相径庭。

当今园林界，某些有海归背景的人不谙此理，鼓吹“走向新景观”，同时竭力丑化中华传统营构理念，数典忘祖：

作者毫不避讳地宣称，“新景观”就是针对旧的传统中国园林而言的：亭

① 上海市徐汇区房屋土地管理局编的《梧桐树后的老房子》第 177 页。

台楼阁、曲径通幽、诗情画意，并不是它们不优秀，而是它们离我们太遥远……圆明园只要“乡土野花和杂灌——那些土生土长、那些不需要任何灌溉、不需要任何人工维护的本土植被”，不要“牡丹、芍药、海棠、桃花”，原因是那些需要尽心管理、需要灌溉、需要高成本的植物，还增加了城市的生态与环境负担……

意思是当代人不配享受“亭台楼阁、曲径通幽、诗情画意”之美，他们只要解决低层次的生理欲求而已。

更有甚者，还一味攻击“中国传统园林的所谓自然天成，天人合一，如果用当今的环境现实和生态伦理去评价，是何等的虚伪和空洞”；攻击园林文化载体诗性品题，是“曾经使中国园林充满诗意的晦涩的典故和经文，已逐渐变得陈腐……那种‘举杯邀明月，对影成三人’的园林风月，那种‘留得残荷听雨声’的庭院雅致，在当代恐怕是只能用孤独落寞和衰败凄凉来形容，旧的诗意，在新人面前则是地道的空洞和无病呻吟；古筝和昆曲的“蔓径”和“碎步”，怎能容忍摇滚和迪斯科的节奏……生态学和景观生态学，遗产保护理论，地理信息系统（GIS）技术，钢筋水泥、玻璃和钢及各种人工材料，都使经验的《园冶》成为过去的遗产……”并吹嘘放大“新景观”的实际效益，说什么可以解决所谓“前所未有的城市化、生态与环境恶化、人地关系的空前紧张”！

美学家韩美林十几年前曾以艺术为例，说：

以前真正的海归派，都是文化精英，包括徐悲鸿、刘海粟、林风眠、傅抱石……都致力于中国画的创作。现在的有些海归派，不一样了，一回来就大呼小叫地要让外国的东西进来，否定我们中华民族的文化，甚至不让学生用毛笔。你怎么这么厉害？你不就是出了几天国嘛，怎么不学学那些真正精英的海归派呢！中华民族几千年文明，用得着你来救吗？靠批评家来捧，还说是来成就中国文化。[①]

这种对传统建筑文化价值的近乎无知和糟蹋的“新景观”理论，贻害无穷，某些“新景观”理论的信奉者认为中国古典园林的典型例证被一一列入世界文化遗产对中国来说是一种耻辱；嘲笑游览江南园林，“更像是进行文化手淫”！如此等等，不一而足！

在城市“大建设”高潮中，忽略对人的基本需求的考量，如在炎热的南方，触目可见的是欧式大草坪。无视植物的文化意境配置，成为一般绿化，还特别青睐植物的“色块”。所谓色块植物是指不同的色彩植物栽在一起组成色带，通过色块的修剪与造型，增加植物的立体动态感，常用的图案方式是带状、放射状、波浪、圆弧状，方形、扇形、不规则形以及文字和数字图案等，基本上是西方“植物地毯”的简单模拟。

① 韩美林2006年1月10日在第三届“文化讲坛”上的演讲。

至于裸体雕塑、玻璃幕墙和钢制家具，这种冷漠的、极度简约的、缺乏民族特点的设计像病毒一样蔓延开来，非文化非科学折中主义或者大杂烩式的所谓城市“景观”，出现了无可挽回的败笔。

“建筑界诺贝尔奖”普利兹克奖的获得者王澍在《中国当代建筑学的危机》著作中直言：中国当代建筑绝大部分几乎是纯破坏性的！整个近代中国都掉入了对这种工具性技术狂热的学习中。

前建设部副部长、中国建筑学会理事长宋春华引用外界的评论说，“我们是一个五千年历史的文明古国，有很多两三千年历史的文化名城。但现在，改造后的城市，越来越看不到城市大树的年轮，看不到城市老人的皱纹，反倒像是用激素催生的树木。”

欧陆风几乎成为又一种千篇一律，新建的园林都似一个母胎中克隆出来的产儿，千城一面，甚至千镇一面。针对这些痼疾，有的建筑师愤然说：什么“面”？是浅薄俗气、伪装洋气的假面具、洋面具！

上述种种，显然源于对自身文化的缺失带来的文化自卑。

著名文化学者张正明教授说：“现代化与传统性，其实不是不相容的。无论西洋、东洋都有既实行了现代化，又维护了传统性的正面经验。当今的中国城市规划和建筑设计，却都有为追求现代化而牺牲传统性的偏向。从心态来看，恕我直言，这是文化上的民族自卑感。古代的中国，从夏、商、周到元、明、清，妄自尊大，一贯如此。近代的中国，在与帝国主义的侵略势力斗争中屡战屡败以后，一变而为妄自菲薄。”

这样，就出现了无知地丢弃了自家的宝贝，却去捡拾西方人垃圾的愚蠢行为。

## 二、文化荒漠　山寨欧洲

文化的自卑必然带来的是对西方建筑文化的盲目崇拜。

建筑学家吴良镛先生说，“似乎非国际招标不足以显示其‘规格’”，“到处不顾条件地争请‘洋’建筑师来本地创名牌，甚至有愈演愈烈之势……”

那些国际建筑师具有不同的文化背景，到异国他乡到底创了什么“名牌”？《晏子春秋・内篇杂下之十》记载过“淮南为橘　淮北为枳”这样一则故事：

> 楚王视晏子曰：“齐人固善盗乎？”晏子避席对曰：“婴闻之，橘生淮南则为橘，生于淮北则为枳，叶徒相似，其实味不同。所以然者何？水土异也。”

晏子出使楚国，楚王为展示威风，几番侮辱晏子，有一次，楚王故意将一个犯人从堂下押过。楚王问：此人犯了什么罪？回答：一个齐国人犯了偷窃罪。楚王就对晏子说，你们齐国人是不是都很喜欢偷东西？晏子回答：淮南有橘又大又甜，一移栽到淮北，就变成了枳，又酸又小，为什么呢？因为土壤不同。同样的人在不同的环境下会有不同的结果。设计师离开了环境，也断了文化之藤，也如淮南“橘”至淮北就成了“枳”，所以因地制宜是设计的根本原则。

出于“世界级大师”安藤忠雄之手的上海国际设计中心，位于同济大学科技园园区内，由同济科技出资 4.7 亿元进行打造，总建筑面积近 5 万平方米，是国内最大规模的设计中心，居然“荣登”2018 年中国最丑建筑第一名①，因为“盛名之下其实难副”！由荷兰荷隆美公司和上海现代规划建筑设计院联合设计的“湖北武汉新能源研究院大楼”（图 10-2），以马蹄莲为设计理念，寓意“武汉新能源之花”，以“形象牵强附会，整体造型丑陋”屈居第二。

号称“中而新，苏而新”的苏州博物馆，同样为华裔“世界级大师”之作，且不说亭台楼阁全用现代几何形组图，与近在咫尺②的拙政园建筑形同水火，也不论反传统的水池“朱雀”在南变成在北，单说被某些人吹得神乎其神的

① 基于中华大地丑陋建筑的泛滥，中国畅言网自 2010 年开始联合文化界、建筑界的学者、专家、艺术家、建筑师每年评选出“中国十大丑陋建筑”活动，旨在抨击那些对建筑业发展造成不利影响的丑陋建筑。

② 苏州博物馆所在位置乃拙政园一部分。

图 10-2　湖北武汉新能源研究院大楼（引自网络）

图 10-3　龟背洞窗和执圭门（苏州博物馆）

“中国元素”龟背纹的运用。苏州博物馆一反传统龟头平放的特点，变为龟头直指上苍。中国文化敬畏天地，从不用尖角对准上天，而西方最美的建筑是宗教教堂，建筑屋顶特别是哥特式建筑屋顶都是直指上苍，象征着苦闷的灵魂向上帝祈祷，可见所谓“中国元素”龟背纹，依然带有宗教精神的鲜明烙印（图 10-3）。

苏州博物馆同时用了中华传统建筑中上部尖锐下端平直的“执圭门”。据《说文》：“剡上为圭。”指的是上部尖锐下端平直的片状玉器。圭一方面是天子和大臣身份地位的象征，同时也是朝会典礼时的必带之物。古籍上有“皇帝执圭，皇后执琮”的记载。圭的形制特点因时代不同、种类相异而存在较大的差别，除了常见的尖首圭形，也有上部呈弧形的圆首圭形。玉圭是上古重要的礼器，被广泛用作“朝觐礼见”标明等级身份的瑞玉及祭祀盟誓的祭器。可见尖首圭形只是一种礼器和祭器，执圭门仅仅用在纪念性建筑门宕上，如祠堂，象征祠主的地位，生人所居的宅园中是不能用的（图 10-4）。

国际招标代价昂贵，当然不如全盘抄袭克隆欧美来得快捷。曾几何时，中国楼市刮起一股强劲的“山寨”风，西式仿造建筑在中国各地拔地而起。

中国大地上出现了十大翻版的欧洲小镇：南宁欧洲风情小镇、深圳茵特拉根小镇、武汉西班牙风情街、天津意式风情区、广东奥地利小镇、大连威尼斯水城、杭州翻版巴黎……上海独占前三：上海佛罗伦萨小镇、上海罗店北欧小镇和上海松江泰晤士小镇……后续计划还有“小意大利”“小西班牙”“小荷兰”和“小瑞典”，幸亏及时被叫停，否则上海变成又一座“大世界”了！

更有甚者，居然还有以等比例方式高度模仿奥地利最古老的小镇、世界文化遗产之一的哈尔斯塔特（Hallstatt），包括建筑在内的每一个细节，细到门把手这样的小物件。引起该地

图 10-4　某酒店模仿的执圭门（苏州）

大多数市民的气愤。一位有着 400 年历史的旅馆的老板娘说："这所房子是属于我个人的艺术品，有人到这里来测量、照相并且拷贝它，这好比是一位画家临摹别人的作品。"

任何东西，离开了产生它的具体环境，都只能是一棵断藤之瓜。环境造就人，也造就物。这些山寨小镇，脱离了它的时空条件和文化脉络，生搬硬套，与当地环境不符合，不过是一堆缺乏文化内涵的、没有灵魂的建筑垃圾。

## 三、文化错位　实用功利

实用功利是导致经济与文化出现严重的错位的重要原因。

某些部门急于政绩，不顾条件进行旅游开发，削山建屋，修索道，填河构房，伐木造楼，填平池塘，建设公园绿地；乡村绿化城市化，大面积种植景观草坪，破坏自然地貌。明代计成《园冶》中强调："须陈风月清音，休犯山林罪过。"实际上都在犯计成所说的"山林罪过"，对大地骨架的破坏、对农村原始自然风貌的破坏已经到了前所未有的严重地步，现在虽然已经引起了重视，但已经造成的破坏已经难以挽回了，不能不让人痛心疾首！

疯抢历史“名人”，伪造假景点，欺骗游客，也曾风行一时。如苏州虎丘山南麓的定园，明明是当代园林，却称其始建于明代初期，距今已有 600 年的历史。各景点更离谱，什么吴王阁、刘伯温的故居、江南四大才子、帝王将相均在定园中留下过遗迹和美丽的传说。

在美丽的苏州园林中，许多导游没有园林文化的知识，专讲“故事”，如讲狮子林“真趣”亭，最喜欢讲的是乾隆题“真有趣”的杜撰故事，厚污贬低了乾隆的智商，歪曲了历史。要知道，狮子林早在康熙年间休宁古林人黄兴仁即购得狮子林，此后，黄家拥有狮子林达 170 多年，直到 20 世纪初遂转手卖给了他人，1917 年被贝润生买下。

为了“制造”轰动效应，增加知名度，罔顾历史真实，假托名人，伪造景点。连具有 2500 多年历史的苏州，也不甘落后。孙武和穹窿山的神话就是一例。

春秋时期“兵圣”孙武避乱奔吴隐居著《孙子兵法》的地方在哪里？据苏州《甲山北浮孙氏宗谱》载，孙武本姓田，命开，字子疆，为田完之六世孙。来吴前，为齐大夫，食采乐业，入吴后更姓孙，孙膑为其曾孙。“甲山”即横山，位于吴县市（今吴中区）洞庭西山境内，横浸于太湖之中。孙武子第六十二世孙孙允宗于明宣德年间迁居于此，今孙允宗及其明代子嗣墓地和墓碑、建于清嘉庆十一年（1806 年）的孙氏宗祠遗址等一批文物尚存山中。位于太湖西山的“甲山”和苏州城西的穹窿山相距甚远。

既然史籍阙如，根本没有确切、详细的记载，也没有考古学证据，“二重证据”全无的“遗址遗迹”，居然被号称是“国内外有关著名专家”认为“并不妨碍将它‘认定’”，而且，2000 年通过会议形式，“认定”在苏州城西的穹窿山茅蓬坞，为孙武隐居地，是《孙子兵法》诞生之地。于是“穹窿山因孙武名扬四海”，大概这就是他们“认定”孙武隐居著书的目的！正如资深的苏州历史教授指出的那样，造假丑闻，凸显了不良学风和非学术现象！

苏州市孙武子研究会协助吴中区政府和吴中区林场，在穹窿山建立了“孙武苑”，以纪念这位中国和世界的兵学鼻祖。建设单位在“孙武苑”入口处勒石立碑，说明这是“纪念性”的，笔者认为此举尚不失为科学和严谨。因为选择在穹窿山建“纪念性”的孙武苑和“认定”穹窿山是孙武的隐居地、《孙子兵法》的诞生地完全是两码事。

在对传统园林的修复上，也出现了经济和保护园林文化的错位。如南京瞻园，1960 年，我国著名古建专家刘敦桢教授主持瞻园的恢复整建工作，叶菊华、詹永伟参与设计，并由 1800 多吨太湖石经筛选后，堆叠了嶙峋多姿、群峰跌宕、层次分明、自然幽深的南假山。但 1987 年，东部新建亭廊、水院，又采用渊源于英国的造园法，辟了一个 375 平方米的大草坪，周围散置湖石，配置四季花卉，大草坪在这座明代古园中显得十分“异类”和古怪。

上海豫园 20 世纪 80 年代在这座初建于明代嘉靖、万历年间的古园中修建了 5 条“龙墙”（图 10-5），荡涤了尚留的明代历史韵味。豫园始建于明代，明代等级严苛，龙作为帝王象征，士大夫园林不可能出现，一旦出现就有掉脑袋的危险，南方园林都只在雀替等处用草

图 10-5　龙墙（豫园）

龙、云墙等象征性的“龙”，借助这吐水的“东方之神”来压火。而且，这些龙墙形体硕大，蹲卧在矮墙上显得过于沉重，缺少灵动感，在美学上亦不足道。

幸存至今的苏州园林，大多为城市山林，他们遵循的选址原则是“远往来之通衢”，僻处小巷深处，杂厕于民居之间，带有浓厚的理想色彩。现在仅网师园、艺圃尚存遗意：网师园“筑园之初心，即借以避大官之舆从也”[①]！因此入口要经过羊肠小巷，“轩车不容巷”。处文衙弄的艺圃，尚有“隔断城西市话哗，幽栖绝似野人家”意味。

为了适应旅游经济的需要，很多园门入口不得已做了改变。如拙政园大门，新辟在东部原“归田园居”所在地，而“归田园居”，当年是“门临委巷，不容旋马”，“委巷”即东首的百花小巷。如今大门在白塔东路上，门前还建了硕大的牌坊；怡园园西与春荫义庄（祠堂）毗连，南与住宅隔巷相对。北有弹子巷，南临尚书里。原有住宅入园，门在园的东南角。“入园有一轩，庭植牡丹，署曰：‘看到子孙’”[②]，即家祠“湛露堂”。1968 年新建园门在东北角，紧邻人民路，且在外墙上凿几孔漏窗，遂失去了传统园林“以偏为胜”的幽静环境。游者难以把握园林的游览路线，无法领悟园林的主题意境，以致难以享受园林深层意蕴带来的艺术情趣。

① （清）梁章钜：《浪迹续谈》。

② （清）俞樾：《怡园记》。

利益的驱使是开发商的最大动因，中国五矿集团聪明的经理投资了 7.2 亿欧元在广东惠州仿造奥地利小镇哈尔施塔特，以每平方米近 1100 欧元的均价卖掉了 400 套别墅中的 150 套，价格比当地标准房价高出一倍。

在京郊，房地产开发商仿造了迈松拉菲特城堡：侧翼的附属建筑具有枫丹白露宫的风格，柱廊效仿了罗马的贝尔尼尼柱廊，园林则像凡尔赛宫。据奥地利《标准报》报道，为了这座仿造建筑甚至从法国进口了石灰石，整个项目花掉了 1 亿欧元，也给开发商带去了丰厚的利润。

经济发展了，文化却是一片荒漠。十多年前，美学家韩美林说过：没有文化的文化是可怕的！文化是一种升华的东西，绝对不是那些表面文章[①]！

当今将宅园内建筑“灵魂”的载体匾额对联视为“文化包装”的十分普遍，仿古建筑上匾额对联的书写左右不分，乱用繁简字等贻笑大方的事已经司空见惯了。某酒店做了一副精致的对联：“福如东海长流水，寿比南山不老松”（图 10-6）。“松”，形声字，从木，公声。本义：松科植物的总称，古人称“十八公”。可惜，这对联将“不老松”的“松”写成“鬆”，“鬆”者，头发乱貌，或指

① 韩美林 2006 年 1 月 10 日在第三届“文化讲坛”上的演讲。

图 10-6　不老松对联（北京某酒店）

用瘦肉做成的绒状或碎末状的食品，如肉松、鱼松、鸡松之属，“不老鬆”，令人啼笑皆非！

基于暴发户、拜金心态，追求皇家贵族气派，住宅大门就是大门楼，甚至出现仿乾清宫大门、太和殿屋顶等粗制滥造的“建筑文化”。河北鹿泉灵山景区内竟然出现了一座赤裸裸的“元宝塔”（图10-7），塔高约30米，呈八角形态，一层塑有善财童子、赵公明、白圭、范蠡、关公、比干、龙五爷、布袋和尚等八大财神，塔身是一摞摞放大的元宝造型，庸俗不堪，如此丑陋的建筑真让中国建筑的审美观整个瘫痪了！

图10-7　元宝塔（引自网络）

不懂得因地制宜使用优秀的园林元素，也会造成文化错位。下面我们以经幢和石灯笼为例：

经幢是我国佛教石刻的一种，创始于唐，凿石为柱，上覆以盖，下附台座，刻佛名、佛像或经咒于上，其制式由印度的幢形变化而来。经幢也叫石幢。《履园丛话·碑帖》载：“吴门碑刻，遭建炎兵火，十不存一。故汉唐之碑绝少，今所存者惟石幢耳。”池中石幢原为超度溺水亡灵的，俗称“石和尚”，后衍为装饰水景之物（图10-8）。

石灯笼渊源于中国佛前的供灯，经朝鲜传入日本，后在日本寺庙大量应用（图10-9）。佛前献灯火是佛教的重要礼仪之一。在日本露地庭园中，石灯笼是日本露地草庵式茶室庭的必备之物。日本茶庭是禅与茶的融合，自院门至茶室间设有一条园路，两侧用植被或白砂敷于地面，栽植树木，配置岩石，沿路设寄付（门口等待室）、中潜、待合（等待室）、石灯笼、雪隐（厕所）、蹲踞、飞石、延段等待客所需的配置，并赋予了深刻的寓意。

客人在通过这些界限的瞬间，就是将自身从世俗所带来的杂念冲洗干净，洗尽铅华，灵魂得到净化之时。茶庭很多不同的石，大都是不加修饰的自然山石组合，象征山永恒不灭的意境。石有多种用途，飞石、蹲踞、石灯笼、敷石、延段、前石、手烛石、汤桶石、手洗钵、镜石、流水石、关守石……飞石是庭园中用于步行、隔一步间距埋入土中的平整的石头，即我们常说的“踏石”。石灯笼是茶庭中不可或缺的元素，其形状有三角形、四角形、

图 10-8　青石幢（拙政园）

六角形、八角形和圆形，具有照明和可以添景的双重功能，也寓意正在从尘世的纷繁走向内心的宁静。茶庭使用象征的手法将山川、河流、大地、森林微缩成为精致的道路、树木、小溪、树林，以拙朴的飞石象征崎岖的山间石径，以地上的矮松寓指茂盛的森林，以蹲踞式的洗手钵隐喻清冽的山泉，以沧桑厚重的石灯笼来营造和、寂、清、幽的茶道氛围，有很强的禅宗意境。茶庭整体面积虽小，却处处都是由大自然演变而成的微缩之景，充满智慧的情趣。

显而易见，“石灯笼”与以乐感文化为主的中华宅园的氛围是水火不容的。石灯笼非石幢，也不是用来点缀水景的。

图 10-9　日本茶亭石灯笼

西湖中的三潭印月当初是苏东坡疏浚西湖时测量水位用的，中间有孔可以燃灯，后衍为人们中秋欣赏月色的象征物，和石灯笼也不属于同类。

审美修养的缺失，辨别不了美丑，是问题所在。诚如吴冠中等艺术家指出的，经过多年的教育普及，文盲似乎不存在了，但这个社会有很多美盲，而“美盲比文盲更可怕”！

审美是源于物质生活提升到精神层面的意识活动，是人类追逐心灵的过程。没有恰当的审美，生活剥露出最务实最粗俗的一面，也就是张世英所谈的人生四种境界中的第一种“欲求境界”，即孟子所谓“食色，性也”[①]，境界最为低下，追求实用化的背后，是对传统最大的毁灭。

100 多年前的蔡元培，提出“以美育代宗教”的理念，看来 100 年后的今天，必须重提这一理念了。席勒《美育书简》云：“要使感性的人变成理性的人，除了首先使他成为审美的人，没有其他途径。”审美能力和品味提高了，理性之光就会照亮他们的心智，当他们面对低俗、丑恶现象时，因受到心里高雅情趣的参照，就会有抵抗力和自己独立的判断。

## 第二节　文化觉醒　寻梦家园

面对强势的西方文化，有识之士早就提出，我们一方面要学习吸收优秀的异质文化因子，但绝不能卑躬屈膝，要有中华民族的铮铮铁骨；另一方面要有文化自信、自强、自立的精神，对国家对世界有点责任和担当。

### 一、文化自信　认识自我

哲学家张岱年先生强调：

> 一个民族立足于世界，必须具有民族的自尊心与自信心，才能具有独立的意识。而民族的自尊心与自信心的基础是对于本民族文化的优秀传统有一定的了解。[②]

实际上，攻击苏州园林的人根本没有看懂苏州园林，陈从周先生说：“苏州园林艺术，能看懂就不容易，是经过几代人的琢磨又有很深厚的文化，我们现代的建筑师们是学不会，也造不出了。”

中华宅园蕴含的创建人类宜居环境的智慧、“天人合一”哲学的精髓、绿

---

① 《孟子·告子上》。

② 张岱年:《晚思集：张岱年自选集》，新世界出版社2002年版，第147页。

色发展理念和生态化的生活方式等，都将成为当代可持续发展的理念，江南园林启示着我们的未来！美学家宗白华先生这样说：

我以为中国将来的文化绝不是把欧美文化搬来了就成功。中国旧文化中实有伟大优美的，万不可消灭……我实在极尊崇西洋的学术艺术，不过不复敢藐视中国的文化罢了。并且主张中国以后的文化发展，还是极力发挥中国民族文化的‘个性’……[①]

旁观者清，当有些人看不起自己民族文化的时候，西方人从比较中恰恰发现了中华居住文化的价值，王澍曾说：

西洋那一套其实有巨大的杀伤力，它对环境的破坏巨大，欧洲人后来自己也开始检讨，认为这事有问题。很多西方人认为中国文化接近自然，包含了融洽的人际关系、可持续的生活方式，像诗画一样美好。[②]

笔者曾就源于多丘陵地的英国大草坪和中华园林营造的“山林”对改善环境生态作用做过比较，两者都很美，都能缓和太阳的热辐射，有效地降低温度，防止市区的水土流失，又是天然的空气过滤器，能吸收二氧化硫、一氧化碳、氟化氢等有害气体；能灭菌除害，降低噪声；绿色的草地、树木，还能保护人们的眼睛等生态功能。但以上功效“草坪”远远不如“林木”。

第一，氧气释放。

据测定，一公顷阔叶林通过光合作用，每天约吸收一吨二氧化碳，释放氧气 700 公斤；一亩树林放出的氧气够 65 人呼吸一辈子。由于树体量大、叶茂，光合作用要比草地强度大，树林中的氧气自然要比草地多。一棵高大乔木吸收二氧化碳、制造氧气的功能则是草坪的 5 倍多。而成本投入上草坪却要贵 10 倍，平时管护费用草坪也贵得多。

第二，粉尘吸收。

树叶上长着许多细小的茸毛和黏液，能吸附烟尘中的碳、硫化物等有害微粒，还有病菌、病毒等有害物质，大量减少和降低空气中的尘埃。一公顷草坪每年可吸收烟尘 30 吨以上，一公顷为 15 标准亩，每标准亩草坪吸收 2 吨烟尘；而一亩树林一年可吸收各种粉尘 20~60 吨，是草坪吸收粉尘的 10~30 倍。

第三，噪声减低。

噪声污染是人类的“公敌”，当噪声超过 90 分贝，就会对人体健康造成

① 宗白华:《自德见寄书》《宗白华全集》第一卷合肥：安徽教育出版社1996 年版，第 321 页。

②《人民画报》2014 年 2 月 26 日《对话王澍：传统无法回去，但能复活》。

威胁，诸如：听力减弱、耳聋、变傻，心脏、血压、神经等出现异常。成片的林木可降低噪声 5~40 分贝，比离声源同距离的空旷地自然衰减量要多降低 5~25 分贝；汽车高音喇叭在穿过 40 米宽的林带可减弱噪声 10~15 分贝，比空旷地自然衰减量要多消减 4 分贝以上；在城市街道上种树，也可消减噪声 7~10 分贝。

毛建西《行道树声屏障绿地环境绩效比较》中指出：我国和日本学者进行现场测量，树林隔声效果明显高于草地；同样 30 平方米草地倍频程计减噪量为 4.38 分贝，树林倍频程计减噪量为 6.57 分贝。

第四，自动调温。

一棵高大乔木其叶面积是树冠投影地面的 14 倍或更多倍。夏日树荫下气温比空地上低 10℃左右，冬季又高 2~3℃。

草坪植株矮，投射到太阳辐射几乎接近地面，对地面降温的作用不是很大。相反，草坪强烈的蒸腾作用，热气使人在夏季难以接近。而由于草坪太耗水，又缺乏生物多样性，欧洲国家几乎不再种它了！[①]

## 二、文化饥渴　精神回归

法国人丹纳在《艺术哲学》中称：文化是“自然界的结构留在民族精神上的印记”，诚如王学典所说，中国历史是一辆有轨电车，有着自己的轨道。苏州始终是“中国历史上唯一的前现代化城市”[②]，但对传统文化的坚守十分顽强。早在清末，人们就对外来的时髦的洋式建筑有所抵制，光绪二十三年（1897）3 月 27 日《申报》报道：

> 苏垣近年以来，每有牟利之徒，将门面房屋仿效洋式，丹青照耀，金碧辉煌，墙壁用花砖……现经上宪查得此等装饰有干例禁，遂饬三县各按地段派差押拆。

中华民族创造的诗意栖居的宅园，始终是涌动在心中的“天堂”。具有优秀构园传统的苏州、扬州，改革开放后，海外华人、“先富起来的”艺术家、有园林癖的“老苏州”“老扬州”人，以及民营企业家等，在苏州、扬州等地再次掀起修筑新宅园的热潮，新版宅园在传统的基础上重新绽放，可谓“老树发新芽”。

当代宅园大至百亩、小至几十平方米，依然粉墙黛瓦、飞檐戗角、亭台楼阁、假山景石、飞瀑池塘，甚至书条石、摩崖刻石，一如传统的江南文人园，但运用了钢筋水泥等新型的建筑材料，住宅内部装修大多为现代风格。

① 曹林娣:《江南园林史论》，上海古籍出版社 2017 年版，第 487~488 页。

② 出自美国学者迈克尔·马默《人间天堂——苏州的崛起》一文，转引自林达·约翰逊主编《帝国晚期的江南城市》成一农译，上海人民出版社 2005 年版，第 25 页。

位于太湖山庄内的“悦湖园”，处渔洋之麓，东襟香山，西衔太湖，占地3亩，是去国50载的旅美华人郑德明先生叶落归根之所，全权委托吴中区苏式园林传承人高级建筑师沈炳春规划设计，时刚退休的沈工则将其作为个人“作品”来打造，费时8年。

郑德明先生自著《悦湖园雅集记》，言其筑园始末及园居之乐曰：

甲戌初秋游姑苏太湖，一览湖光山色，心诚悦焉，偶兴筑园之念。是年，觅得渔洋山麓胥湖之滨良地数亩。遂邀造园专家沈炳春先生精心设计规划著园。连年兴建，完成一苏州传统庭园曰“悦湖园”。楼堂斋阁、亭台轩榭，错落有致。廊桥飞虹、曲桥衔矶、拱桥连洲、弯桥踏波。潭泉溪涧岩石相侵贯联自然。仰望崖岭六角小亭，玲珑成趣。俯视沿岸，池鱼嬉戏，怡然自得。缓步坡下，拳石相依、中空筑洞、别有洞天。其间有石桌石凳、上有棋线，可作长久手谈。吾人居此不觉浑然忘尘。于是辟书斋、画室、琴堂、棋舍，邀良朋好友、骚人墨客、丹青雅士，畅游共聚，合称“悦湖园雅集”，以伴渔洋岁月……

李白谓：人生逆旅，光阴过客，唯达者知之。上天厚我，有幸得居吴中。所观山川毓秀风零千秋。所遇渔洋樵耕读良朋忘年。所语掌故人物无非沧海桑麻。余与内子余生寓此，不亦乐乎！

园主悦湖山，在此听风、听雨、听香、听鸟鸣，纯任自然，满载真趣；园主更曰人间真情，乃亲情、友情、爱情。大厅取祖屋堂名“明德”，小石拱桥镌以老父“华宝”之名，廊亭“慈晖”，念母爱；另用姑妈“琴恩”名亭，用妻子“群趣”名宽廊。东园有扇亭“信望爱”，主人自撰联：“圣灵依旧何须问，人子犹怜你我知。”郑子伉俪笃信基督，心心相印，亭又名“不问亭”。园中皆以友人文墨书壁。

享有“当代文人造园师”的苏州国画院副院长、国家一级美术师蔡廷辉，自幼从擅长金石篆刻的父亲那里学得一手金石篆刻绝活。酷爱园林近乎痴迷，倾其所有，几十年来，构筑了翠园、醉石山庄、醉石居3座风格各不相同的园林，但都是纯粹意义上的摩崖石刻和碑刻花园，从选址、设计到园中景物打理，无一不是亲力亲为，辛苦备尝，将刻刀下的艺术融入园林，美美地过了一把园林瘾。

翠园，仅有200平方米的精致小园，长廊回绕、假山嶙峋，陈列着园主自己历年篆刻的山水画和书法碑刻，其中有吴门画派大师文徵明、唐寅、沈周和仇英的精粹山水画作和书法碑刻，有《竹林七贤图》《兰亭雅集图》《达摩渡江图》等碑刻，飘溢着翰墨书香，园主有个宏愿，要将小园建成“吴门画派”的展览馆！为苏州古典园林填补空白。

位于苏州太湖东山的“醉石山庄”，占地10亩，原是块长年荒置的背山临水的坡地，那些嶙峋的山石和陡峭的石壁，正是蔡创作摩崖石刻的天然材料，他亲手操刀，将历史上文人咏东山、太湖等吴中风情的诗歌，精选出200首，镌刻在摩崖上。

位于苏州古胥门城墙的醉石居，是一座将住宅寓于园中的立体式园林，一层是水面，二层是黄石堆出的洞穴，三层是亭台楼阁和花草树木。采用智能化的操作，一按按钮，假山上的瀑布便自动淌水、花草树木便被自动浇水。古典园林的意境，现代生活的享受，古雅的传统与现代元素得到完美融合（图10-10）。

香山木工徐建国在太湖西山堂宅第之西隅建山地园“纳霞小筑”（图10-11）。小园随地形高下曲折，环池组景，水榭坐北朝南，东西南三面外廊临水，榭中部为扁作梁架小斋，面南葵式长窗落地，裙板雕花，东西墙留什景花窗，外廊上架一炷香鹤颈轩，临水美人靠精致秀雅，水榭西侧曲廊与宅第前院由月洞相连，月洞上架垂花半亭，轻盈灵秀，右侧古井，泉水甘洌。

沿卵石小径向东，花岗石平梁跨涧登东南土山，山巅架六角亭，悬额“乐馀”，亭柱挂联曰“无烦无恼无挂碍；有风有月有清凉。”亭下山岗与园之东北土岗以拱桥相连，桥西沿围墙突起咫尺山林，山泉潺潺下泄，穿桥汇池。东北角岗巅奇峰峙立，峰周植红枫、含笑、丹桂。

图10-10 醉石居瀑布

图 10-11　纳霞小筑山水园

“园林都是宅”的扬州，寻常百姓也多园林梦。据 2012 年 1 月 6 日扬子晚报报道，扬州出现了 40 多座微型园林，一般园子面积在 100 平方米左右，小至 40 平方米，假山、水池、亭台楼阁及植物，构园四大元素兼备，它们都“养在深闺人未识”，深藏在“老扬州”的“家”里，好像为唐诗人姚合“园林都是宅”作注。这些“袖珍园林”都有不俗的名字，诸如“祥庐”“木香园”“听雨书屋”“梦溪小筑”“逸苑”“箕山草堂”等，成为扬州的特有的文化传承现象。

地处扬州老城区东关街 167 号的“祥庐”，是建于清代康熙年间祖传老屋，300 多年历史，总面积 120 多个平方米，却有一座 40 平方米的祖传的“园林”，园主杜祥开惨淡经营 20 年、花费几十万建成。

穿过藤萝交织的小廊，眼前的景象一扫古城逼仄小巷的局促：亭台桥榭，太湖石假山盆景，楹联石刻，池塘锦鲤，扬州园林的元素尽收眼底。

正如院墙上镶嵌的老杜自撰的诗句：“小巷深处门扉开，祥云缭绕亭楼台。湖石花木成雅境，喷泉尽涤俗尘埃。”真实地描写了庭院景色。

广逾百亩的吴江静思园、常州的“叶园”，都出自民营企业家之手，共同的特点是“集美”，而这些“美”的园林“元素”，都来自园主多年精心收集的江南古建构件。

图 10-12　陆润庠家的砖雕门楼

静思园中有移自苏州末代状元陆润庠家的砖雕门楼、移自太湖洞庭西山“天香书屋”四面厅，楠木梁架、木质柱础、青石台基和阶石；移自上海弘雅堂，梁架为红木结构，飘逸的斗栱支撑歇山式屋顶，宏敞气派，稳健凝重（图 10-12）。

叶园也收集了大量优秀的木雕构件、奇石。

## 三、文化觉悟　殚精竭虑

公元 2000 年左右，当很多开发商还沉浸在欧风美雨之时，具有中华宅园情怀的开发商，已经萌发了打造“继承园林一脉，凝聚古典园林艺术和现代居住理念的精髓”文化觉悟，随即在姑苏城外出现了江枫园中式别墅群。

江枫园以古运河为界，与寒山寺隔水相望，“萧寺可以卜邻，梵音到耳”[①]。可聆听寒山寺的钟鸣、运河的桨声。

一座座主题园，占地 1 ~ 5 亩不等，业主还可以联合几家亲戚共享园林，

① （明）计成:《园冶 · 园说》，第 51 页。

引园外活水通过净化流入每家园内小池中，有的业主将客厅跨于水面，坐在沙发上就能见到游鱼穿梭。逶迤的云墙，图案各异的花窗，假山峰石，飞虹曲桥，流水潺潺，游鱼穿梭，花木掩映，春有琼影廊，夏有净香榭，秋有听枫轩，冬有岁寒亭。品味着古典的神韵、享受着现代的生活。

宅园外，“家家门前绕水流，户户屋后垂杨柳”。还有小区居民共享的公共空间，有“淇泉春晓”“莲池鸥盟”“霜天钟籁”“寒山积雪”象征春夏秋冬的四个景区；众多的艺术门类和载体形式参与其间，文学情趣、哲理意蕴……构成了饶有文化内涵的园林景境系列。

具有千年文化积淀的苏州虎丘山风景区东北角，2005年前出现了18座低密度园林住宅，总称上林苑，与虎丘自然风景区紧邻，相互因借、相映生辉。

上林苑以传承江南园林的精髓技艺及历史文化为宗旨。文化定位是苏州传统园林风格、宅园合一的中式住宅，每座占地面积不同、布局不同、园名不同，各自独立、富于个性。建筑材料以土木为主，请苏州香山帮工匠以传统工艺施工。18幢苏式园林别墅采用的每一块方砖、瓦片、花边、滴水等古建砖瓦材料均在苏州御窑进行定制加工，且全部采用纯手工制作，在花边滴水瓦的背面，均刻有“常成置业御窑定制乙酉年”字样。

每座宅园景点不同，建筑主题也不同，如华林园内辟一海棠院，海棠门洞进去，海棠亭傲然挺立，仿制了环秀山庄的海棠亭，原亭出自清代香山帮巧匠徐正明之手，建筑结构形式为存世古亭的孤例（图10-13）。民国《吴县志》载：亭式如海棠，柱、枋、装修等皆以海棠为基本构图。东西两门都能自行开合，有人入亭，距门一步余，门即豁然洞开，入门即悠然而合，不须人力，出门也自行开闭。后因机件损坏，竟无人能修。

华林园将绝版海棠亭的形制进行了复制：亭子状如海棠，宝顶雕成一朵硕大的海棠蓓蕾，周围饰有海棠花瓣，层层叠叠，顶部作海棠满轩，人入其中，犹如置身于永不凋谢的海棠花丛之中。十字海棠和万字海棠铺地，种植数株海棠花等共同营造满园春色（图10-14）。

园内的每一个单体建筑，或廊，或亭，或轩，或叠石，或点石，或树，或水池等，都充分考虑了环境协调、适宜人居、历史文化等方面的需求。注重现代生活功能需要的多样性，实用性和舒适性。整个别墅小区是一座完美的当代苏州园林群。

为了延续苏州园林文脉，上林苑董事长将18座苏式宅园视为“女儿”，严格选择有文化情怀的“婿”，绝不轻易“嫁女”。

图 10-13　海棠亭（环秀山庄）

图 10-14　海棠亭（上林苑华林园）

# 第三节 文化自强 责任担当

我们在破除西方中心主义模式、重建民族文化的自信的时候，更要着力于文化自立和文化的自强，要融合古今中外智慧，在新时代创造出新的辉煌，为中华民族伟大复兴做出实实在在的贡献。

## 一、筑梦桃源 自觉担当

绿城，作为具有公益性质的当代企业，经过多年磨砺，清楚地认识到，“文化”是人类创造活动的结晶，永远处于发展、变化的过程中，新园林必须在继承传统的基础上去创新，否则将成为断藤之瓜。2004 年，绿城就确立了以重建中华传统居住文化为己任，自觉肩负起文化责任和文化担当。

梁思成先生说：“中国传统建筑，臻于完美醇和于宋代。”代表古代建筑科学与艺术巅峰的经典范式，是南宋后期平江府重刊的《营造法式》！它提供了人类“生活最高典型”的模式，传递了华夏民族的意识形态、审美取向，蕴含着创建人类宜居环境的智慧。

中式宅园首次亮相的是杭州什锦园：以庭院为核心的空间营造，庭院成为中国人安放心灵的空间，人与天地宇宙同一，父慈子孝，其乐融融。园内临水架桥，环池修廊，水上书房、临水美人靠……皆为苏州香山帮传人精心打造。室内则现代人的生活设施一应俱全……

2012 年，绿城研发了苏州桃花源。设计之初，绿城集团创始人宋卫平说：“不能辜负了这座城市！”确立了文化定位：以桃花源意境为蓝本的“苏式园林别墅群”。要将涌动于人们心中数千年的“天堂”桃花源，物化在中华宅园中，并以中华居住文化的经典、宅园一体的“苏州园林”为蓝本！

苏州桃花源，择址于苏州城东 7.4 平方公里的金鸡湖和 11.52 平方公里的独墅湖双湖供奉、三面环水的半岛之上，南临独墅湖 1600 米水岸，收揽 11.52 平方公里浩瀚独墅湖，拥有 20 万方天然湖景，如翠带诸景轰然上浮，清涟湛人、远岫浮青，凡双湖之大、烟霞之变，皆为我所有矣！浩渺的水面，在光合作用下，负氧离子含量极高，整座桃花源成为一座天然氧吧！“能使人移情。登斯亭者，见山之高，见水之清，植本洗垢，仁可益厚，知可益周”[①]，足可如董仲舒所说“取天地之美以养其身”！

整体规划以“呈现微缩之苏州”为使命，从宋《平江图》中汲取灵感：以南北主轴、东西水巷贯穿，外有双湖的浸润滋养，宅园中有潺潺溪水，叠山植树，生机盎然。

25条街巷贯穿其间，路泾巷弄，均用姑苏古名。苏州街巷坊市之名，层累着历史厚度，有冠以官衔、姓氏名号者，有以寺观名者，有用“衙”“家”者，不一而足。诸如：卧龙街、锦帆泾、临顿弄、至德巷、濂溪坊、举案弄、学士巷、六如巷……

由于桃花源遵循主街与小巷的结合，古香古色的街巷连接着宅与宅、宅与自然，形成了人与人交往的安逸空间。人们穿行其间，犹如进入姑苏历史隧道，随处可触摸到古城历史脉搏（图10-15）。

中华宅园是综合了哲学、文学、建筑、植物、山水等众多的艺术门类的艺术殿堂，桃花源注重诗意空间的营造：四季组团、八园点缀，实现“大园之中有小园，小园之中有私园”的大格局，在咫尺之内再造乾坤。整个桃花源小区：东西用诗文典故，文气氤氲；东南和南方青龙围绕、朱雀翔舞。风水宝地，围护着中园4区，用词牌命名，象征四季如春，岁月如歌。

苏州桃花源的假山幽亭、卍字挂落、美人靠、落地长窗、月洞门、瓦当滴水、鹅卵石花街铺地、黑、青石等花岗岩地面铺设，均为“非物质文化遗

① （朝鲜）栗谷：《栗谷全书》卷十三。

图10-15　桃花源东皋园公共小园

产”传承人、香山帮众多大师意匠经营、躬自规画。稍不当意，虽毁之重劳不惜，不苟如是，苏州桃花源成为香山帮匠师技艺的集萃、中国古建艺术的博览馆。

苏州桃花源，提供了人类“生活最高典型”的模式，一种最富有生态意义的生存哲学，成功摘取了第21届“中华建筑金石奖”和“中式别墅顶尖居住奖”，并跻身于世界豪宅之最。

苏州桃花源所复兴的东方意境，让当代中国地产行业找到文化的归属感，找到精神支柱和心灵的维系！“桃花源”式的中式地产项目在全国各地开花结果。

融创集团亦以“桃花源”为中式项目的文化定位。上海浦江桃花源，择址在上海市黄金轴线的前滩，立意构思以仰陶、慕陶为核心。4个中心园林皆以一泓清池为中心，亭台楼阁依水而建，清池分别象征为：

取象曾点春日所浴之沂水，出自《论语·侍坐章》：孔子让弟子们“各言其志”，子路、冉求和公西华3人都规规于事，曾点却与之气象不侔：

“莫春者，春服既成，冠者五六人，童子六七人，浴乎沂，风乎舞雩，咏而归。”于是，“夫子喟然叹曰：‘吾与点也！’”

二象征周敦颐夏日赏莲的濂溪；三比拟庄子笔下百川灌河之秋水；四喻指王子猷雪夜访戴安道的剡溪。

桃花源公共水巷名“斜川”，象征陶渊明在天气澄和，风物闲美之时所曾游的斜川……徜徉其间，涵咏曾点之性、濂溪之乐、庄生之奇、子猷之任性放达的魏晋风流，如沐春风！

踏着陶渊明诗文的节拍，走进中心庭院：临水“载欣榭”，陶渊明暮春出游，长河已被春水涨满，漱漱口，洗洗脚。“邈邈遐景，载欣载瞩”，眺望远处的风景，心中充满了欢喜。登上池东南角的“岫云亭”，心旷神怡，如舒卷自如、闲逸孤高的云，找到了归宿：“云无心以出岫；鸟倦飞而知还”！还有那花光四照的“四照亭”！南北21条旱巷，则介寿、思齐、九如；景贤、崇德，源自《诗经》和陶诗。一切景语皆情语，踏着诗韵，陶然复陶然！

## 二、探索攀登　刷新高度

时代的车轮滚滚向前。近年来，中国经济活力的勃发，社会生活水平的提高，民族自信心的提高，家庭呈现小型化、快节奏、高品质的生活趋势，带来了中式建筑需求的进一步多元化：

时至2018年年底，绿城倾力打造了68处中式宅园别墅群，点缀在西子湖畔、六朝古都、天府之国、南海之滨。功能有日常居住型，也有度假养生型……通过超越自己，一次次刷新着中式宅园产品的新高度。

图 10-16　义乌桃花源生活馆

传统是我们民族的“根”和“魂”，如果抛弃传统、丢掉根本，就等于割断了自己的精神命脉。合院为宅，是中华民居的精髓，绿城中式始终保持这一纯正风格。

绿城义乌桃花源从材料、屋面、飞椽、轩顶到空间格局，都遵循传统苏州园林的精髓，园林营造，出自非物质文化遗产继承人“香山帮”之手，细节决定成败，绿城在细节打造上向来一丝不苟。花街铺地，犹如在地上绣花；阴井盖图案、滴水瓦当、檐头花边，寓于吉祥美与结构美之中（图 10-16）。

义乌桃花源的选址深得计成等美称的一等地“山林地”的精髓（图 10-17）。义乌桃花源位于义乌南山和金鸡山之间，绵延起伏的南山，雨天云雾缭绕，如同仙境。东西两大组团之间，是两座百米高的小山，树木郁郁葱葱。山谷中，则是一片湖泊，水光潋滟，花木秾华。此外，还拥有面积高达 12 万平方米的公共园林、一个体育场级别的运动步道。两个组团间的中式宅院，仿佛被“太师椅”造型的湖光山色所拥。设计师将现代生活需求巧妙地融入文徵明的《江南春图》中。湖光山色共一楼，真是得天独厚、美轮美奂的风水宝地！

因地制宜，与地域文脉无缝对接；留住乡愁，是绿城恪守的中华宅园营构的重要法则。

绿城义乌桃花源将公共空间命名为“汝霖广场”，纪念北宋名将义乌人宗泽，含有二义：一，汝霖是宗泽的字；二，“汝霖”两字本义，汝为你。霖，凡雨自三日以往为霖，久下不停的雨亦引申义为恩泽，意思是接受宗泽道德雨露恩泽。宗泽，刚直豪爽、沉毅知兵，进士出身，历任县、州文官，颇有政绩。宗泽在任东京留守期间，曾 20 多次上书高宗赵构，力主

图 10-17　义乌桃花源中心花园

还都东京，并制定了收复中原的方略，均未被采纳。他因壮志难酬，忧愤成疾，7 月，临终三呼“过河”而卒，事迹可歌可泣，宗泽精神为义乌精神文化资源。

汝霖广场内的观文礼堂，也为彰显宗泽精神而名，观文为宋代观文殿学士的简称，宗泽死后朝廷追赠他为观文殿学士。

广场周围景点，有出于陶渊明诗文的，如：出岫谷、日涉成趣、寄啸台、寄傲台、遐观台、窈窕寻壑等；有出于唐诗的，如掬月台，出唐于良史的“掬水月在手，弄花香满衣”；剪烛话雨，出晚唐李商隐的《夜雨寄北》“何当共剪西窗烛，却话巴山夜雨时。”另有快哉此风台、醉石瑶碧、蓊郁泻雪、卓然贞秀、梦蝶鸣蝉、沐芳流憩等。即使厕所管理用房，也以“雪隐司”名之，用的也是具有浙江地方色彩的典故：雪隐，盖雪，为净之意；隐，为隐处。雪隐，即有净洁隐处之意。司，掌握、处理、承担，通“伺”。典出宋代名僧雪窦的故事。雪窦尝隐居灵隐寺，担任净头（净洁厕所之职称）之职 3 年而大悟，雪窦明觉的“雪”、灵隐寺的“隐”，合而为一词，此语原仅为该寺所用，以后始通用至今。

在古城区构建新宅园，则旨在让城市保持自然的年轮。绿城杭州江南里，位于京杭大运河拱宸桥畔繁华区域，还原了古代杭城里弄自然形成的团簇状形制，曲径通幽、回环往复，呈现着古代江南里弄自然形态。风起潮鸣和谐地融于杭州带着时代印记的老建筑中。元福里，地处杭州市中心历史风貌保护区内，绿城用里弄街坊型的中式民居，妥妥地融进了南宋民居文化的肌理之中，留住了杭城人独特的记忆！

5000 年涿鹿古城徐州，绿城的“中式合院”“紫薇公馆”北依空蒙云龙山，西接潋滟云龙湖，小南湖翩翩入画，比迹西湖，抗拟震泽，白石磷磷，水泉吞吐，桃霞烟柳，“开窗迎白鸟，俯槛对清流”“俯水鸣琴游鱼出听，临流枕石化蝶忘机”，惬意地开启了心灵与自然对话的窗户，不出户庭，湖山之伟观具焉！湖光山色共一楼！此地铁甲重瞳、乌骓汗血和闲放山人、杏花春雨兼有；紫薇公馆亦既有高墙大院的气场，又有小桥流水的精雅！

天津桃李春风，为适应寒冷的气候，注重了保温设计，如墙面将粉墙改为温馨的暖色调，加大青砖在建筑立面中的比重。庭院中减少了水系的运用，加大了铺装的比重（图 10-18）。如此，则南韵北风，恰似用大江东去的健笔书写出晓风残月的柔情！

南海之滨的海南蓝湾小镇的别墅，是一座座小户型的江南小庭院、私密性很强的小空间，主人可以惬意地享受生活，闲看庭前花草。江南式院落与碧海蓝天相呼应，构建出“中国热带特色”的宋风雅宅。

……

宅园，既要满足柴米油盐酱醋茶，又离不开“琴棋书画诗酒花”。江南里的四季主题园林，一年无日不花。西锦园将“礼的容器”住宅作了新时代的诠释：住宅采用江南传统礼序，内外有别、长幼有节、各安其所。园内，主要建筑面水而筑，建筑、山水比例适度，运用了园林各类借景手法，可以不下厅堂，尽享山水之乐。居于此，业主可获得生理和心理双重享

图 10-18　天津桃李春风

受。还专辟敬老娱老空间“知乐濠园”，内有爱晚亭、椿萱阁等。宅园内分若干小园，人们既可享受四季美景，又有琴棋书画诗酒茶的精神活动空间。

## 三、吐故纳新　风景常新

苟日新，日日新，又日新，是中华文化永葆青春的生命密码！世界是无穷尽的，生命是无穷尽的，艺术的境界也是无穷尽的。“适我无非新”，是艺术家对世界的感受。继承传统，不是蹈袭，去克隆复制传统经典，没有文化创意，必然造成传统艺术的枯萎，产生大批文化赝品。

关于此，著名美学家、文艺理论家、教育家、翻译家，我国现代美学的开拓者和奠基者之一的朱光潜先生在《谈美》中讲得很生动，他说：

文章忌俗滥，生活也忌俗滥。俗滥就是自己没有本色而蹈袭别人的成规旧矩。西施患心病，常捧心颦眉，这是自然地流露，所以愈增其美。东施没有心病，强学捧心颦眉的姿态，只能引人嫌恶。在西施是创作，在东施便是滥调。滥调起于生命的干枯，也就是虚伪的表现。“虚伪的表现”就是“丑”，克罗齐已经说过。“风行水上，自然成纹”，文章的妙处如此，生活的妙处也是如此。

尊重传统，绝不故步自封，光景常新，是一切伟大作品的烙印。艺术创作须有独创性，既不囿于古人，亦不盲从流俗。

清初，“生平耻拾唾余”的李渔，在晚明清初思想启蒙运动的影响下，哲学观点和文学思想上继承了反传统的思想，他在一切领域从不随流俗转而自成一家的独特风貌，反对模仿、力主创新，对蹈袭旧制的时弊进行了尖锐的抨击：

乃至兴造一事，则必肖人之堂以为堂，窥人之户以立户，稍有不合，不以为得，反以为耻。常见通侯贵戚，掷盈千累万之资以治园圃，必先谕大匠曰：亭则法某人之制，榭则遵谁氏之规，勿使稍异。而操运斤之权者，至大厦告成，必骄语居功，谓其立户开窗，安廊置阁，事事皆仿名园，纤毫不谬。

噫，陋矣！以构造园亭之胜事，上之不能自出手眼，如标新创异之文人；下之至不能换尾移头，学套腐为新之庸笔，尚嚣嚣以鸣得意，何其自处之卑哉！

李渔的芥子园，在一座占地不足3亩的地方，李渔亲手把它建成风流百年的一代名园。

在芥子园内设“浮白轩”“栖云谷”“月榭”“歌台”。在园林设计上借景、隔窗、匾联等应有尽有。李渔之言也应该引起热衷于克隆经典的某些设计者的警惕！

当今，我们追求探本穷源，融合古今中外智慧，寓创新与传统之中，让传统文化“活”在当下，使生活更加五彩斑斓、旖旎多姿。

创新必须在传统基础上的创新，拒绝历史的虚无主义，拒绝物欲横流，方能谱写最新的中华画卷。

如采用新型的建筑材料，诸如铝合金门窗、防水涂料、乳胶漆、钢筋混凝土、塑钢玻璃窗等，仿古建筑的承重材料既可沿袭木质结构，也可采用钢筋混凝土与木材混合结构（钢筋混凝土柱、檩、梁、木质斗栱等），还可建成钢筋混凝土结构，不仅不失古代建筑造型优美、气势恢宏的特色，而且更能增强建筑物的耐腐蚀、抗老化和抗灾能力，提高建筑物的使用寿命。维护墙体也从土坯、木板墙、砖墙到混凝土砌块墙等。当然，内部必备的水电、煤气、卫生设备等现代化设施一应俱全。熔传统性和现代化于一炉，既是对传统的超越，又是对传统的回归，反映了崭新的时代特征。这是融合古今中外智慧激发出来的一种新的智慧，最后还是回归中华居住文化的原点，体现了园林文化精神的“生生不息”、继往开来。这是时代经济文化繁荣的标志，也满足了人们对风雅生活的选择，昭示了一种新的文化导向，反映了高水准的城市整体审美水平和文明程度！更显示出一种未来学的张力和前景。

杭州绿城云栖桃花源是典型的山地园，选址在紫云山下。山下有云栖湖，逐层而上，体现五行方位的文化设计和诗文构园诸方面都恪守传统。但建筑上运用了全新材料，如用金属构件替代了木质材料，如用金属构件制作了六角亭（图 10-19）、卍字栏杆等，既能抗击风雨侵袭，又保留了古建优美的外观。

融创在杭州萧山作品中，运用了钢拉锁，吊挂铝合金木纹转印仿木杆件，模仿传统建筑中的百叶垂帘，形成半透明暖色调的帘幕，精巧的构造也体现了产品的精致度与品质感。

绿城杭州西子四季酒店的大屋顶摒弃了传统的用黏土做的小青瓦，采用皇家琉璃瓦制作工艺，代之黑陶土制瓦，克服了小青瓦日久渗漏的缺陷。

色彩，保留了传统江南宅园的粉墙黛瓦，采用中式建筑风格和元素，又进行了简化和改进，从中提炼出丰富的装饰元素，取消繁复的雕梁画栋，符合现代审美趣味。

绿城桃源小镇，外立面采用纯正中式建筑风格，白墙、黑瓦、红木，在一派精致清雅的江南古风中透出低调和矜持，并将东方古典意境与西方生活功能融合，以素净的色彩和优雅的曲线营造着新东方建筑美学。外表传统典雅，内心则激荡现代生活趣味。

针对城市土地稀缺、容积率变高，叠墅应运而生。绿城桃李春风最小的中式叠院才 83 平方米，中式小合院，上下可以叠起来，并装上了电梯。

图 10-19　六角亭（云栖桃花源）

宋卫平首创“中式叠院”产品，上、下叠部分叠合，使得上叠首层也带有庭院，结构精妙。蓝城春风江南叠院，地面 3 层、地下 1 层，俯瞰呈梯田般层层退台状。下叠的上方部分叠合，又造出上叠。上叠也是两层结构，首层为地上二层，在下叠建筑的基础上往北大幅缩进，由此形成了南向庭院，实际上这是一处空中花园。为了老人小孩及手提重物时更方便，上叠贴心配备了电梯。楼梯古雅，顶上有檐，名唤“爬山廊”，它延续了以往合院中从街巷到入户门的空间体验。沿廊上行，正对电梯，左右各为上叠的私有入户前厅。

将现代科学技术用到中式宅园之中，这是很有发展前景的有益尝试，如绿城杭州凤起潮鸣，采用现代声学科技对建筑、机电、管道音源层层降噪……

总之，“路漫漫其修远兮，吾将上下而求索”！

# 小结

当前，中华宅园风生水起，象征着中华居住文化的春天已经来临！

法国画家德拉克洛瓦说得好：

> 自然只是一部字典而不是一部书。人人尽管都有一部字典在手边，可是用这部字典中的字来做出诗文，则全凭各人的情趣和才学。做得好诗文的人都不能说是模仿字典。说自然本来就美（‘美’字用‘艺术美’的意义）者犹如说字典中原来就有《陶渊明集》和《红楼梦》一类作品在内。这显然是很荒谬的。[1]

境界由心造，心高天地宽。我们必须开拓生活境界，构建审美人格，优化审美情趣，实践审美理想。

在对传统居住文化的继承和创新中，坚持文化承传与技术承传并重、时尚与传统融合，风雅与吉祥兼容，有法而无成式。

① 朱光潜：《谈美书简二种》，上海文艺出版社1999年版，第148页。

# 附录：插图目录

# 参考文献


[1] （宋）朱熹．诗集传 [M]．北京：中华书局，文学古籍刊行社影印宋刊本 .

[2] 杨伯峻．论语译注 [M]．北京：中华书局，1963.

[3] 杨伯峻．春秋左传注 [M]．北京：中华书局，1981.

[4] （汉）司马迁．史记 [M]．北京：中华书局，1975.

[5] （汉）班固著，王先谦补注．汉书补注 [M]．北京：中华书局，1983.

[6] （刘宋）范晔著，（清）王先谦撰．后汉书集解 [M]．北京：中华书局，1984.

[7] （汉）赵晔．吴越春秋 [M]．南京：江苏古籍出版社，1986.

[8] （梁）萧统．文选 [M]．北京：中华书局，1977.

[9] （刘宋）陶渊明著，逯钦立校注．陶渊明集 [M]．北京：中华书局，1979.

[10] （南朝）刘勰．文心雕龙 [M]．北京：人民文学出版社，1958.

[11] （南朝）刘义庆编，余嘉锡笺证．世说新语笺证 [M]．北京：中华书局，1983.

[12] （唐）房玄龄，褚遂良．晋书 [M]．北京：中华书局，1974.

[13] （南朝）梁沈约．宋书 [M]．中华书局，1974.

[14] （唐）陆广微著，曹林娣注释．吴地记 [M]．南京：江苏古籍出版社，1986.

[15] （唐）李亢．独异志 [M].《稗海》本 .

[16] （唐）白居易著，朱金城笺校．白居易集笺校 [M]．上海：上海古籍出版社，1988.

[17] （唐）寒山子．寒山诗全集．海口：海南出版社，1992.

[18] 王子安 . 王子安集 [M]．四库全书本 .

[19] 彭定求．全唐诗 [M]．北京：中华书局，1999.

[20] （唐）欧阳询撰，汪绍楹校．艺文类聚 [M]．上海：上海古籍出版社，1965.

[21] （元）脱脱．宋史 [M]．北京：中华书局，1977.

[22] （宋）龚明之．中吴纪闻 [M]．上海：上海古籍出版社，1986.

[23] （宋）洪迈．容斋随笔 [M]．上海：上海古籍出版社，1996.

[24] （宋）范成大．吴郡志 [M]．南京：江苏古籍出版社，1986.

[25] （宋）朱长文．吴郡图经续记 [M]．南京：江苏古籍出版社，1986.
[26] （宋）周密．癸辛杂识 [M]．北京：中华书局，1988.
[27] （宋）朱长文．乐圃馀稿 [M]．文渊阁四库全书本 .
[28] （宋）周密．武林旧事 [M]．杭州：西湖书社出版社，1981.
[29] （宋）李焘．续资治通鉴长编 [M]．北京：中华书局，1979.
[30] （元）陆友仁．吴中旧事 [M]．清代木刻本 .
[31] （明）张岱．西湖梦寻 [M]．北京：中华书局，2011.
[32] （明）归有光．震川先生集 [M]．上海：上海古籍出版社，1981.
[33] （明）陆容．菽园杂记 [M]．北京：中华书局，1985.
[34] （明）吴宽．匏翁家藏集 [M]．四部丛刊民国影印本 .
[35] （明）王锜．寓圃杂记 [M]．北京：中华书局，1984.
[36] （明）陶宗仪．辍耕录 [M]．北京：中华书局据影刻断句后重印，1958.
[37] （明）高启著，（清）金檀辑注．高青丘集 [M]．上海：上海古籍出版社，1985.
[38] （明）田汝成．西湖游览志，西湖游览志余 [M]．上海：上海古籍出版社，1985.
[39] （明）牛若麟，王焕如纂修．吴县志 [M]．崇祯十五年刻本 .
[40] （明）文徵明．甫田集 [M]．上海：千顷堂书庄，清宣统三年（1911）.
[41] （明）唐寅．唐伯虎全集 [M]．北京：中国美术学院出版社，2002.
[42] （明）黄省曾．吴风录 [M].
[43] （明）归有光．震川先生文集 [M]．上海：上海古籍出版社，2007.
[44] （明）杜琼．杜东原诗集 [M]．康熙十六年王乃昭手录本 .
[45] （明）祝允明．怀星堂集 [M]．钦定四库全书 .
[46] （明）徐树丕．识小录 [M].
[47] （明）沈德符．万历野获编 [M]．北京：中华书局，1979.
[48] （明）陈继儒．岩栖幽事 [M]．济南：齐鲁书社，1997.
[49] （明）陈继儒．小窗幽记 [M]．广州：暨南大学出版社，2003.
[50] （明）林有麟．素园石谱 [M]．浙江人民美术出版社，2013.
[51] （明）陈所蕴．竹素堂集 [M]．明万历十九年（1591）.
[52] （明）计成著，陈植校注．园冶注释 [M]．北京：中国建筑工业出版社，1988.
[53] （明）文震亨著，陈植校注．长物志校注 [M]．南京：江苏科技出版社，1984.
[54] （明）张岱．陶庵梦忆，西湖梦寻 [M]．北京：华夏出版社，2006.
[55] 袁宏道著，钱伯诚笺校．袁宏道集笺校 [M]．上海：上海古籍出版社，1981.
[56] （明）谢肇淛．五杂俎 [M]．上海：上海书店出版社，2001.

[57] （明）杨循吉. 吴中小志丛刊 [M]. 扬州：广陵书社，2004.
[58] （清）张廷玉. 明史 [M]. 北京：中华书局，1974.
[59] （清）谷应泰. 明史纪事本末 [M]. 北京：中华书局，1977.
[60] （清）钱谦益. 列朝诗集小传 [M]. 上海：上海古籍出版社，1957.
[61] （清）顾炎武. 日知录 [M]. 上海：上海古籍出版社，影印本 .
[62] （清）黄宗羲. 明夷待访录 [M]. 北京：中华书局，2011.
[63] （清）沈德潜. 归愚文钞余集 [M]. 清乾隆三十一年（1766）教忠堂刻本 .
[64] （清）沈德潜. 古诗源 [M]. 北京：中华书局，2006.
[65] （清）王士禛. 带经堂诗话 [M]. 北京：人民文学出版社，1963.
[66] （清）王士禛. 池北偶谈 [M]. 四库全书・子部・杂家类 .
[67] （清）王士禛. 居易录 [M]. 四库全书・子部・杂家类 .
[68] （清）张大纯. 姑苏采风类记 [M]. 红格旧抄本苏州图书馆藏 .
[69] （清）钱泳. 履园丛话 [M]. 清道光十八年述德堂刻本 .
[70] （清）顾禄著，王湜华标点. 桐桥倚棹录 [M]. 上海：上海古籍出版社，1980.
[71] （清）顾祖禹. 读史方舆纪要 [M]. 北京：中华书局，2005.
[72] （清）毛祥麟. 墨余录 [M]. 上海：上海古籍出版社，1985.
[73] （清）俞陛云. 诗境浅说・续编 [M]. 上海：上海书店，1984.
[74] （清）袁枚. 小仓山房尺牍 [M]. 上海：上海世界书局，1936.
[75] （清）阮元. 淮海英灵集 [M]. 1935.
[76] （清）李渔. 闲情偶寄 [M]. 北京：作家出版社，1996.
[77] （清）沈复. 浮生六记 [M]. 北京：作家出版社，1996.
[78] （清）钱泳. 履园丛话 [M]. 北京：中国书店，1991.
[79] （清）陈淏子. 花镜 [M]. 北京：农业出版社，1985.
[80] （清）李斗. 扬州画舫录 [M]. 北京：中华书局，2001.
[81] （清）王昶. 春融堂集 [M]. 上海：上海古籍出版社，1995.
[82] （清）顾震涛. 吴门表隐 [M]. 南京：江苏古籍出版社，1986.
[83] （清）李根源. 吴县志 [M]. 1933.
[84] 梁思成. 中国建筑史 [M]. 天津：百花文艺出版社，1998.
[85] 童寯. 江南园林志 [M]. 北京：中国建筑工业出版社，1984.
[86] 刘敦桢. 中国古代建筑史 [M]. 北京：中国建筑工业出版社，1980.
[87] 刘敦桢. 苏州古典园林 [M]. 北京：中国建筑工业出版社，2006.
[88] 陈从周. 中国园林 [M]. 广州：广东旅游出版社，1996.

[89] 周维权. 中国古典园林史 [M]. 北京：清华大学出版社，1999.
[90] 孟兆祯. 避暑山庄园林艺术 [M]. 北京：北京紫禁城出版社，1985.
[91] 吴良镛. 建筑・城市・人居环境 [M]. 石家庄：河北教育出版社，2003.
[92] 张家骥. 中国造园艺术史 [M]. 太原：山西人民出版社，2004.
[93] 范文澜，蔡美彪. 中国通史 [M]. 北京：人民出版社，1994.
[94] 许顺湛. 黄河文明的曙光 [M]. 郑州：中州古籍出版社，1993.
[95] 朱狄. 艺术的起源 [M]. 北京：中国社会科学出版社，1982.
[96] 蒋赞初. 南京史话 [M]. 南京：江苏人民出版社，1980.
[97] 钱钟书. 管锥编 [M]. 北京：中华书局，1979.
[98] 费秉勋. 中国舞蹈奇观 [M]. 西安：华岳文艺出版社，1988.
[99] 江苏省吴文化研究会. 吴文化研究论文集 [M]. 广州：中山大学出版社，1988.
[100] 张正明. 楚史论丛 [M]. 武汉：湖北人民出版社，1984.
[101] 魏嘉瓒. 苏州古典园林史 [M]. 上海：三联出版社，2005.
[102] 吴功正. 六朝园林 [M]. 南京：南京出版社，1992.
[103] 曹林娣. 中国园林艺术概论 [M]. 北京：中国建筑工业出版社，2009.
[104] 曹林娣. 中国园林文化 [M]. 北京：中国建筑工业出版社，2005.
[105] 曹林娣. 东方园林审美论：北京：中国建筑工业出版社，2012.
[106] 曹林娣. 园庭信步 [M]. 北京：中国建筑工业出版社，2011.
[107] 曹林娣. 江南园林史论 [M]. 上海：上海古籍出版社，2016.
[108] 侯迺慧. 唐宋时期的公园文化 [M]. 台北：东大图书公司 1991.
[109] 杨海明. 唐宋词与人生 [M]. 石家庄：河北人民出版社，2002.
[110] 黄仁宇. 中国大历史 [M]. 北京：三联书店，2002.
[111] 余英时. 士与中国文化 [M]. 上海：上海人民出版社，2003.
[112] 闻一多著，方建勋编. 回望故园 [M]. 北京：北京大学出版社，2010.
[113] 郭沫若. 中国史稿 [M]. 北京：人民出版社，1976.
[114] 宗白华. 美学散步 [M]. 上海：上海人民出版社，1997.
[115] 李泽厚，刘纲纪. 中国美学史 [M]. 北京：中国社会科学出版社，1987.
[116] 李泽厚. 美的历程 [M]. 北京：文物出版社，1982.
[117] 袁行霈. 中国文学史 [M]. 北京：高等教育出版社，1999.
[118] 汤用彤. 汉魏两晋南北朝佛学史 [M]. 北京：中华书局，1983.
[119] 陈寅恪. 魏晋南北朝史讲演录 [M]. 合肥：黄山书社，1987.
[120] 陈寅恪. 金明馆丛稿 [M]. 上海：上海古籍出版社，1980.

[121] 钱穆. 国史大纲 [M]. 北京：商务印书馆，2015.

[122] 钱穆. 中国文学论丛 [M]. 北京：生活·读书·新知三联书店，2002.

[123] 茅家琦. 太平天国通史 [M]. 南京：南京大学出版社，1991.

[124] 范伯群. 周瘦鹃文集 [M]. 上海：文汇出版社，2011.

[125] 张岫云. 补园旧事 [M]. 苏州：古吴轩出版社，2005.

[126] 张岱年. 晚思集：张岱年自选集 [M]. 北京：新世界出版社，2002.

[127] 宗白华. 宗白华全集 [M]. 合肥：安徽教育出版社，1996.

[128] 林语堂著，越裔汉译. 林语堂全集 [M]. 长春：东北师范大学出版社，1994.

[129] 陈植，张公弛. 中国历代名园记选注 [M]. 合肥：安徽科学技术出版社，1983.

[130] 王稼句. 苏州园林历代文钞 [M]. 上海：上海三联书店，2008.

[131] 陈从周，蒋启霆，赵厚均. 园综 [M]. 上海：同济大学出版社，2011.

[132] （法）丹纳著，傅雷译. 艺术哲学 [M]. 北京：人民出版社，1983.

[133] （法）热尔曼·巴赞著，刘明毅译. 艺术史 [M]. 上海：上海人民美术出版社，1989.

[134] （英）李约瑟著，翻译小组译. 中国科学技术史 [M]. 北京：科学出版社，1975.

[135] （英）H·里德著，王柯平译. 艺术的真谛 [M]. 沈阳：辽宁人民出版社，1987.

[136] （英）罗素. 中国问题 [M]. 上海：学林出版社，1997.

[137] （英）柯林武德著，何兆武，张文杰译. 历史的观念 [M]. 北京：商务印书馆，1997.

[138] （英）弗·培根著，何新译. 人生论·论园艺 [M]. 北京：华龄出版社，1996.

[139] （德）黑格尔著，朱光潜译. 美学 [M]. 北京：商务印书馆，1984.

[140] （德）玛丽安娜·鲍榭蒂著，闻晓萌，廉悦东译. 中国园林 [M]. 北京：中国建筑工业出版社，1996.

[141] （德）格罗塞著，蔡慕晖译. 艺术的起源 [M]. 北京：商务印书馆，1998.

# 后记

在中国文人眼中，有地上之山水，有画上之山水，有梦中之山水，有胸中之山水。地上者，妙在丘壑深邃；画上者，妙在笔墨淋漓；梦中者，妙在景象变幻；胸中者，妙在位置自如。而千百年来中华宅园的营造史，其实就是将地上、画上、梦中、胸中的美好构想，一一付诸方寸园林之间的演绎中。

过去十余年中，绿城桃花源中式产品系列，一直把弘扬中华文化、传承中华园林文化当作一种使命。传承并非一味复古，而是积极采用现代的手法做传统中式，利用当代的技术优势、品质把控手段，高质量地把传统做得更好；遵循传统设计理念和当代设计手法、先进科技方法的融合，博采众长，让传统精神有当代的表达。

义乌桃花源，就是绿城集团以园载道、溯源中华园林文化的当代表达范本。在项目肇始阶段，绿城认为建造出类拔萃的中式产品必须打好根基，用传统的知识文化架构和营造方法来实现当代定位。除了营造中式之美的博大情怀，以及香山帮匠人的鼎力加入，文献典籍的助力、园林文化名家的理论支持显得尤为重要。

义乌桃花源携手当代中国园林文化著名学者、苏州大学教授曹林娣先生担当文化顾问，变成了一件水到渠成的事情。为了寻根究底、挖掘古人内心与今人互通之点，曹林娣先生在中式园林的蓝本里找到了许多被岁月遮蔽的珍贵素材，最大限度地发现中华传统园林文化的深邃内涵，为桃花源之园境赋魂。

今曹林娣先生应邀撰写《中华宅园营构文化》学术专著，旨在总结为项目挖掘文脉传承而提供有据可循的范本与指导意见。

在桃花源里，园林是“活”的，它让人们的身心得到改善，同时，它也是一个文化载体，人们的生活情趣都可以在这里体现。

德国著名园艺学家玛丽安娜·鲍谢蒂曾说，“世界上所有风景园林的精神之源在中国”。我们希望大家都能在义乌桃花源里感悟到中华宅园文化的博大精深。

古人有云：一座园林三分靠建，七分靠养。我们希望将中式宅园的建造者和居住者紧密联系起来。桃花源是建造者和居住者共同完成的产品，体现了两者对于中华文化传承的拳拳之心。愿大家在惬意的小世界里，体验大美生活。

在本书付梓之时，我们还要感谢中国建筑工业出版社吴宇江编审给予的大力支持和付出的辛勤劳动。

绿城·义乌桃花源营造团队

己亥初秋